中国石油提高采收率技术新进展丛书

空气火驱开发技术

关文龙　潘竟军　王正茂　唐君实　等编著

石油工業出版社

内 容 提 要

本书阐述了火驱室内实验和火驱技术原理，总结了火驱的油藏工程优化以及火驱开发关键配套工艺技术，介绍了火驱开发实例和工业化推广以及下步攻关方向。

本书可供油气田开发科研人员、生产人员及相关院校师生参考使用。

图书在版编目（CIP）数据

空气火驱开发技术 / 关文龙等编著 .—北京：石油工业出版社，2022.1

（中国石油提高采收率技术新进展丛书）

ISBN 978-7-5183-5140-4

Ⅰ . ①空… Ⅱ . ①关… Ⅲ . ①火烧油层 – 研究 Ⅳ . ① TE357.44

中国版本图书馆 CIP 数据核字（2021）第 265718 号

出版发行：石油工业出版社

（北京安定门外安华里 2 区 1 号　100011）

网　址：www.petropub.com

编辑部：（010）64210387　图书营销中心：（010）64523633

经　销：全国新华书店

印　刷：北京中石油彩色印刷有限责任公司

2022 年 1 月第 1 版　2022 年 1 月第 1 次印刷

787×1092 毫米　开本：1/16　印张：10.5

字数：270 千字

定价：88.00 元

（如出现印装质量问题，我社图书营销中心负责调换）

《空气火驱开发技术》

编 写 组

主　编：关文龙

副主编：潘竞军　王正茂　唐君实

成　员：（以姓氏笔画为序）

王如燕　王晓春　冯　天　刘其成　孙　念

苏日谷　李忠权　李　秋　杨凤祥　宋　杨

陈　龙　陈丽娟　郑浩然　宫宇宁　郭二鹏

郭　雯　席长丰　韩小强　程海清

序

党的十八大以来，习近平总书记创造性地提出了“四个革命、一个合作”能源安全新战略，为我国新时代能源改革发展指明了前进方向、提供了根本遵循。从我国宏观经济发展的长期趋势看，未来油气需求仍将持续增长，国际能源署（IEA）预测 2030 年中国原油和天然气消费量将分别达到 8 亿吨、5500 亿立方米左右，如果国内原油产量保持在 2 亿吨以上、天然气 2500 亿立方米左右，油气对外依存度将分别达到 75% 和 55% 左右。当前，世界石油工业又陷入了新一轮低油价周期，我国面临着新区资源品质恶劣化、老区开发矛盾加剧化的多重挑战。面对严峻的能源安全形势，我们一定要深刻领会、坚决贯彻习近平总书记关于“大力提升勘探开发力度”“能源的饭碗必须端在自己手里”等重要指示批示精神，实现中国石油原油 1 亿吨以上效益稳产上产，是中国石油义不容辞的责任与使命。

提高采收率的核心任务是将地下油气资源尽可能多地转变成经济可采储量，最大限度提升开发效益，其本身兼具保产量和保效益的双重任务。因此，我们要以提高采收率为抓手，夯实油气田效益稳产上产基础，完成国家赋予的神圣使命，保障国家能源安全。中国石油对提高采收率高度重视，明确要求把提高采收率作为上游业务提质增效、高质量发展的一项十分重要的工程来抓。中国石油自 2005 年实施重大开发试验以来，按照“应用一代，研发一代，储备一代”的部署，持续推进重大开发试验和提高采收率工作，盘活了“资源池”、扩容了“产能池”、提升了“效益池”。重大开发试验创新了提高采收率理论体系，打造了一系列低成本开发技术，工业化应用年产油量达到 2000 万吨规模，提升了老区开发效果，并为新区的有效动用提供了技术支撑。

持续围绕“精细水驱、化学驱、热介质驱、气介质驱和转变注水开发方式”等五大提高采收率技术主线，中国石油开发战线科研人员攻坚克难、扎根基层、挑战极限，创新发展了多种复合介质生物化学驱、低排放高效热采 SAGD 及火驱、绿色减碳低成本气驱和低品位油藏转变注水开发方式等多项理论和技术，在特高含水、特超稠油和特超低渗透等极其复杂、极其困难的资源领域取得良好的开发成效，化学驱、稠油产量均持续保持 1000 万吨，超低渗透油藏水驱开发达到 1000 万吨，气驱产量和超低渗透致密油转变注水开发方式产量均突破 100 万吨，并分别踏着上产 1000 万吨产量规划的节奏稳步推进。

《中国石油提高采收率技术新进展丛书》（以下简称《丛书》）全面系统总结了中国石油 2005 年以来，重大开发试验培育形成的创新理论和关键技术，阐述了创新理论、关键技术、重要产品和核心工艺，为试验成果的工业化推广应用提供了技术指导。该《丛书》具有如下特征：

一是前瞻性较强。《丛书》中的化学驱理论与技术、空气火驱技术、减氧空气驱和天然气驱油协同储气库建设等技术在当前及今后一个时期都将属于世界前沿理论和领先技术，结合中国石油天然气集团有限公司技术发展的最新进展，具有较强的前瞻性。

二是系统性较强。《丛书》编委会统一编制专业目录和篇章规划，统一组织编写与审定，涵盖地质、油藏、采油和地面等专业内容，具有较强的系统性、逻辑性、规范性和科学性。

三是实用性较强。《丛书》的成果内容均经过油田现场实践验证，并实现了较大规模的工业化产量和良好的经济效益，理论技术与现场实践紧密融合，并配有实际案例和操作规程要求，具有较高的实用价值。

四是权威性较强。中国石油勘探与生产分公司组织在相应领域具有多年工作经验的技术专家和管理人员，集中编写《丛书》，体现了该书的权威性。

五是专业性较强。《丛书》以技术领域分类编写，并根据专业目录进行介绍，内容更加注重专业特色，强调相关专业领域自身发展的特色技术和特色经验，也是对公司相关业务领域知识和经验的一次集中梳理，符合知识管理的要求和方向。

当前，中国石油油田开发整体进入高含水期和高采出程度阶段，开发面临的挑战日益增加，还需坚持以提高采收率工程为抓手，进一步加深理论机理研究，加大核心技术攻关试验，加快效益规模应用，加宽技术共享交流，加强人才队伍建设，在探索中求新路径，探索中求新办法，探索中求新提升，出版该《丛书》具有重要的现实意义。这套《丛书》是科研攻关和矿场实践紧密结合的成果，有新理论、新认识、新方法、新技术和新产品，既能成为油田开发科研、技术、生产和管理工作者的工具书和参考书，也可作为石油相关院校的学习教材和文献资料，为提高采收率事业提供有益的指导、参考和借鉴。

李鹭光

2021 年 11 月 27 日

前 言

空气火驱开发技术是利用部分地层原油裂解产物作为燃料，通过外加的氧气源和人为的加热点火手段把油层点燃，并维持不断地燃烧，实现复杂的多种驱动作用。空气火驱开发技术发明最初是用在原始普通稠油油藏开发，由于国内稠油油藏先期普便采用注蒸汽开发，且均已进人开发中后期，因此国内火驱技术的应用对象都是注蒸汽开发后的油藏。从理论上分析，注空气火驱可通过“推土机”模式显著降低残余油饱和度，大幅度提高稠油油藏的采收率，但在实践过程中，空气火驱从室内机理认识到矿场生产调控再到配套装备研发均面临着巨大的挑战。

近年来，中国石油先后开展了辽河杜 66 火驱先导试验（2005 年）、新疆红浅火驱重大开发试验（2009 年）；新疆风城重力火驱先导试验（2011 年）；辽河曙光重力火驱先导试验（2013 年）、辽河锦 91 火驱先导试验（2017 年）、华北蒙古林火驱先导试验（2018 年）、辽河庙 5 火驱先导试验（2018 年）。这些试验在方案设计、地面工程、注采调控等方面进行了大胆的创新和探索，推动了空气火驱技术在国内的快速发展。目前空气火驱开发技术基本做到了“安全可控、成本有效”，是同注水开发类似的具有普适性、低成本、高效益、绿色的提高采收率技术。2020 年中国石油正在运行的空气火驱开发项目共 8 项，年产油已经达到四十万吨规模。

本书对空气火驱开发理论与技术的全面总结，突出了中国石油注空气重大开发试验中技术攻关、矿场试验、工业化推广过程中所取得的新理念、新认识、新技术、新方法、新产品，对空气火驱技术的发展具有指导性作用。本书共七章，第一章由王正茂编、关文龙编写；第二章由唐君实、程海清、韩小强编写；第三章由关文龙、宋杨、郭二鹏、郭雯编写；第四章由关文龙、宫宇宁、杨凤祥、刘其成等编写；第五章由潘竟军、李忠权、王如燕、陈丽娟、冯天等编写；第六章由陈龙、宋杨、郑浩然、孙念、唐君实等编写；第七章由席长丰、潘竟军、李秋、苏日谷、王晓春等编写；全书由关文龙、郭雯统稿。

在本书编写过程中，得到了中国石油勘探与生产分公司、中国石油勘探开发研究院、中国石油新疆油田分公司、中国石油辽河油田分公司和石油工业出版社的大力支持，在此一并表示衷心感谢！

由于编者水平有限，疏漏之处在所难免，敬请读者批评指正。

目录

CONTENTS

第一章 绪 论

通过多年的现场试验攻关，空气火驱开发技术已成为注蒸汽开发老区的战略接替开发技术，具有驱油效率高、成本低、绿色环保和油藏适用类型广的优点。与其他开发技术不同，空气火驱通过油层内的燃烧化学反应提供能量，该项技术十分复杂。近年来，火驱室内机理研究和技术攻关工作取得了长足的进步。注气、点火、跟踪监测与安全控制等配套工艺技术不断完善。以新疆红浅 1 井区为代表的系列火驱现场试验取得了明显的阶段性成果，火驱开发技术正受到越来越多的关注。

第一节 火驱技术简介

空气火驱技术是一种重要的稠油热采方法，它通过注气井向地层连续注入空气并点燃油层，实现层内燃烧，从而将地层原油从注气井推向生产井。火驱过程伴随着复杂的传热、传质过程和物理化学变化，具有蒸汽驱、热水驱、烟道气驱等多种开采机理。近些年来，国内稠油老区相继进入蒸汽吞吐后期，亟待转换开发方式。火驱技术因其特有的技术优势，有望成为注蒸汽开发后期稠油油藏最具潜力的接替开发方式。同时对于已发现的大量超稠油油藏，也有望通过水平井火驱辅助重力泄油技术实现有效动用。国内火驱技术研究开始于 20 世纪六七十年代，此后在经历了相当一段时间的低谷后，在最近 10 年又有大的发展，特别是近几年在中国石油[1-2]重大开发试验的有力支持和推动下，火驱室内机理研究和技术攻关工作取得了长足的进步。注气、点火、跟踪监测与安全控制等配套工艺技术不断完善。以新疆油田红浅 1 井区为代表的系列火驱现场试验取得了明显的阶段性成果，火驱开发技术正受到越来越多的关注。[3]

高温使近井地带的原油被蒸馏、裂解，发生各种高分子有机化合物的复杂化学反应，蒸馏后的轻质油、水蒸气与燃烧烟气驱向前方，与火线前缘的低温区进行岩石和流体的热交换，再次驱替油层原油，而蒸馏和裂化后残余的焦炭沉积在砂粒表面作为火驱燃烧的燃料继续燃烧，不断地产生采油所需要的热量维持油层继续向前燃烧，只有这些燃料基本燃尽后，燃烧前缘才开始向前移动。在这个过程中产生了大量的高温气体和流体，有 CO、CO_2、水蒸气、气相烃类以及凝析油等，同时发生了热降黏、热膨胀、蒸馏汽化、油相混合驱、气驱、高温改变相对渗透率等一系列复杂的众多驱油机理的联合作用，把原油驱向生产井，正是因为火驱具有这种独特的驱替方式，所以说比现在的任何一种采油方法的采收率都高。火驱技术具有如下特点：[4-5]

（1）驱油效率高，火驱过程中不断向油层注入空气，所以能够保持油层压力，与气驱相比波及系数更高，与水驱相比驱油效率约为水驱的 2 倍，火驱物模实验驱油效率通常能达到 70%～90%，三维火驱物理模拟实验得到的最终采收率在 70%～80%，国外成功的火驱项目采收率能达到 55%～70%。

（2）可以使地下原油实现改质，改质后原油中的重质组分（胶质、沥青质）含量下降，轻质组分含量上升，有利于实现高黏度稠油的驱替。从新疆油田红浅 1 区火驱试验效果看，与原始地层原油相比，火驱产出原油中饱和烃含量由 62.6% 上升到 69.5%，芳香烃含量由 19.9% 下降到 5.5%，胶质含量由 15.0% 下降到 12.7%，沥青质含量由 2.4% 下降到 2.2%。试验区产出原油平均黏度在 50℃时，由蒸汽驱热采的 16500mPa・s 下降到 3381mPa・s，下降了 79.5%。

（3）火驱是一种注空气开发技术，空气资源丰富，注空气的成本相比注蒸汽较低。火驱采油日常操作成本主要集中在压缩空气成本上。通常，注入空气压力越高，压缩空气所需的成本（耗电量）越大。

（4）具有蒸汽驱及热水驱作用，火驱过程中会产生过热蒸汽，过热蒸汽冷凝时会放出大量热量，所以火驱过程具有过热蒸汽驱和热水驱的作用。由于过热蒸汽和热水均是在油层中就地产生，与注过热蒸汽和注热水相比热利用率更高，同时节省了水处理设施及隔热措施，简化了井筒工艺条件。

（5）具有 CO_2 驱作用，火驱燃烧过程产生大量的 CO 和 CO_2，能够溶解在原油中，降低界面张力，提高驱油效率，即火驱过程具有 CO_2 驱的作用，但减少了注 CO_2 相关投资。

（6）具有混相驱作用，气态轻质烃在与原油接触时，一方面通过放热使得原油黏度降低，另一方面会与原油发生混相，降低界面张力，携带一部分原油，即火驱过程具有混相驱的效果，并且驱油效率较高。

（7）火驱技术对油藏具有较广泛的适应性，既适合稠油油藏开发，也适合低渗透稀油油藏开发。既可以应用于原始油藏一次开发，也可以应用于注水后期、注蒸汽后期的油藏进一步提高采收率。尤其对薄层、深层和强敏性稠油油藏更具比较优势。

（8）火驱的热源是移动的，其井网、井距大小不像其他驱替方式那样受到严格的限制，既可以进行线性火驱，又能够进行平面火驱。

（9）火驱技术减少了 CO_2 排放，一般情况下，燃烧 1kg 标准煤或原油所对应的 CO_2 排放量分别为 2.49kg 及 3.12kg。以目前油田热采最常用的燃油锅炉为例，当油汽比为 0.15～0.25（蒸汽驱和 SAGD 生产）时，生产吨油所对应的 CO_2 排放量为 0.85～1.35t。相比之下，对于一个注蒸汽后转火驱的项目（以注空气压力为 5MPa 计算，同时考虑地下燃烧所产生的 CO_2 排放量），其生产吨油所对应的 CO_2 排放量为 0.68～0.90t。

鉴于火驱技术的诸多优势，火驱技术越来越受到重视。由于火驱不受油藏埋藏深、原油黏度大、含水高等问题限制，适用范围广，是继蒸汽驱、SAGD 之后又一项稠油油藏大幅提高采收率技术。火驱的实施效果在生产井可以很明显地得到验证，不管是产液量的变化还是产气量和组分的变化。生产井是火驱的“烟囱”，注采平衡在生产井可以有效地得到体现，一般在点火前期由于距离尚远无法清晰反映火驱的变化，但在后期可以从产液量和产气量等参数观察和判断火驱的变化，包括火线的位置和燃烧阶段等。生产井的中心任务就是均匀产液、均匀排气，通过控制生产井的产气速度来控制燃烧速度，对产液量的控制也可以起到助排引效的作用，使火线朝着预定的目标推进。总之对生产井采取“控”“关”“引”等措施，控制不同部位生产井的阶段累计产气量，从而控制火线沿不同方向的推进速度，最终使火线形成预期形状，实现目标效果。

同时应该看到，火驱是三次采油中风险比较大的项目，容易导致火驱失败的工程因素包括：

（1）注气系统故障，如压缩机故障无法修复造成注气中断，压缩机润滑油泄漏导致的爆炸等。在印度 Santhal 油田、美国 Bodcau 油田的火驱项目运行过程中就发生过此类事故。辽河科尔沁油田火驱试验过程中也出现过压缩机润滑油泄漏引发的爆炸事故。

（2）点火失败。稠油油藏的点火方式主要有自燃点火、化学点火、电加热点火、气体或液体燃料点火器点火等。当油藏原始地层温度较低或原油性质较特殊时，点火相对困难。在美国 Paris Valley 和 Little Tom 油田的超稠油油藏火驱试验过程中出现过点火失败的例子。

（3）生产井出砂和套损。火驱生产井产出流体中含有大量的燃烧尾气，造成气液比较高。对于疏松地层，很容易引起出砂。据相关资料，加拿大 Whitesands 油田 THAI 火驱过程中曾出现过严重的出砂。在美国 Bellevue 油田的 Bodcau 火驱项目以及 Paris Valley 油田的火驱试验中，则出现过因热前缘突破井底温度升高导致套损的问题。

（4）生产井的管外窜问题。固井质量差或者前期经过多轮次注蒸汽热采的生产老井，在火驱过程中可能发生气体沿着管外窜的问题。窜出的气体可能进入其他地层，也可能直接窜到地面。在 Batle 和 Appalachian 区的火驱项目中发生过管外窜的现象，在印度 Balol 和 Santhal 油田共也发生了多起这类问题。

（5）注采及地面系统腐蚀问题。火驱过程中最常见的腐蚀是由产出烟道气中 CO_2 造成的酸性腐蚀。火驱过程中另一个容易被忽视的腐蚀环节是注气井井筒的富氧腐蚀。在高压注空气条件下，油管表面所接触到的氧气分子绝对含量远远高于大气中氧气含量（通常为几十倍到上百倍）。在长时间连续注气情况下，注气油管发生氧化腐蚀的概率大大增加。严重时会在管壁形成大量的氧化铁鳞片堵塞炮眼，造成注气压力升高甚至完全注不进气。

进入 21 世纪以来，国际形势发生了重大变革，我国持续稳定的高速经济增长率和人民对于美好生活的强烈追求，推动着石油消费需求的不断上涨，而国内油田的开发逐步进入中后期，开发难度加大，总体产油规模难以满足快速增加的石油需求，能源安全问题凸显。我国的稠油开发也面临新的形势和需求，中国石油天然气集团有限公司（以下简称中国石油）必须稳步提高稠油油田开发水平，保持稠油产量的稳步持续增长，勇于承担未来稠油开发技术的可持续发展带来的艰巨历史任务。蒸汽吞吐的稠油老区开发难度不断加大。以蒸汽吞吐为主的稠油热采产量快速递减，经济效果变差，亟需转变开发方式。鉴于火驱技术的诸多优势，火驱技术越来越受到重视。由于火驱不受油藏埋藏深、原油黏度大、含水高等问题限制，适用范围广，是继蒸汽驱和 SAGD 之后又一项稠油油藏大幅提高采收率技术[6]。

第二节 火驱技术进展

一、室内实验与技术攻关历程

国外注空气开发技术主要分为稠油的火驱油层（ISC）及稀油的高压注空气（HPAI）技术，火驱油层又称为高温氧化（HTO），高压注空气又称为低温氧化（LTO）。国外在 20 世纪七八十年代对火驱过程中的燃料沉积量、燃烧模式及控制机理等进行了大量的研究。系统阐述了火驱过程低温氧化（LTO）、高温氧化（HTO）的过程及内在机理。

国外已经做了大量的室内实验及理论研究工作。早在20世纪60年代Tadema和Willson[7]就提出了空气需要量的计算方法以及估算采收率与已燃容积之间关系的公式，并讨论了主要的影响因素，之后对于火驱室内的研究逐渐具体细化，开展了原始含油饱和度对燃烧燃料的影响、燃料与原油密度的关系、燃料对总空气需要量的影响等，得到的规律性更强。1963年，Thomas[8]提出了比较成熟的火驱能量守恒方程；2000年，SuatBagci和Mustafa[9]对干式燃烧方法和湿式燃烧方法进行了仔细的研究，发现了燃烧消耗量和风水比之间的关系并且总结了两种燃烧方式的优缺点，提出了两种燃烧方式的适用条件。通过不断研究，逐渐形成了热重分析原油裂解燃烧理论，定性地分析了压力、加热速率、原油性质对反应动力学的影响。

火驱的数值模拟就是在一系列的假设条件下，建立以火驱数学模型为基础模拟油藏模型，利用计算机对建立的方程进行离散化处理，求出近似的数值解，通过对各种参数条件的计算和比较，了解和研究火驱工艺过程的各种动态持性和驱油机理，从而为火驱方案的设计和筛选等提供重要依据。Thomas[8]和Chu[10]于1963年分别提出了二维火驱数学模型，可以计算出不同距离的温度和最小燃料消耗量。Gohmed于1965年提出一个一维数学模型，该模型考虑了三相流动，模型包括6个偏微分方程，考虑了导热和对流两种传热方式，但没有考虑重力和毛细管力的影响。Kuo[11]在其提出的数学模型中引入了两个温度前缘，一个是燃烧前缘，另一个是热流前缘，具有一定的意义。

中国石油勘探开发研究院热力采油研究所于1980—1990年间先后建立了燃烧釜实验装置[12-13]、低压一维火驱物理模拟实验装置和三维火驱物理模拟实验装置，能够通过室内实验获取燃料沉积量、空气消耗量等火驱化学计量学参数，并能进行相应的火驱机理室内实验研究。2000年后，引进了加拿大CMG公司的STARS热采软件，可以进行较大规模火驱的油藏数值模拟研究。

2006年，中国石油天然气集团公司筹建稠油开采重点实验室。依托重点实验室建设，先后引进了ARC加速量热仪、TGA/DSC同步量热仪等反应动力学参数测试仪器，并改造和研制了一维和三维火驱物理模拟实验装置，使火驱室内实验手段实现了系统化。2006年，胜利油田采油工艺研究院完成了国内第一组面积井网火驱的三维物理模拟实验。2007年中国石油勘探开发研究院热力采油研究所完成了国内第一组水平井火驱辅助重力泄油的三维物理模拟实验，使我国火驱室内实验装置和研究手段进一步接近国际先进水平。

2008年开始，国家2006—2020年油气重大科技专项设立了“火烧驱油与现场试验”的课题，由中国石油勘探开发研究院和新疆油田公司承担。

二、矿场试验进展[14]

世界范围内最早的火驱试验出现在苏联（1933—1934年），美国在1950—1951年也进行了第一个火驱试验[15-17]。1963年Amoco Production公司在美国内布拉斯加州的Sloss Field开展火驱试验。该油藏为水驱油藏，油藏地下埋深1900m、油藏厚度3.35m、原油重度38.8°API。阿莫科公司将压缩空气注入油藏中，采用联合热驱（湿式燃烧）技术进行三次采油。此次试验累计增油量为11095.05t，提高油藏水驱后残余油采收率43%。阿莫科公司在1967年扩大Sloss Field油田空气驱项目规模，项目结束时油藏累计增油量69614.83t。受限于当时国际原油价格太低，开采成本过高，空气驱在当时被认为是一种技术可行，但是经济效益较差的提高采收率技术。火驱机理研究最活跃的时期是1960—1990年。到20世纪末，世界范围内进行的火驱试验项目接近200个。从统计资料看，在所有火驱试验项目中，技术上取得成功的超过一半，而经济上也能取得成功的项目只有1/3强。造成这种情况的最主要原因包括：（1）早期的注气设备及点火工艺设备稳定性差，经常出故障；（2）对火驱复杂的驱油机理认识不清楚，操作失当；（3）没有选择到适合火驱的油藏。

在所有的火驱项目中，罗马尼亚Suplacu油田的火驱项目[18]是迄今世界上规模最大的火驱项目，为全世界所瞩目。从1964年开始在Suplacu油田进行火驱试验，后经历扩大试验和工业化应用，火驱高产稳产期超过25年，峰值产量为1500～1600t/d，取得了十分显著的经济效益。目前Suplacu油田的火驱开发仍在进行（罗马尼亚境内的其他5个火驱矿场试验由于油价等原因在2000年前后相继中止），目前该油田的日产量为1200t。以目前的采油速度推测，该油田可以稳产至2040年，最终采收率可以达到65%以上。

另一个著名的火驱项目在印度。该火驱项目由印度最大的国际石油公司ONGC（Oil and Natural Gas Corporation Ltd.）实施。ONGC公司从1990年开始在Balol油田开展了两个火驱先导试验。两个先导试验均采用反五点井网面积式火驱，均为1口注气井，周边4口生产井。 其中第一个火驱先导试验采用的是小井距火驱，井距为150m。在第二个火驱先导试验采用的是放大井距火驱，井距为300m。在Balol油田火驱先导实验结果和技术经济成功的鼓舞下，设计了Balol整体火驱开发方案。同时考虑到Santhal油田和Balol油田的相似性，决定在Santhal油田一并实施火驱开发。随后，1997年在上述两个油田实施了火驱开发。目前共有4个商业化火驱项目——Balol Ph-1，Santhal Ph-1，Balol Main，Santhal Main0运转正常。目前两个油田的日增油量为1200t，日注气量为$140\times10^4m^3$。采收率提高2～3倍，从最初的6%～13%提高至39%～45%。迄今，已有68口注气井。多数注气井是原来的采油井，在经过常规的洗井后转为注气井。产出水经过处理后又在湿式燃烧阶段注入地层。目前的空气油比为$1160m^3/m^3$，累计空气油比为$985m^3/m^3$。

加拿大的火驱工程项目主要是Crescent Point能源公司在萨克彻温省Battrum油田的火驱项目，目前总的产量为4800 bbl/d。加拿大于1984年对本国油田的开采方式进行了研究，认为在蒸汽吞吐、蒸汽驱、火驱、CO_2混相驱、烃混相驱、表面活性剂驱以及碱驱等这些采油方法中，不管是技术潜力还是经济优势，火驱都是不可多得的提高采收率的一种很重要的方法。2004年WITHESANDS公司在加拿大阿尔伯达省Mc Curry油砂区进行了THAI火驱技术的生产实践，这项工程于2005年2月在区块南部钻了三口探井，3月钻了9口观测井，2005年底油井投产，矿场试验后的结果显示采收率很高，可达80%。近年来印度、委内瑞拉、哈萨克斯坦等国家也开展了大量的火驱现场试验研究工作，油田采收率都达到了55%以上，在稳定燃烧和增产方面的工艺技术和工业化应用都取得了比较丰富的成功经验和成果。

自1958年起，我国先后在新疆油田、玉门油田、胜利油田、吉林油田和辽河油田等开展了火驱室内和矿场试验，其中以新疆油田和胜利油田持续的时间最长[19-20]。1958年，新疆油田开始研制汽油点火器，1960年在黑油山点燃了深14m的浅层，燃烧24天。1961年，在同一地区又点燃了深18m的油层，燃烧34天。通过两次中间试验，实现了浅层稠油油层的点火。1965年6月，新疆油田在黑油山三区点燃了油层深度为85m的8001井组，油层燃烧获得初步效果之后，石油工业部决定扩大试验规模。1966年，在新疆油田二西区点燃了414m深的井组。1969年，在黑油山四区同时点燃了3口井的行列火驱井组，并拉成了火线。1971—1973年，新疆油田又开辟了3个面积井组矿场试验。1992—1999年，胜利金家油田开展了4井次火驱试验，基本上完成了点火、燃烧和采油3个阶段试验过程，但火驱驱油期间由于空气压缩机质量不过关，试验被迫提前停止。2001年3月，胜利油田在草南95-2井组进行火驱试验。成功点燃了生产井含水已高达93%的稠油油层。2003年9月，中国石油化工集团首个火驱重大先导试验——胜利油田郑408块火驱先导试验点火成功。试验采用面积井网，1口中心注气井、4口一线生产井、7口二线生产井。

2009年12月，中国石油天然气股份公司首个火驱重大开发试验——新疆油田红浅1井区火驱试验点火成功[21]。试验油藏前期经历了蒸汽吞吐和蒸汽驱，在火驱前处于废弃状态。试验主要目的是探索稠油油藏注蒸汽开发后期的接替开发方式。目前试验进展顺利，火驱阶段采出程度已达到25%。几乎与此同时，辽河油田也在杜66块开展了火驱试验，并逐年扩大试验规模。

2011年4月，中国石油天然气股份有限公司通过了国内首个超稠油水平井火驱重大先导试验——新疆油田风城超稠油水平井火驱重力泄油先导试验方案的审查。该方案于2011年底进入矿场实施。试验目的是探索超稠油油藏除SAGD之外的高效开发方式。目前FH005井组矿场试验已经稳定运行超过5年，单井累计产油达到7300t。

表1-1为最近几年国内开展的火驱试验项目。

表1-1　最近几年国内开展的火驱试验项目

项目名称	开始时间	试验概述
胜利油田郑408块火驱先导试验	2003年9月	敏感性稠油。1个井组、4口一线井，7口二线井。2010年试验结束，累计增产原油30000多吨
辽河油田杜66块火驱试验	2005年6月 2006年7月	蒸汽吞吐后稠油油藏。初期6个井组，38口生产井。后扩至16个井组，88口生产井。目前试验正在进行中
辽河油田高3-6-18块火驱试验	2008年7月	蒸汽吞吐后超深层稠油油藏。10个井组，34口生产井。目前试验正在进行中
新疆油田红浅1井区火驱试验	2009年12月	蒸汽吞吐和蒸汽驱后废弃油藏，总井数55口，其中注气井7口。目前试验正在进行
辽河油田高3块火驱试验	2010年6月	蒸汽吞吐后稠油油藏，17个井组，90口生产井。目前试验正在进行中
新疆油田风城水平井火驱辅助重力泄油先导试验	2011年6月	超稠油油藏，3口直井、3口水平生产井。2011年11月对第1个井对进行预热联通，目前试验正在进行中
辽河油田曙1-38-32块超稠油火驱辅助重力泄油试验	2012年1月	中深层厚层块状超稠油油藏。部署新注气直井5口，水平生产井5口；预计区块火驱开发12年，最终采收率达到58.0%

目前在辽河油田、新疆油田和华北油田应用超过240个井组，火驱年产量在40×10^4t左右。“十三五”末，中国石油直井火驱年产量突破50×10^4t。水平井火驱辅助重力泄油技术在辽河油田和新疆油田先后进行了多个井组的先导试验，其中新疆风城油田FH005井组

火驱先导试验实现持续稳产 500 天以上，单井累计生产原油 2000t 以上，初步实现了火线前沿的有效调控。

特别值得一提的是，新疆油田红浅 1 井区火驱试验的突破，使人们看到，火驱可以在注蒸汽稠油老区、高采出程度甚至濒临废弃的油藏上，再大幅提高采收率 30% 以上。火驱有望成为稠油老区大幅提高采收率的战略接替技术，这方面潜力巨大。该项技术已经受到加拿大、俄罗斯、美国等各国学者和油公司的广泛关注。

三、火驱机理研究进展

国内从 20 世纪 80 年代开始，通过室内燃烧釜和燃烧管实验，研究了火驱过程中的一维温度场分布，得到了燃料沉积量、空气消耗量、氧气利用率、火驱驱油效率等系列参数的测定方法[1, 22]。2011 年 10 月，由中国石油勘探开发研究院热力采油研究所主持起草的第一个关于火驱技术的石油天然气行业标准 SY/T 6898—2012《火烧油层基础参数测定方法》获得油气田开发专业标委会的通过。2013 年第二个行业标准 SY/T 6954—2013《稠油高温氧化动力学参数测定方法 热重法》获得油气田开发专业标委会的通过。

对面积井网火驱过程中储层区带特征研究取得重要进展[12]。通过室内一维和三维物理模拟实验，根据各自区带的热力学特征，将火驱储层划分为已燃区、火墙、结焦带、油墙和剩余油区 5 个区带。这种划分，不仅有利于理解面积井网火驱机理，也有利于矿场试验过程中的跟踪监测与动态管理；深化了稠油注蒸汽后火驱机理认识，指出注蒸汽后油藏火驱过程中存在“干式注气、湿式燃烧”的机理[20]，为新疆油田红浅火驱矿场试验方案设计提供了理论依据；针对近些年来国外学者提出的“从脚趾到脚跟”的水平井火驱（THAI）技术[23]，国内也开展了相关的研究工作。在深入认识其机理的基础上，提出了水平井火驱辅助重力泄油的概念，并提出了更加完善的井网模式[24]。同时，也通过深入细致的室内三维物理模拟实验，指出了其潜在的油藏和工程风险。

从国外早期的火驱矿场试验看，油藏地质条件是火驱成败的首要因素。从失败的矿场实例看：（1）油层连通性差会导致燃烧带的推进和延展受限，如美国加利福尼亚的 Ojai 油田、White Wolf 油田和 Pleito Creek 油田等的火驱项目；（2）储层封闭性差会导致火线无法有效控制，如美国 Bartlesville 浅层稠油、委内瑞拉 Bolivar Coast 油田的火驱试验；（3）地层存在裂缝等高渗透通道会引起空气窜流，如美国怀俄明州 Teapot Dom 油田 Shannon 火驱项目。因此精细地质研究对火驱开发至关重要。

国内目前对火驱试验区地质研究可以完成常规的地质建模和储层描述，还可以针对高孔、高渗透条带进行精细研究。中国石油勘探开发研究院热力采油研究所通过在三维地质模型的基础上对新疆油田红浅火驱试验区高孔、高渗薄层的研究发现，这些薄层呈片状分布在不同的深度和构造部位，相互并不连通，而且这些高孔、高渗薄层为砂岩内部的物性变化区，已经无法从沉积微相的角度进行识别和研究。因此，采用了直接利用孔隙度为标准进行识别和提取的研究方法，即以 30% 孔隙度为门限对孔隙度模型进行过滤，只保留孔隙度大于 30% 的网格，然后对横向连通范围大于一个井距的高孔、高渗网格直接进行拾取（图 1-1）。最终在孔隙度模型内拾取出 12 个具有一定面积的高孔、高渗薄层。从后续火驱试验过程看，上述高孔、高渗条带与各方向生产井产状及温度监测结果具有较好的对应性。精细地质研究不仅为火驱油藏工程方案设计提供了依据，也提高了火驱矿场动态管理的预见性。

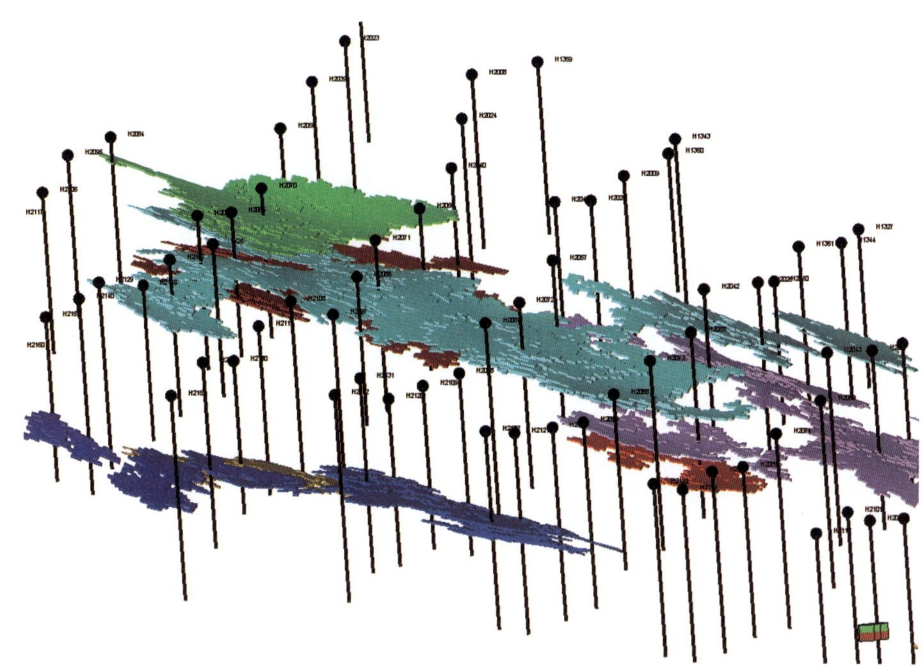

图 1-1　火驱试验区高孔、高渗薄层（孔隙度＞30%）三维空间分布

国内目前的火驱试验大多利用注蒸汽开发的老井网。因此火驱油藏工程设计特别是井网井距设计时，必须结合注蒸汽后的油藏和现有井网条件。中国石油勘探开发研究院热力采油研究所在研究国内注蒸汽开发井网基础上，给出了不同条件下转火驱后的井网、井距优化原则。同时指出，对于具有一定规模的火驱矿场试验，优先考虑线性井网火驱模式。这主要由于：（1）采用面积井网火驱过程中，对于某一口生产井，当燃烧带前缘或氧气从一个方向突入该生产井时，就必须将其关闭，这样没有发生热前缘和氧气突破的方向的原油就很难被采出；（2）对于有倾角的地层，在线性井网火驱过程中，一般选择燃烧带从构造高部位向低部位推进，可以最大限度利用重力泄油机理，遏制气体超覆、提高纵向波及系数；（3）在线性井网火驱过程中，一旦形成稳定的燃烧带前缘之后，后续所需的空气注入量是恒定的。

针对注蒸汽开发后期地层存在大量次生水体的情况，系统研究了次生水体对后续火驱进程的影响。研究表明，次生水体在相当程度上造成了火驱初期的大量产水，但同时次生水体有助于扩大高温区域的范围，一定程度上发挥湿式燃烧的作用[25]。此外，次生水体对油墙的构建过程也有重要影响，油墙的形成要经历一个先“填坑”、后“成墙”的过程。在构建“油墙”的过程中会损失一些产量，特别是某些一线生产井的产量。同时一线井控制范围内的原油“成墙”后，有相当的部分要通过一线生产井之后的生产井采出。

针对火驱动态调控的问题，给出了利用室内燃烧釜实验数据和中心井注空气数据预测不同阶段的火线推进速度和扩展半径的方法，也给出了利用室内燃烧釜实验数据和生产井产气数据预测火线扩展半径的方法[26]。后者可以作为矿场火驱试验中调控火线的理论依据。矿场试验中，通常可以通过对生产井采取“控”“关”“引”等措施，控制不同部位生产井的产气量，从而控制火线沿不同方向上的推进速度，最终使火线形成预期形状。

四、火驱工程技术进展

在火驱工程技术攻关方面取得的进展主要表现在：

（1）井下点火技术日渐成熟。目前国内自主研制的大功率井下电加热器，不仅可以在原始油藏点火，还能在注蒸汽后低饱和度地层成功点火。新疆油田红浅1井区火驱现场试验采用电加热器点火13个井次，均一次点火成功。连续油管电点火器可实现带压起下，不仅能满足火驱的需要，还可以满足火烧吞吐开发需要。

（2）注空气系统可靠性显著增强。火驱过程中要保持燃烧前缘的稳定推进要求注空气必须连续不间断。火驱过程中，特别是点火初期，发生注气间断且间断时间较长，则很可能造成燃烧带熄灭。从最近几年新疆油田和辽河油田的火驱现场试验看，随着压缩机技术的进步和现场运行管理经验的不断积累，目前注气系统的稳定性和可靠性比以往明显增强，可以实现长期、不间断、大排量注气。

（3）举升及地面工艺系统逐步完善。目前火驱举升工艺的选择能够充分考虑火驱不同生产阶段的生产特征，满足不同生产阶段举升的需要。井筒和地面流程的腐蚀问题基本得到解决。注采系统的自动控制与计量问题正逐步改进和完善。在借鉴国外经验并经过多年的摸索，目前国内基本形成了油、套分输的地面工艺流程，并通过强制举升与小规模蒸汽吞吐引效相结合，提高了火驱单井产能和稳产期。同时，探索并形成了湿法、干法相结合的 H_2S 治理方法。

（4）初步掌握了火驱监测和调控技术。建立了火驱产出气、油、水监测分析方法，形成火驱井下温、压监测技术，实现了对火驱动态的有效监测。同时开发了安全评价与报警系统，保证了火驱运行过程中的安全。总结出了以“调”（“调”生产参数，避免单方向气窜）、“控”（数模跟踪、动静结合，“控制”火线推进方向和速度）与“监测”（监测组分、压力和产状，实现地上调、控地下）相结合的现场火线调控技术。

（5）初步攻克了火驱修井作业技术难题。在火驱试验过程中，特别是在稠油老区进行火驱试验，会经常面临高温、高压、高含气条件下的修井作业难题。新疆油田红浅火驱试验两年来，已经成功实施上百井次的修井作业。

参考文献

[1] 廖广志，王红庄，王正茂，等．注空气全温度域原油氧化反应特征及开发方式［J］．石油勘探与开发，2020，47（2）：334–340.

[2] 廖广志，杨怀军，蒋有伟，等．减氧空气驱适用范围及氧含量界限［J］. 石油勘探与开发,2018,45(1)：105–110.

[3] 廖广志，马德胜，王正茂，等．油田开发重大试验实践与认识［M］．北京：石油工业出版社，2018.

[4] 何江川，王元基，廖广志，等．油田开发战略性技术［M］．北京：石油工业出版社，2018.

[5] 张敬华，杨双虎，王庆林．火驱采油［M］．北京：石油工业出版社，2000：6–7.

[6] 廖广志，王连刚，王正茂，等．重大开发试验实践及启示［J］．石油科技论坛，2019，38（2）：1–10.

[7] Wilson L A，Root P J. Cost Comparison of Reservoir Heating using Steam or Air［J］. Journal of Petroleum Technology，1966，18（2）：233–239.

[8] Thomas G W. A Study of Forward Combustion in a Radial System Bounded by Permeable Media [J]. Journal of Petroleum Technology, 1963, 15 (10): 1145–1149.

[9] Bagci S, Kok M V. In–situ Combustion Laboratory Studies of Turkish heavy Oil Reservoirs [J]. Fuel Processing Technology, 2001, 74 (2): 65–79.

[10] Chu C. Two–dimensional Analysis of a Radial Heat Wave [J]. Journal of Petroleum Technology, 1963, 15 (10): 1137–1144.

[11] Kuo C H. A Convective–Heat Transfer Model for Underground Combustion [J]. Society of Petroleum Engineers Journal, 1968, 8 (4): 323–324.

[12] 关文龙，马德胜，梁金中，等. 火驱储层区带特征实验研究 [J]. 石油学报，2010，31 (1): 100–104.

[13] 李少池，沈燮泉，王艳辉. 火烧油层物理模拟的研究 [J]. 石油勘探与开发，1997 (2): 73–79, 101–102.

[14] 廖广志，王红庄，王正茂，等. 注空气开发理论与技术 [M]. 北京：石油工业出版社，2020.

[15] Marjerrison D M, Fassihi M R. Performance of Morgan Pressure Cycling In–situ Combustion Project [C]. SPE 27793, 1994.

[16] Thornton B, Hassan D, Eubank J. Horizontal Well Cyclic Combustion, Wabasca Air Injection Pilot [J]. Journal of Canadian Petroleum Technology, 1996, 35 (9).

[17] Carrigy M A. Thermal Recovery from Tar Sands [J]. Journal of petroleum technology, 1983, 35 (12): 2149–2157.

[18] Gates C F, Sklar I. Combustion as a Primary Recovery Process–midway Sunset Field [J]. Journal of Petroleum Technology, 1971, 23 (8): 981–986.

[19] 王弥康，王世虎，黄善波，等. 火烧油层热力采油 [M]. 东营：石油大学出版社，1998: 186–196.

[20] 蔡文斌，李友平，李淑兰，等. 胜利油田火烧油层现场试验 [J]. 特种油气藏，2007 (03): 88–90+110.

[21] 黄继红，关文龙，席长丰，等. 注蒸汽后油藏火驱见效初期生产特征 [J]. 新疆石油地质，2010，31 (05): 517–520.

[22] 王艳辉，陈亚平，李少池. 火烧驱油特征的实验研究 [J]. 石油勘探与开发，2000 (1): 92–94.

[23] Greaves M, Xia T X, Turta A T, et al. Recent Laboratory Results of THAI and its Comparison with other IOR Processes [R]. SPE 59334, 2000.

[24] 关文龙，吴淑红，梁金中，张霞林. 从室内实验看火驱辅助重力泄油技术风险 [J]. 西南石油大学学报 (自然科学版), 2009, 31 (4): 67–72.

[25] Xia T X, Greaves M. Upgrading Athabasca Tar Sand using Toe–to–heel Air Injection [R]. SPE 65524, 2000.

[26] 关文龙，梁金中，吴淑红，等. 矿场火驱过程中火线预测与调整方法 [J]. 西南石油大学学报 (自然科学版), 2011, 33 (5): 157–161, 202–203.

第二章　火驱室内实验

空气火驱开发会在油藏内形成复杂的氧化反应并释放大量的热量。对于原油空气反应过程、反应驱替耦合过程以及火驱调控技术的研究是火驱技术矿场成功实施的关键。火驱技术研究需要开展大量的室内实验，主要包括原油氧化分析实验和火驱物理模拟实验。原油氧化分析实验通过反应釜、热分析仪等设备研究不同油品特性、不同反应条件对于原油与空气之间复杂化学反应过程影响。火驱物理模拟实验主要有一维燃烧管实验和三维火驱物理模拟实验。其中一维燃烧管实验主要用于研究空气火驱地下复杂的驱替反应耦合过程和火驱调控技术，为火驱开发方案的设计提供燃烧沉积量和空气消耗量等关键参数。火驱三维物理模拟实验主要用于研究火驱的调控技术。

第一节　原油氧化分析实验

空气注入油藏后，会发生一系列复杂的化学反应。不同的油品特性和不同的操作参数均会对火驱地下燃烧过程产生影响，进而影响火驱开发效果。针对不同油品氧化反应动力学和放热特性开展研究，对于理解火驱开发地下燃烧过程，合理设计火驱开发方案具有重要的意义。对于原油氧化反应，国内外学者多采用热重分析仪、差示扫描量热仪、动力学燃烧器、加速量热仪和燃烧釜等装置进行研究。[1–3]

一、热重分析仪及其实验研究

1. 仪器介绍

热重分析仪（Thermal Gravimetric Analyzer）是一种利用热重法检测物质温度—质量变化关系的仪器。热重法是在程序控温和一定气氛下，测量试样的质量与温度或时间关系的技术，其实验结果就是热重曲线（TG 曲线）。热重曲线表征了质量（或质量分数）随温度或时间变化的关系曲线。曲线的纵坐标为质量 m（或质量分数），横坐标为温度 T 或时间 t，从左向右表示温度升高或时间增长。从热重曲线可以派生出微商热重曲线。它是记录 TG 曲线对温度或时间的一阶导数的一种技术。实验得到的结果是微商热重曲线，即 DTG 曲线，以质量变化速率为纵坐标；横坐标为温度或时间，从左往右表示增加。

当火驱开发油层点火成功后，火驱前缘处发生的高温氧化反应是焦炭类物质与氧气间的断键燃烧反应，该反应是火烧前缘得以稳定传播的主要能量源。因此，对稠油高温氧化反应进行动力学研究，具有十分重要的意义，可为火驱油层数值模拟提供参数。由于稠油溶解气含量低，地面条件下物质成分与油层条件下差异较小，许多学者采用热重法和差示扫描量热法研究稠油氧化过程[5–7]。热重法和差示扫描量热法样品量小（毫克量级），传热和传质影响易于控制，更易获得本征动力学参数。在进行热重实验时，多将原油分散在固体颗粒表面，这样可以使得氧气扩散到样品层底部，使整个试样均匀氧化。

2. 动力学模型

采用火驱开发稠油时，地层内高温氧化过程为油焦与氧气间的气固反应，其反应速率动力学表达式可以表示为[8]：

$$\frac{\mathrm{d}\alpha}{\mathrm{d}t}=k\cdot f(\alpha)\cdot p_{\mathrm{O_2}} \tag{2-1}$$

式中 k——反应动力学常数，$\mathrm{s^{-1}\cdot Pa^{-1}}$；

$p_{\mathrm{O_2}}$——氧气分压，Pa；

$f(\alpha)$——样品的机理函数；

α——样品的转化率。

$$\alpha=\frac{m-m_{\mathrm{f}}}{m_0-m_{\mathrm{f}}} \tag{2-2}$$

式中 m，m_0，m_{f}——样品在反应过程中的质量、样品的初始质量和样品的最终质量，g。

反应速率常数 k 的表达式为阿仑尼乌斯形式：

$$k=A\exp\left(-\frac{E}{RT}\right) \tag{2-3}$$

式中 A——反应的指前因子，$\mathrm{s^{-1}\cdot Pa^{-1}}$；

E——反应的活化能，kJ/mol；

R——普适气体常数，取 8.314J/（mol·K）。

在很多稠油氧化动力学研究中，油样机理函数 $f(\alpha)$ 常简化为 n 阶指数形式，其表达式为：

$$f(\alpha)=(1-\alpha)^n \tag{2-4}$$

式中 n——反应级数，取值范围通常为 0～2。

3. 动力学参数求取方法

为了衡量不同求取方法对动力学参数测试的影响，获得适于稠油高温氧化过程的动力学参数求取方法，本研究选取了典型的单一扫描速率积分法（Coats–Redfern）、单一扫描速率微分法（Achar–Brindley–Sharp–Wendworth，ABSW）和等转化率法（Flynn–Wall–Ozawa，FWO）对稠油高温氧化动力学参数进行求取。下面对各种方法进行简要的介绍。

1）Coats–Redfern 法

积分法中具有代表性的方法是 Coats–Redfern 法[9]。假设反应温度按照一定的升温速率升高，那么

$$\beta=\frac{\mathrm{d}T}{\mathrm{d}t} \tag{2-5}$$

把 $\mathrm{d}t=\mathrm{d}T/\beta$ 代入式（2–5），得

$$\frac{\mathrm{d}\alpha}{\mathrm{d}T}=\frac{A}{\beta}\cdot\exp\left(-E/_{RT}\right)\cdot f\left(\alpha\right)\cdot p_{\mathrm{O_2}} \tag{2-6}$$

当采用 n 阶指数机理函数表达式时，将式（2–4）代入式（2–6），得：

$$\frac{\mathrm{d}\alpha}{\mathrm{d}T}=\frac{A}{\beta}\cdot\exp\left(-E/_{RT}\right)\cdot\left(1-\alpha\right)^{n}\cdot p_{\mathrm{O_2}} \tag{2-7}$$

对式（2–7）两边移项、积分并取对数的结果如下：

当 $n\neq1$ 时

$$\ln\left[\frac{1-\left(1-\alpha\right)^{1-n}}{T^{2}\left(1-n\right)}\right]=\ln\left[\frac{A\cdot p_{\mathrm{O_2}}R}{\beta E}\left(1-\frac{2RT}{E}\right)\right]-\frac{E}{RT} \tag{2-8}$$

当 $n=1$ 时

$$\ln\left[\frac{1-\left(1-\alpha\right)^{1-n}}{T^{2}\left(1-n\right)}\right]=\ln\left[\frac{A\cdot p_{\mathrm{O_2}}R}{\beta E}\left(1-\frac{2RT}{E}\right)\right]-\frac{E}{RT} \tag{2-9}$$

式（2–8）和式（2–9）即 Coats–Redfern 方程。由于不同反应的反应级数 n 并不相同，因此需要对不同的 n 值进行计算，选择使曲线线性度最好值的作为最终的反应级数。

2）ABSW 法

微分法是通过对反应速率方程微分得到的求取活化能的方法，在本研究中采用了 ABSW 法[9]。对式（2–7）分离变量，两边取对数，得：

$$\ln\left[\frac{\mathrm{d}\alpha}{\left(1-\alpha\right)^{n}\mathrm{d}T}\right]=\ln\frac{A\cdot p_{\mathrm{O_2}}}{\beta}-\frac{E}{RT} \tag{2-10}$$

将 $\ln\left[\frac{\mathrm{d}\alpha}{\left(1-\alpha\right)^{n}\mathrm{d}T}\right]$ 对 $\frac{1}{T}$ 作图，用最小二乘法拟合实验数据，从直线斜率求 E，从截距求 A。

3）Flynn–Wall–Ozawa 法[9]

对式（2–6）两边移项并积分得：

$$\beta\int_{0}^{\alpha}\frac{\mathrm{d}\alpha}{f\left(\alpha\right)}=A\int_{T_0}^{T}\exp\left(-E/_{RT}\right) \tag{2-11}$$

经过积分化简并取自然对数，可以得到 Ozawa 公式：

$$\lg\beta=\lg\frac{AE}{RG\left(\alpha\right)}-2.315-0.4567\frac{E}{RT} \tag{2-12}$$

其中，$G\left(\alpha\right)=\int_{0}^{\alpha}\frac{\mathrm{d}\alpha}{f\left(\alpha\right)}$。Ozawa 公式中的 E 值可以用下面的方法求得。Ozawa 认为在不同 β 下，选择相同的 α，则 $G\left(\alpha\right)$ 是一个与温度无关的定值，这样 $\lg\beta$ 与 $\frac{1}{T}$ 就成为线性关系，

由斜率就可求得 E。在稠油高温氧化实验中，选取高温氧化峰值所对应的特征转化率。对不同升温速率实验，选取特征转化率所对应的温度。这样就可以得到稠油高温氧化特征转化率所对应的一组数据 (β_i,T_i)（i 代表不同的升温速率），对其进行线性拟合可以求得油焦燃烧的活化能。指前因子可由 Kissinger 表达式求得：

$$\frac{E\beta}{RT^2}=A\exp\left(-\frac{E}{RT}\right) \tag{2-13}$$

4. 实验步骤

实验中采用的油样为新疆油田风城某区块稠油油样。在实验之前，采用 SY/T 6316《稠油油藏流体物性分析方法 原油黏度测定》标准的样品处理步骤对样品进行脱水、除杂处理。处理后的脱水油样含水率小于 0.5%。

本研究采用瑞士 Mettler Toledo 公司生产的 TGA/DSC 1 同步热分析仪研究稠油高温氧化过程。TGA/DSC 1 同步热分析仪可以同时测量重量信号和放热量信号，具备热重（TG）和差示扫描量热（DSC）分析功能。实验过程中保护气为 N_2，流量为 79mL/min；反应气为氧气，流量为 21mL/min。两路气体在反应室内混合均匀后横掠过坩埚表面，经过扩散作用到达物料层，物料表面的氧浓度为 21%。

5. 样品制备方法的影响

图 2–1 为纯油样的热重曲线（TG 曲线），图中横坐标为温度，纵坐标为样品无量纲质量（某一时刻样品质量与样品初始质量的比值）。实验样品量为 5mg，升温速率为 9℃/min。实验结果表明，当反应温度小于 620K 时，稠油失重曲线十分光滑，失重量随着温度的升高逐渐增大；当反应温度大于 620K 后，样品失重出现不光滑阶梯，热失重曲线出现多级台阶。与图 2–1 相对应的反应速率曲线如图 2–2 所示，图中纵坐标为无量纲反应速率（转化率变化速率）。可以看到，当反应温度小于 620K 时，反应速率随着反应温度先升高后下降，形成光滑的反应速率峰；当反应温度大于 620K 以后，反应速率出现许多陡峭的反应速率峰，无法得到准确的动力学数据。采用纯油样品进行热重实验时，高温氧化区反应速率多峰的现象在文献中也有报道。当油样在热重分析仪样品盘内结焦后，由于焦炭内无法形成规则有效的气体通道，底部样品只有在表层焦炭被消耗后才可参与反应，热重分析仪内的样品很难处于均匀反应状态，不能把整个样品作为点源进行处理。

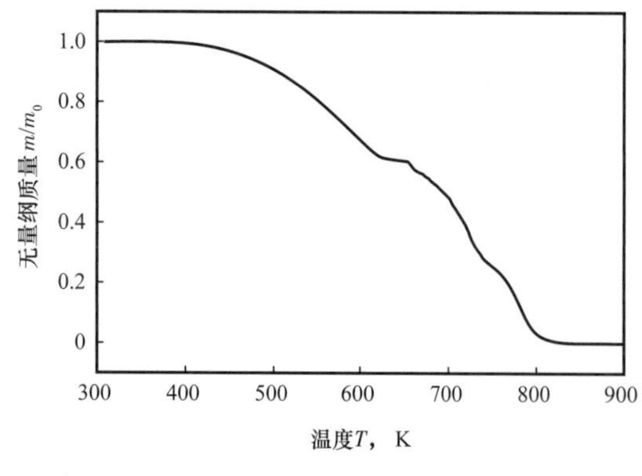

图 2–1　纯油样品氧化热重曲线

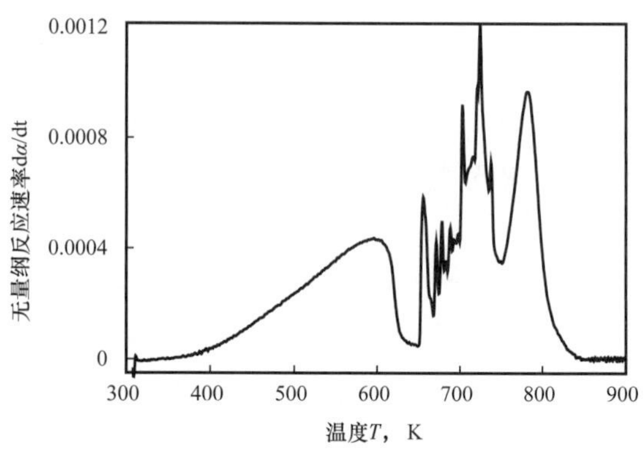

图 2–2　纯油样品氧化反应速率曲线

为了让油样在样品盘内可以均匀的参与反应。本研究将脱水稠油与粒径为 100～200 目的分析纯 SiO_2 颗粒按 1∶9 质量比进行混合，将油样吸附分散在颗粒表面。SiO_2 颗粒可以提供支撑骨架，形成有效 O_2 扩散通道，使样品底部与表面同时参与反应，且 SiO_2 为惰性物质，不会对稠油的反应性质造成影响，测试结果反应的是稠油自身的氧化动力学特性。采用 50mg 混合 SiO_2 的油样（含 5mg 纯油），在 5℃ /min 升温速率下得到的热重曲线如图 2–3 所示。在整个实验的温度区间内，样品的失重曲线十分光滑，在高温氧化段中没有图 2–1 曲线中的多级台阶。相应的反应速率曲线如图 2–4 所示，图 2–2 中的陡峭小峰消失，高温氧化段有一完整光滑的失重速率峰，可用于动力学参数求取。

6. 动力学参数求取

对稠油氧化过程的热重研究，原油的机理函数可简化为 n 阶指数型函数，采用单一扫描速率拟合反应级数 n，并在此基础上求取活化能 E 和指前因子 A。由于只需要单次实验即可得到活化能和指前因子，这种求取方法十分便捷。其缺点是需要对机理函数模型进行简化假设。本研究采用单一扫描速率法中典型的 Coats–Redfern 积分法和 ABSW 微分法，对实验数据进行处理，求取油焦燃烧反应的动力学参数。

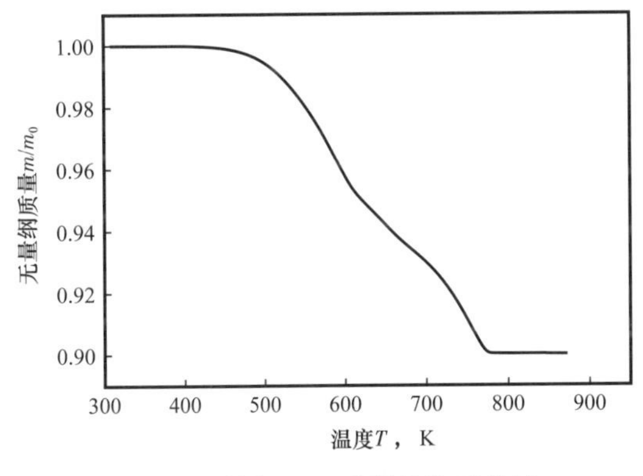

图 2–3 混合 SiO_2 后样品热重曲线

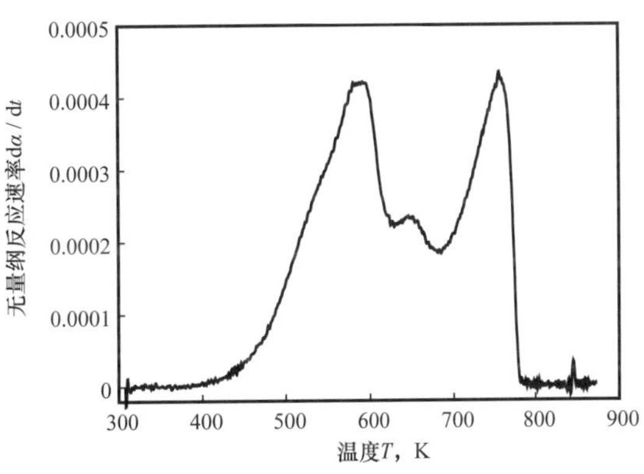

图 2–4 混合 SiO_2 后样品反应速率曲线

由图 2–4 中的实验数据，确定高温氧化动力学参数计算的温度区间为 700～770K。计算得到的用于求取动力学参数的 Arrhenius 曲线分别如图 2–5 和图 2–6 所示，两种方法拟合的曲线方差分别为 0.9972 和 0.9968。采用 Coats–Redfern 法拟合得到的反应级数为 0，活化能为 14.3kJ/mol；采用 ABSW 法拟合得到的反应级数为 0.35，活化能为 93.1kJ/mol。可以看到，采用两种不同方法得到的反应活化能差异较大。采用 n 阶指数型简化机理函数并配合单一扫描速率法求取稠油高温氧化动力学数据时，虽然通过调整反应级数 n 可以得到较好的线性度，但求取的动力学参数可能与本征动力学有较大偏差。

为了排除简化和假设机理函数可能带来的误差，本研究采用 FWO 法等来测得稠油高温氧化的活化能。FWO 法避开了反应机理函数的具体形式，直接求出了活化能 E，因此往往被其他学者用来检验由他们假设反应机理函数求得的活化能值[9]，这是 FWO 法的一个突出优点。测试过程中的升温速率为 2℃ /min，3℃ /min，5℃ /min，7℃ /min 和 10℃ /min（图 2–7）。试样为 50mg 混合 SiO_2 颗粒的油样（含纯油 5mg）。选取图 2–4 中高温氧化峰所对应的特征转化率 0.92，以该转化率计算稠油氧化活化能，计算的 $\lg\beta$ 随温度倒数变化的曲线如图 2–8 所示。由图 2–8 中曲线斜率 –6277，得到油焦氧化的活化

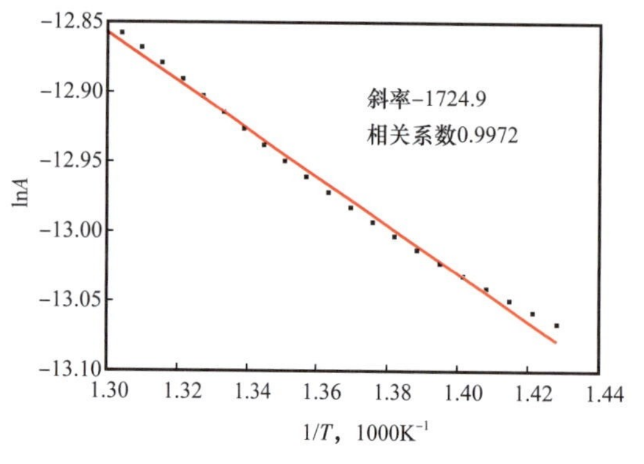

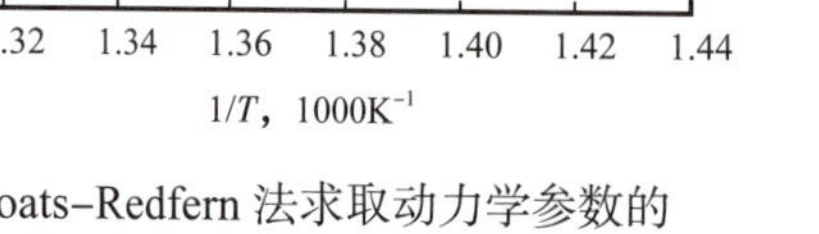

图 2-5　Coats-Redfern 法求取动力学参数的 Arrhenius 曲线

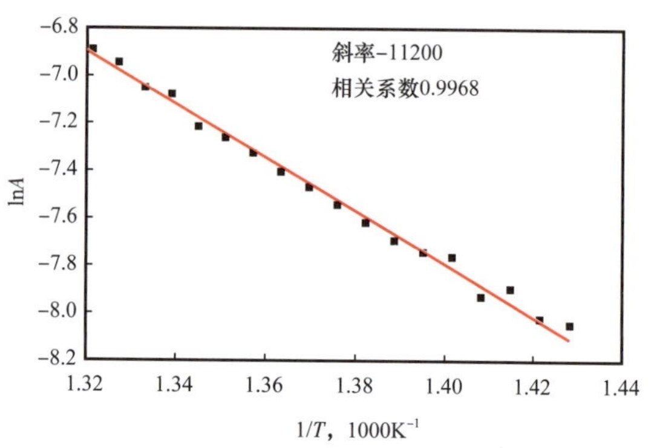

图 2-6　ABSW 法求取动力学参数的 Arrhenius 曲线

能 123kJ/mol，小于文献中纯碳物质氧化的活化能 168kJ/mol。指前因子根据 Kissinger 表达式计算[9]，为 31.4 $s^{-1}\cdot Pa^{-1}$。两种不同类型的单扫描速率法得到的动力学数据与等转化率法均有一定的差异，其中 Coats Redfern 法求得的动力学参数与等化率法计算的活化能与真实值差距很大。在稠油高温氧化动力学参数求取时，采用 n 阶指数简化型机理函数并配合单扫描速率法拟合反应动力学参数可能会产生较大的偏差，为油焦燃烧活性评价和数值模拟计算带来误差。因此，应采用不依赖机理函数的等化率法求取火烧过程中的油焦燃烧反应的动力学参数。对于本研究测试油样，其活化能为 E=123kJ/mol，指前因子 A=31.4 $s^{-1}\cdot Pa^{-1}$。

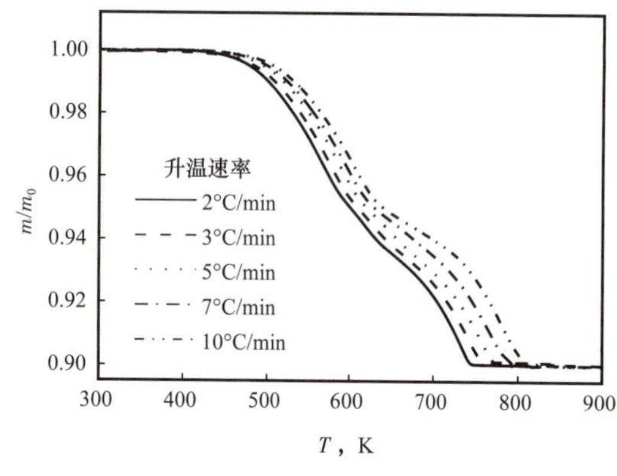

图 2-7　不同升温速率热重曲线

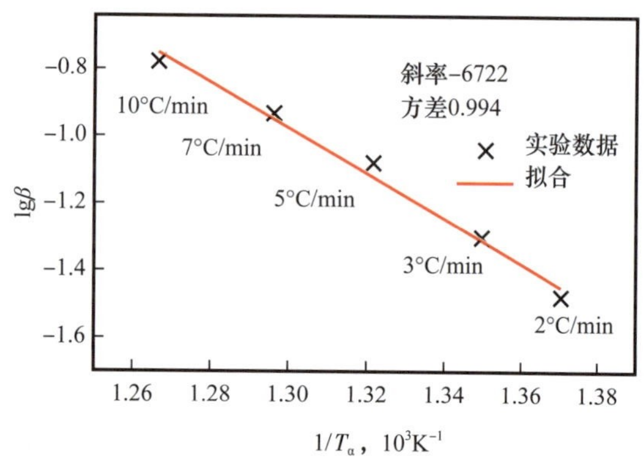

图 2-8　lgβ 随温度倒数的变化

采用热重法测量稠油高温氧化动力学参数，评价不同样品制备方法对动力学参数求取的影响，比较不同动力学参数求取方法求取结果的差异。研究结果表明，采用纯油样品进行热重实验，样品不容易均匀燃烧。将油样与 SiO_2 颗粒混合可以解决这一问题。SiO_2 颗粒可以起到支撑骨架作用，颗粒间的孔隙可为 O_2 扩散提供通道。在对稠油高温氧化动力学参数求取的过程中，n 阶指数简化型机理函数配合单扫描速率法拟合反应动力学参数可能会产生较大的偏差。等转化率法避免了简化假设机理函数所带来的误差，可用于研究油焦燃烧本征动力学。对于测试的稠油样品，其活化能和指前因子分别为 123kJ/mol 和 31.4$s^{-1}\cdot Pa^{-1}$。

二、差式扫描量热仪及其实验研究

1. 仪器介绍

差式扫描量热仪（Differential Scanning Calorimeter），简称 DSC，该仪器可测量样品在一定气氛及程序温度下，样品端与参比端热流或热功率差随温度及时间的关系，具有能定量测定多种热力学和动力学参数、宽温度范围、高分辨力、高灵敏度、样品用量少等优点。差式扫描量热仪依据差式扫描量热分析原理，给物质提供一个匀速升温、匀速降温、恒温、或以上任意组合温度环境及恒定流量（或流量为零）的气氛环境，并在此环境下测量样品与参比端的热流差。实验结果以差式扫描量热曲线（DSC 曲线）记录下来。DSC 曲线是由差式扫描量热仪测得的输给试样和参比物的热流速率或加热功率（差）与温度或时间的关系曲线图示。曲线的纵坐标为热流速率或称热流量，单位为 mW（mJ/s）；横坐标为温度或时间。按热力学惯例，曲线向上为正，表示吸热效应；向下为负，表示放热效应。

在 PDSC 实验开始前，先要确定实验气体氛围，压力和温度区间，还需要制样、通气、设定相关实验参数。其中，实验参数包括样品名称、样品质量、实验方法（包括升温、恒温、循环、动态升降温等）、初始和终止温度、升温速率、通气量等。设定好之后，将目标重量的实验样品置于实验坩埚中，要求样品均匀平铺，然后将样品置于炉膛内的样品台上，封闭炉膛后加压，开启气瓶至目标压力保持一段时间，待炉膛内气体氛围稳定后再开始实验。样品台内部如图 2–9 所示，内部分别放置参比盘和样品盘，在二者之间是用于测定温度的热电偶，在清洁样品台时要注意不要触碰热电偶，避免损坏。

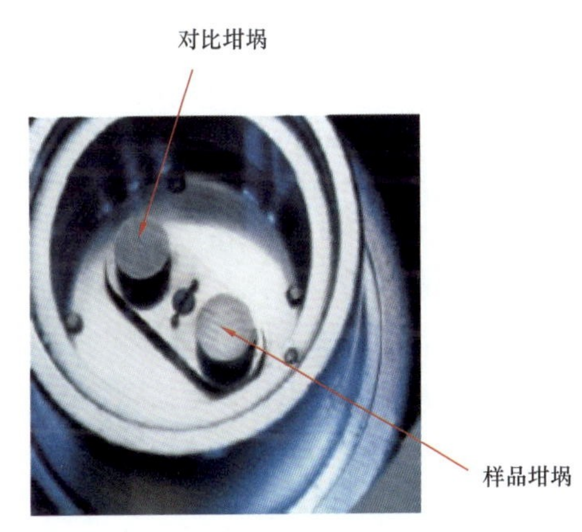

图 2–9　PDSC 仪器样品台内部结构

2. 实验步骤

1）背景测定

测定步骤如下：

（1）将试样容器清理干净。

（2）接通气源，维持测定压力恒定，测定过程中压力波动幅度不应超过设定值的 1%。

（3）以恒定升温速率加热试样容器，测量不同温度下空白样品热流量，推荐加热温度不低于 900K。

2）试样测定

测定步骤如下：

（1）加置试样。试样应均匀分布在试样容器中且不宜过多，推荐试样质量不超过 100mg。

（2）接通气源，维持测定压力恒定，测定过程中压力波动幅度不应超过设定值的 1%。

（3）以恒定升温速率加热试样容器，测量不同温度下样品与试样容器总热流量，推荐加热温度不低于 900K。

（4）改变升温速率，重复步骤（1）至步骤（3），升温速率取值不应少于 4 个，推荐升温速率为 2K/min、3K/min、5K/min、7K/min 和 10K/min。

3）数据处理

绘制差式扫描量热曲线。将所测定样和试样容器总热流量减去对应温度下背景曲线的热流量值，得到校正后的试样热流量值，绘制差式扫描量热曲线。

绘制特征温度曲线。确定不同升温速率（β）实验的高温反应阶段放热峰值温度 T_p。以升温速率的对数（$\lg\beta$）为纵坐标，以峰值温度的倒数（$1/T_p$）为横坐标作图。

活化能（E）按式（2-14）计算：

$$E=-2.190R\frac{\mathrm{d}\left(\lg\beta\right)}{\mathrm{d}\left(1/T_{\mathrm{p}}\right)} \tag{2-14}$$

式中　T_p——峰顶温度，K。

三、动力学燃烧器及其实验研究

动力学燃烧器（Kinetic Cell）也称为 RTO 实验装置，主要由以下 5 部分组成（图 2-10）：气源、加热炉、动力学燃烧器、烟气分析仪和实验控制台。可测量油砂样品在一定气氛及程序温度下，出口气体中的 O_2、CO_2 和 CO 等气体随温度及时间的变化关系。该装置的特点是能以一定的升温梯度对原油进行加热，并实时检测和记录气体生成情况，能改变实验压力、通风流量、气源、油品等实验条件，采取控制变量法，实现对单因素影响下的原油升温过程中结焦过程的研究，也可用于研究火驱开发过程中原油氧化动力学的研究。典型的 RTO 实验结果如图 2-11 所示。

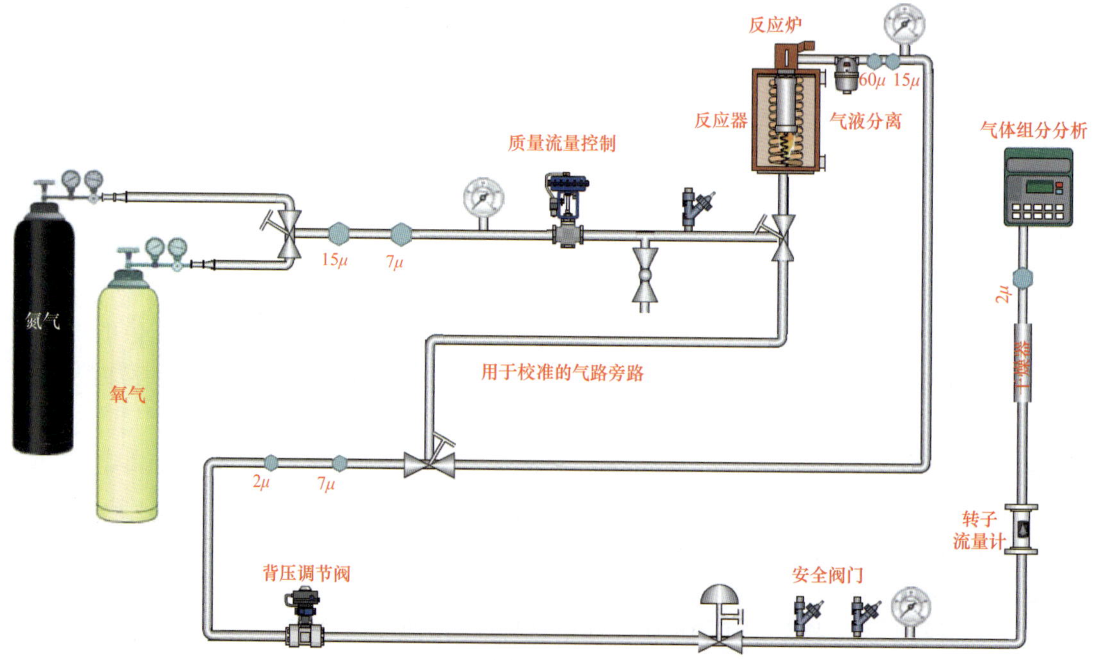

图 2-10　高温驱替反应实验装置流程图

2μ，7μ，15μ，60μ—不同尺寸的坩埚，过滤的颗粒尺寸为 2～60μm

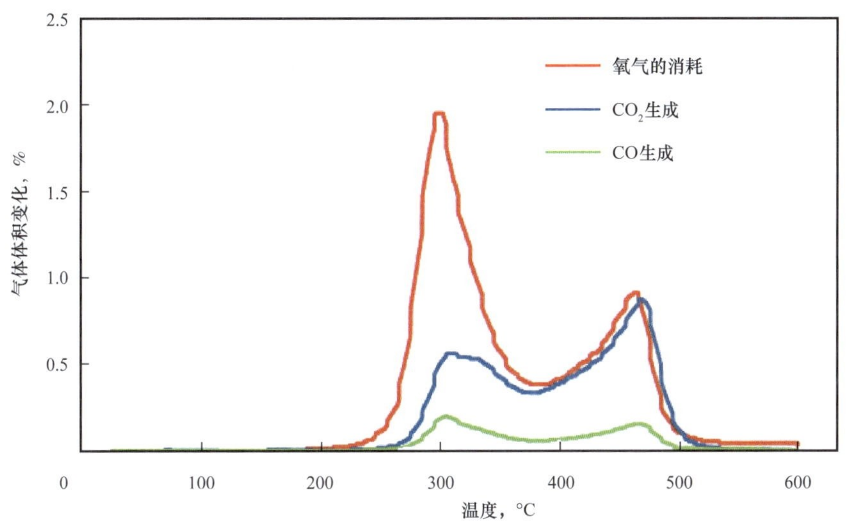

图 2-11　典型 RTO 实验结果（新疆油田九六区样品）

四、加速量热仪及其实验研究

1. 仪器介绍

绝热加速量热仪（ARC）是用来对放热化学反应进行自升温模拟，并且储存反应过程中的时间、温度和压力等数据，主要的设计特征是高绝热的环境。由加速量热仪测得的试样升温速率与温度的关系曲线称为加速量热曲线（ARC 曲线），曲线的纵坐标为试样温度变化速率的对数，单位为 K/min；横坐标为温度的倒数，单位为 1/K。绝热加速量热仪能获取低温条件下原油氧化反应动力学参数（活化能、与燃料有关的反应级数、反应指数），可用来研究火驱开发的点火过程。

绝热加速量热仪（ARC）的反应炉体内安装有高压反应器，高压反应器的外部与热电偶接触，该热电偶能够通过电脑反应小球中的热量变化，仪器可以设定温度检测限，一旦感知到小球处的温度与周围空气温度有温差，且温差在检测性范围内，则会立刻升高相应的温度，从而达到近乎绝热的实验条件。绝热加速量热仪结构如图 2-12 所示。

在一个标准实验开始实验之前，首先需要将样品置于球形反应釜内，将球形反应釜安装在绝热量热炉中，需要注意的是在安装之前，要在连接处涂抹一定量的防自锁剂，其不仅可以保护金属，一定程度上防止在高温条件下对实验仪器部件的损伤，还能够起到一定的润滑作用。之后，需要在软件上设置实验所需的起始温度、终止温度、升温速率、检测线（也成为温度敏感度）等参数。在实验过程中，需要注意的是：（1）安装气密管线进行气密检测，检测时需要用检漏液进行全面检查；（2）安装管线时，小球时应注意不要拧得过紧，防止辐射加热器被损坏（三通）；（3）打气过程中首先需要查看阀门是否正常，然后进气阀和背压阀的配合，进气阀与背压阀交替打压直至实验要求的压力；（4）实验进行中，保证量热仪外侧舱门处于关闭状态。

ARC 实验存在固定工作模式，即先以设定好的升温速率进行加热，直到加热至设定好的初始温度，仪器进入等待状态，直到检测到球形反应釜内部温度升高，仪器通过热电偶以及传感器等元件，对绝热量热炉加热至同样的温度，如若并未检测到温度的升高，则继续以用户设置的升温速率进行加热，如此反复，维持实验的绝热状态。ARC 实验推荐采用开口实验反应模式，反应器压力设定为固定值以避免因压力变化对动力学参数求取产生影响。同时，开口流动反应模式可以避免闭口模式带来的反应过程中氧气浓度降低对动力学参数的影响。

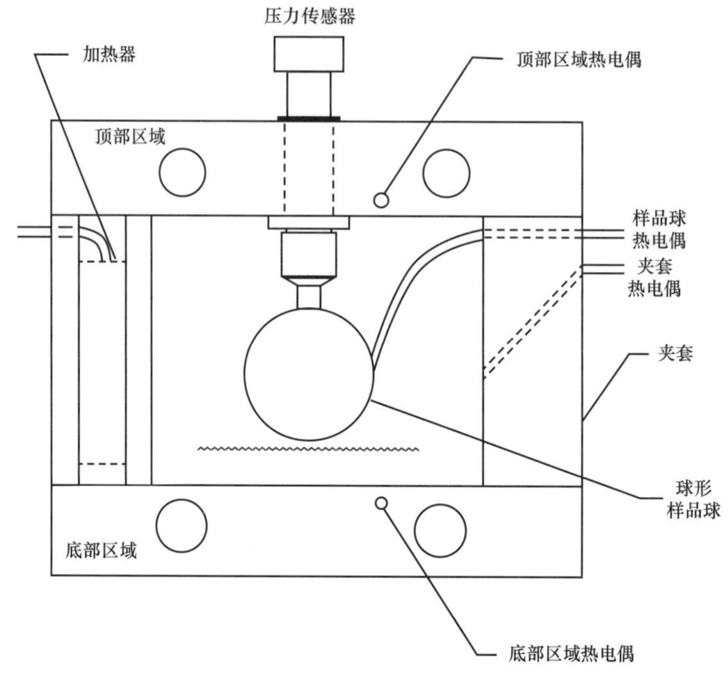

图 2–12　绝热加速量热仪结构示意图

2. 实验步骤

1）背景测定

测定步骤如下：

（1）将试样容器清理干净。

（2）接通气源，维持测定压力恒定，测定过程中压力波动幅度不应超过设定值的 1%。

（3）以一定的温度间隔从低温加热至高温并等待一定时间，记录温度随时间变化关系曲线，即为背景曲线，推荐加热的最高温度不低于 900K。

2）试样测定

测定步骤如下：

（1）向试样容器中加入一定质量试样。

（2）接通气源，维持测定压力恒定，测定过程中压力波动幅度不应超过设定值的 1%。

（3）开展测定，以一定的温度间隔从低温加热试样并等待一定时间，确定试样是否放热。若试样开始放热，则切换为伴热模式，确保试样在近绝热条件下反应，记录试样温度与时间的关系，推荐加热的最高温度不低于 900K。

3. 数据处理

1）背景曲线校正

将所测定样和试样容器总热流量减去对应温度下背景曲线的热流量值，得到校正后的试样热流量值。

2）绘制加速量热曲线

将样品升温速率的对数 lg（dT/dt）与样品温度的倒数（1/T）绘制在直角坐标系中。利用一次线性方程对曲线进行拟合，得到直线的斜率。推荐选取升温速率不超过 10K/min 范围内的数据点作为计算活化能的数据源。

3）计算活化能

活化能计算：

$$E=-2.303\frac{\mathrm{d}\left[\lg\left(\mathrm{d}T/\mathrm{d}t\right)\right]}{\mathrm{d}\left(1/T\right)}R \tag{2-15}$$

式中 t——反应时间，min；

T——试样温度，K。

五、燃烧釜及其实验研究

1. 仪器介绍

燃烧釜是指可以承受一定燃烧高温和压力的化学反应的容器。火驱开发可以用燃烧釜来测量火驱点的门槛温度。燃烧釜模型本体技术要求如下：

（1）燃烧釜模型本体内径不小于 7cm；

（2）模型长度与内径比值大于 2;

（3）油砂上表面至少布置一个温度测点;

（4）最高耐温不低于 800℃；

（5）最高耐压不低于 1MPa。

2. 实验步骤

（1）设定点火温度和空气流量，开启点火器电源，同时向燃烧釜注入空气。

（2）实时监测并记录空气注入压力、空气流量、模型各测温点温度和尾气中各组分数据。

（3）被加热的空气进入模型，加热油砂，实时监测并记录模型内部各测点温度变化。

（4）当尾气中 CO_2 体积含量在 8%～15% 持续稳定 2h 以上，停止实验；若点火器通电 5h 后尾气中 CO_2 体积含量仍未达到 8%，也停止实验。

（5）待模型冷却后打开模型，取出已燃砂、结焦砂、未燃油砂，分别计量其体积和质量。若已燃砂量不低于总填砂量的 10%，该实验有效；若已燃砂含量与总填砂量的比值小于 10%，应重新建立模型，提高点火温度，重新进行燃烧釜实验。

3. 数据处理方法

提取燃烧釜最上层温度测点的检测数据，得到温度与累计加热时间的曲线，同时在同一坐标系内对时间求导得到温升速度曲线（图 2–13）。通过温升最大值 A 点作垂直于时间轴的直线交温度与时间曲线于 B 点，过 B 点做垂直于温度轴的直线交温度轴与 C 点，C 点对应的温度即门槛温度。

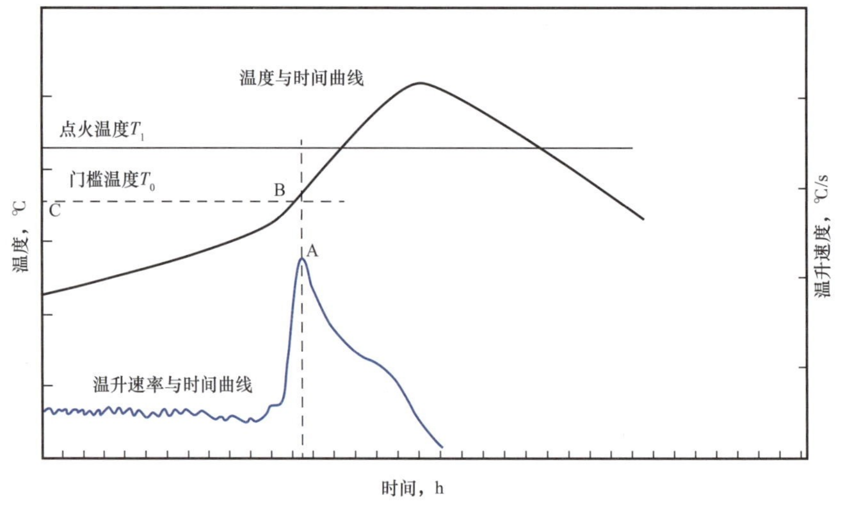

图 2–13　门槛温度确定方法示意图

第二节　火驱物理模拟实验

一、实验装置

一维和三维火驱物理模拟实验装置的流程基本相同，均由注入系统、模型本体、测控系统及产出系统几部分构成，如图 2–14 所示。注入系统包括空气压缩机、注入泵、中间容器、气瓶及管阀件；测控系统对温度、压力、流量信号进行采集、处理，包括硬件和软件；产出系统主要完成对模型产出流体的分离、计量。对于一维火驱物理模拟实验装置，其模型本体为一维岩心管。在岩心管的沿程均匀分布若干个热电偶和若干个差压传感器，用于

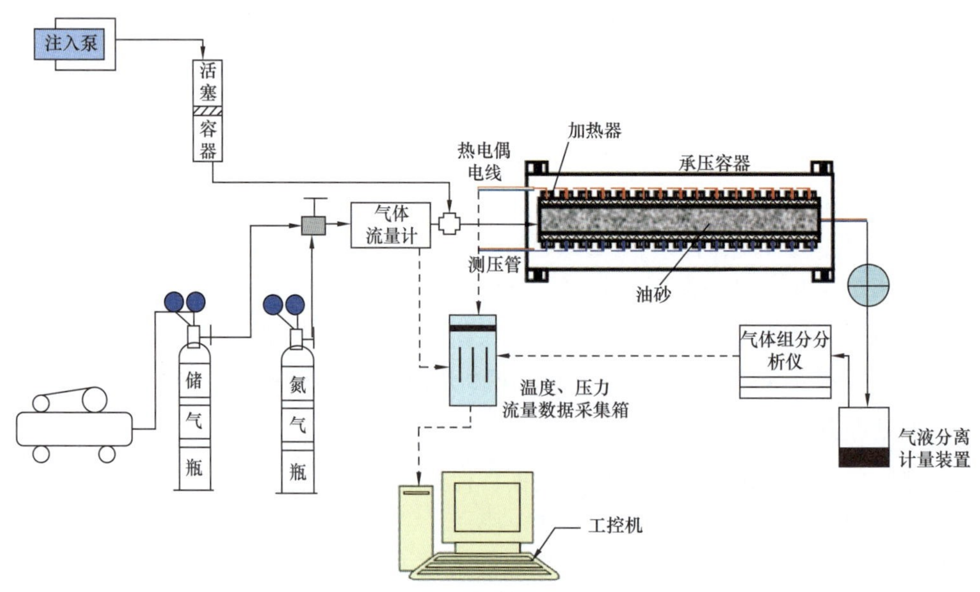

图 2–14　一维和三维火驱物理模拟实验系统流程图

监测火驱前缘和岩心管不同区域的压力降。对于三维火驱物理模拟实验装置，其模型本体为三维填砂模型。模型内胆可以是长方体、正方体或特殊形状。可根据需要在模型本体上设置若干模拟井，包括直井和水平井。其中有火井和生产井。一般在模型中均匀排布上、中、下多层热电偶，经插值反演可以得到油层中任意温度剖面。通过温度剖面可以判断燃烧带前缘在平面和纵向上的展布规律。一维和三维火驱物理模拟实验装置的最高工作温度为 900℃，最大工作压力一般为 5～15MPa。

火驱实验准备工作包括：首先根据新疆油田某稠油油藏地质特征，利用火驱相似准则[10-14]设计室内模型孔隙度、渗透率、饱和度等参数；在此基础上进行岩心及流体准备、岩心及流体物性测试：此外还要进行传感器标定、模拟井加工、点火器检测等准备工作。模型装填包括模拟井 / 点火器安装、传感器安装、模型系统试压、油层岩心装填、造束缚水、饱和油等。对于在地层条件下缺乏流动性的特稠油和超稠油，一般不能采用直接向模型饱和油的方法，而是采用将油、水、砂按设计比例充分搅拌混合的方法装填模型[15-16]。本实验由于稠油在地层温度下黏度较低（2000～3000mPa · s），因此采用直接饱和油的方式构造初始含油饱和度场。

火驱实验得以持续的前提条件是要预先建立地层中的烟道，保证燃烧产生的尾气能够及时排出。因此在点火前要通过氮气通风，进行注、采井间连通性测试。在通风测试过程中还要建立模型内部初始温度场，使之与地层实际条件相符。通风测试的同时还要进行测控系统调试、产出系统的连接准备。启动点火器预热，一般情况下首先向模型中注入的是氮气而不是空气。主要目的是防止在油层未被点燃之前先行氧化结焦；然后逐渐提高氮气的注入速度，直到点火井周围一定区域的温度达到某一特定值时，改注空气，实现层内点火。整个火驱实验过程一般包括低速点火、逐级提速火驱、稳定火驱、停止注气、火驱结束等阶段。在实验过程中，通过计算机实时监测模型系统各关键节点的温度、压力、流量信号，实时监测燃烧带前缘在三维空间的展布。

一维火驱实验采用非金属岩心管[17]，可以有效克服因金属管壁导热能力强导致的热量超越式传递。岩心采用地层岩心破碎后压实装填，原油采用地层取样原油。在岩心管的内部，沿轴向每间隔 30mm 设置了 13 支温度传感器，用于监测火驱过程中燃烧带前后的温度分布。同时沿轴向设置了 5 支压差传感器（第一支距离注入端 120mm，其余 4 支间隔 70mm，均匀分布），可以监测到各段岩心的压力降。为了便于分析，引入分段压降百分比的概念。一维实验进行了 5 组，这里给出了其中一次实验的结果。火驱前缘到达不同位置时，岩心管轴向上温度分布和分段压降百分比的分布如图 2–15 所示。图 2–15 中横坐标为以注入端为起点、生产端为终点的岩心位置。其中温度最高的点可以认为是燃烧带所处的位置（真正的燃烧中心可能位于两个测温点之间）。从图 2–15 可以看出，在岩心管中已经燃烧的部分几乎没有压力降落，这是由于经过燃烧后的岩心含油饱和度为零，气相相对渗透率接近 1；燃烧带及其前缘也几乎没有压力降落，同样是由于在燃烧带前缘的高温区内液相饱和度很低、气相渗透率很高；压力集中消耗在燃烧带前缘之前距离燃烧带 10～20cm 以外的区域内，这一区域消耗的压降占总注采压降的 70%～80%。根据岩心管不同区域的上述热力学特征，认为分段压降百分比最高的区域为高含油饱和度油墙所在的区域。在该区域，由于含油饱和度较高、含气饱和度较低，导致气相相对渗透率较低、渗流阻力增大。

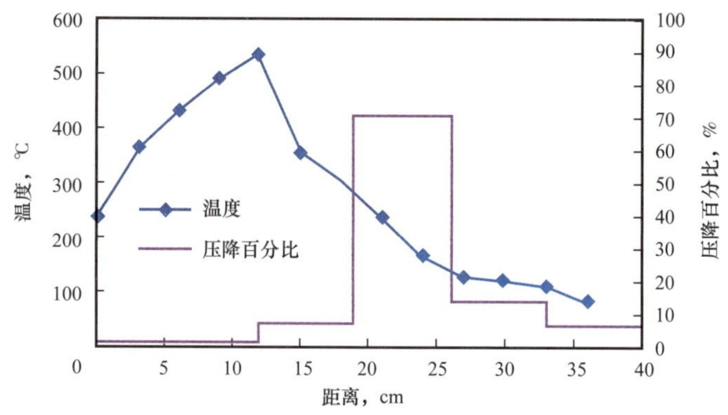

图 2-15　火驱岩心管沿程温度和压力分布

二、实验过程及方法

1. 实验准备

火驱实验准备工作包括：首先根据红浅 1 井区八道湾组稠油油藏地质特征，利用火驱相似准则设计室内模型孔隙度、渗透率和饱和度等参数；在此基础上进行岩心及流体准备、岩心及流体物性测试；此外，还要进行传感器标定、模拟井加工、点火器检测等准备工作。

2. 模型装填

模型装填包括模拟井 / 点火器安装、传感器安装、模型系统试压、模型装填、造束缚水、饱和油等。对于在地层条件下缺乏流动性的特稠油和超稠油，一般不能采用向模型饱和油的方法，而是采用将油、水、砂按设计比例充分搅拌混合后装填模型。

3. 通风测试

火驱实验得以持续的前提条件是要预先在模型中设立烟道后，以确保燃烧产生的尾气能够及时排出。因此在点火前要通过氮气通风，进行注、采井间连通性测试。在通风测试过程中还要建立模型内部初始温度场，使之与地层实际条件相符。通风测试的同时还要进行测控系统调试、产出系统的连接等准备。

4. 火驱实验

启动点火器预热，一般情况下首先向模型中注入的是氮气而不是空气。主要目的是防止在油层未被点燃之前先行氧化结焦；然后逐渐加大氮气的注入速度，直到点火井周围一定区域的温度达到某一特定值时，改注空气实现层内点火。整个火驱实验过程一般包括低速点火、逐级提速火驱、稳定火驱、停止注气结束火驱等几个阶段。在实验过程中，通过计算机实时监测模型系统各关键节点的温度、压力、流量信号，实时监测燃烧带前缘在三维空间的展布。

三、燃烧管实验数据处理

1. 数据提取

在模型注入端与模型中部之间选取一个测温点的位置为起点 S_1（距注入端距离占整个模型长度的 20%～40%），在模型中部与模型产出端之间选取另一个测温点的位置为终点 S_2（距产出端的距离占整个模型长度的 20%～40%），起点 S_1 达到最高温度对应的时间为 t_1，

终点 S_2 达到最高温度对应的时间为 t_2，对 t_1～t_2 时间段内的数据进行提取。

2. 计算 t_1 到 t_2 时间段内消耗燃料 C_xH_y 中 C_x 的质量

$$m_{C_x}=\frac{M_C\left(V_{CO_2}+V_{CO}\right)}{22.4\times1000}=\frac{M_C\left(V_{CO_2}+V_{CO}\right)}{22400} \tag{2-16}$$

式中 m_{C_x}——t_1 到 t_2 时间段内消耗燃料 C_xH_y 中 C_x 的质量，kg；

M_C——碳原子摩尔质量，g/mol；

V_{CO_2}——t_1 到 t_2 时间段内燃烧生成的二氧化碳在标准状况下的体积数值，L；

V_{CO}——t_1 到 t_2 时间段内燃烧生成的一氧化碳在标准状况下的体积数值，L。

3. 计算 t_1 和 t_2 时间段内消耗燃料 C_xH_y 中 H_y 的质量

$$V''_{O_2}=V_{O_2}-V'_{O_2}-V_{CO_2}-0.5V_{CO} \tag{2-17}$$

$$m_{H_y}=M_H\times2\times2\times\frac{V''_{O_2}}{22.4\times1000}=\frac{M_HV''_{O_2}}{5600} \tag{2-18}$$

式中 V_{O_2}——t_1 到 t_2 时间段内通过燃烧带的氧气在标准状况下的体积数值，L；

V''_{O_2}——t_1 到 t_2 时间段内与燃料中氢元素发生反应的氧气在标准状况下的体积数值，L；

V'_{O_2}——t_1 到 t_2 时间段内通过燃烧带的未被消耗的氧气在标准状况下体积数值，L；

m_{H_y}——t_1 到 t_2 时间段内消耗燃料 C_xH_y 中 H_y 的质量，kg；

M_H——氢原子摩尔质量，g/mol。

4. 计算视 H/C 原子比

$$R_{H/C}=\frac{4\times\dfrac{V''_{O_2}}{22.4}}{\dfrac{V_{CO_2}+V_{CO}}{22.4}}=\frac{4V''_{O_2}}{V_{CO_2}+V_{CO}} \tag{2-19}$$

式中 $R_{H/C}$——视 H/C 原子比。

5. 计算燃料消耗量

$$\lambda_f=\frac{m_{C_x}+m_{H_y}}{V_{S_1S_2}} \tag{2-20}$$

式中 λ_f——燃料消耗量，kg/m^3；

$V_{S_1S_2}$——S_1 与 S_2 之间岩心体积，m^3。

6. 计算燃料消耗率

$$R_f=\frac{m_{C_x}+m_{H_y}}{V_{S_1S_2}\phi S_{oi}\rho_o} \tag{2-21}$$

式中 R_f——燃料消耗率，%；

ρ_o——原油密度数值，kg/m^3。

7. 计算空气消耗量

$$\lambda_{air} = \frac{V_{air}}{V_{S_1S_2}} \tag{2-22}$$

式中 λ_{air}——空气消耗量数值，m^3/m^3；

V_{air}——t_1 到 t_2 时间段内累计通过燃烧面的空气在标准状况下体积数值，m^3。

8. 计算累计空气油比

$$AOR_t = \frac{V_{airt}}{m_{oilt}} \tag{2-23}$$

式中 AOR_t——整个实验过程累计空气油比，m^3/t；

V_{airt}——整个实验过程累计注入空气在标准状况下的体积，L；

m_{oilt}——整个实验过程累计产油量的质量，kg。

9. 计算阶段空气油比

$$AOR_s = \frac{V_{airs}}{V_{S_1S_2}\phi S_{oi}\rho_o - m_{C_x} - m_{H_y}} \tag{2-24}$$

式中 AOR_s——t_1 到 t_2 时间段内阶段空气油比，m^3/t；

V_{airs}——t_1 到 t_2 时间段内累计注入空气在标准状况下的体积，L。

10. 计算 t_1 和 t_2 时间段内氧气利用率

$$R_{O_2} = \frac{V_{O_2} - V'_{O_2}}{V_{O_2}} \tag{2-25}$$

式中 R_{O_2}——t_1 到 t_2 时间段内氧气利用率，%。

11. 计算火烧油层驱油效率

$$E_D = 1 - R_f \tag{2-26}$$

式中 E_D——火烧油层驱油效率数值，%。

12. 计算火线推进速度

$$v = \frac{L_{S_1S_2}}{t_1 - t_2} \tag{2-27}$$

式中 v——火线推进速度，mm/h；

$L_{S_1S_2}$——S_1 与 S_2 之间的距离，mm。

参考文献

[1] Sarma H K, Yazawa N, Moore R G, et al. Screening of Three Light-oil Reservoirs for Application of Air Injection Process by Accelerating Rate Calorimetric and TG/PDSC Tests [J]. Journal of Canadian Petroleum Technology, 2002, 41 (3): 50-61.

[2] 杜建芬，郭平，王仲林，等. 轻质油藏高压注空气加速量热分析实验研究 [J]. 西南石油大学学报，2007 (2): 17-21.

[3] Greaves M, Ren S R, Xia T X. New Air Injection Technology for IOR Operations in Light and Heavy Oil Reservoirs [R]. SPE 57295, 1999.

[4] Li J, Mehta S A, Moore R G, et al. Investigation of the Oxidation Behaviour of Pure Hydrocarbon Components and Crude Oils Utilizing PDSC Thermal Technique [J]. Journal of Canadian Petroleum Technology, 2006, 45 (1): 48-53.

[5] Vossoughi S, El-Shoubary Y. Kinetics of Crude-oil Coke Combustion [R]. SPE 16268, 1989.

[6] Kok M V. Use of Thermal Equipment to Evaluate Crude Oils [J]. Thermochimica acta, 1993, 214 (2): 315-324.

[7] Vossoughi S, Bartlett G W, Willhite G P. Development of a Kinetic Model for In-situ Combustion and Prediction of the Process Variables using TGA/DSC Techniques [R]. SPE 11073, 1982.

[8] Tang J S, Song Q, He B L, et al. Oxidation Behavior of a Kind of Carbon Black [J]. Science in China Series E: Technological Sciences, 2009, 52 (6): 1535-1542.

[9] 胡荣祖，高胜利，赵凤起，等. 热分析动力学 [M]. 2 版. 北京：科学出版社，2008.

[10] 陈月明. 注蒸汽热力采油 [M]. 东营：石油大学出版社，1996: 27-34.

[11] 关文龙，田利，郑南方. 水平裂缝 - 蒸汽辅助重力泄油物理模拟试验研究 [J]. 石油大学学报（自然科学版），2003, 27 (3): 50-54.

[12] Pu Jol L, Boerg T C. Scaling Accuracy of Laboratory Steam Flooding Models [R]. SPE 4191, 1972.

[13] Stegem Eier G L, Volek C W, Laumbach D D. Representing Steam Processes with Vacuum Models [C]. SPE 6768, 1977.

[14] 王世虎. 水敏性稠油油藏火烧驱油机理研究 [D]. 东营：中国石油大学（华东），2007.

[15] 关文龙，蔡文斌，王世虎，等. 郑 408 块火烧油层物理模拟研究 [J]. 石油大学学报（自然科学版），2005, 29 (5): 58-61.

[16] Guan Wenlong, Wu Shuhong, Wangshihu, et al. Physical Simulation of In-situ Combustion of Sensitive Heavy Oil Reservoir [R]. SPE 110374, 2007.

[17] Jenneman G E, Moffitt P D, Young G R. Application of a Microbial Selective Plugging Process at the North Burbank Unit: prepilot Tests and Results [R]. SPE 27827, 1994.

第三章　火驱技术原理

对于不同类型稠油油藏，可以采用不同的火烧油层开发技术。对于油藏厚度不大的普通稠油/特稠油油藏可以采用平面直井火驱开发技术；对于原油黏度较高的超稠油油藏，地下原油很难流动甚至完全不具备流动力，可以采用水平井火驱辅助重力泄油技术进行开发；与蒸汽吞吐开发类似，稠油油藏还可进行火烧吞吐油层开发。

空气注入油藏后会与原油发生复杂的氧化放热反应，其反应机理和热效应随着温度发生变化。在油藏注空气开发过程中，不同的开发方式对应着不同的反应温度范围，开发机理受该温度区间内的原油氧化机理控制。

本章系统阐述了火驱技术的原理，介绍了不同类型火烧油层开发技术和空气原油全温度域反应机机理。就火驱地下油墙的形成机制和条件以及火驱开发过程中地下岩矿的反应过程进行了介绍。

第一节　直井火驱技术分类和开发储层区带特征

一、直井火驱技术分类

直井井网火驱可分为干式正向火驱（又称干式向前火驱）、湿式正向火驱以及反向火驱三种方法。在前二者中，注入空气（或其他的含氧气体）的流动方向与燃烧前缘（又称火线）的移动方向相同，故称为正向（向前）燃烧；第三种方法的空气流动方向与燃烧前缘的移动方向恰好相反，故称之为反向火驱。

1. 干式正向火驱

干式正向火驱是一种最早采用、最简单、也是目前最常使用的油层燃烧方法。只是简单地注入空气，称之为干式，以区别于注空气又注水的湿式燃烧。燃烧前缘从注气井向生产井推进。当注入空气加热到一定温度就能在油层开始燃烧，燃烧温度取决于着火原油的氧化特性。点燃油层可采用自燃法和人工加热点燃法两种。高温的燃烧前缘随着注入空气缓慢地向注入井径向移动。维持油层燃烧除了氧化剂（注入空气或其他不同含氧量气体）外，还必须有燃料。燃烧前缘前面油层中的原油被蒸馏和热裂解以后，其中的轻组分烃逸出，而沉积在砂粒表面上的焦炭状物质构成燃烧过程的主要燃料，因此向前燃烧法中实际燃烧的燃料不是油层中的原生原油，而是热裂解和蒸馏后的富炭残余原油，只有这些燃料基本燃尽后，燃烧前缘才开始移动，燃烧过程才能维持下去。因此，油层中这种燃料的含量多少以及与之匹配的空气需要量成为燃烧成功与否的关键参量。

2. 湿式正向火驱

湿式正向火驱就是在正向干式燃烧的基础上，在注气过程中添加一定量的水，以扩大驱油效率和降低空气油比。湿烧可分为常规湿烧和超湿烧，当注入水均以蒸汽状态通过燃烧带时称为常规湿烧，对于给定的原油，常规湿烧的峰值温度通常略高于干烧，两种燃烧模式生成气的组成相似。当注入水速度高到有液态水通过燃烧带时称为超湿烧。

湿式燃烧比干式燃烧的驱油效果好，主要原因是：（1）蒸汽带驱油是火驱过程中的一个重要机理；（2）随着湿式燃烧水气比的增加，发生氧化反应的区域范围扩大，蒸汽带的温度下降，对流前缘速度增加，加速了热对流的传导，驱油效率增大；（3）在湿式燃烧过程中，随着氧气利用率的降低，燃烧 $1m^3$ 油砂所需空气量降低，燃烧前缘速度减慢，驱油效率几乎不变。

3. 反向火驱

反向火驱燃烧前缘移动方向与空气的流动方向相反。燃烧从生产井开始，燃烧前缘由生产井向注入井方向移动，被驱替的原油必须经过正在燃烧的燃烧带和灼热的已燃区。反向燃烧是利用分馏和蒸汽传递热量的作用来开采完全不能流动的原油，用于正向燃烧不能有效开发的油藏，如特稠、超稠油油藏的开采。由于反向燃烧空气消耗量大，约为正向燃烧的 2 倍，且往往会变成正向燃烧，因此，实际生产中一般不采用该方法。

二、直井火驱开发储层区带特征

稠油油藏火驱技术能够大幅度提高稠油采收率，主要是由于火驱技术具有较好的油藏波及特性和较高的驱油效率所致。在火驱技术实施过程中，在燃烧前缘的“推土机”作用下，会形成高含油饱和度的“油墙”，对地下高渗通道和低含油饱和度通道进行封堵。

火驱技术具有极高的驱油效率。室内实验表明，高温燃烧带驱扫下，已燃区范围内基本没有剩余油。除了燃烧掉的部分原油外，其余部分均被驱替。通过数十组稠油火驱燃烧管实验表明，燃料消耗范围为 17～$24kg/m^3$，火驱驱油效率为 86%～92%。其中原油样品涵盖普通稠油、特稠油和超稠油。与其他注入介质（热水、蒸汽、化学剂等）相比，注空气火驱的驱油效率较高。新疆油田红浅 1 火驱试验区在火驱试验前和点火 5 年后分别钻取心井测试岩心剩余油饱和度，其中火驱前的取心井为原蒸汽吞吐老井的中间加密新井，火驱后的取心井距离点火井 70m 外，处于已燃区内，取心照片如图 3–1 所示。

火驱前油层上部剩余油饱和度高、下部剩余油饱和度低，表明蒸汽吞吐过程中注汽质量较差，蒸汽前缘没有波及到井间，井间剩余油分布显示的是受重力影响的水驱特征。火驱后剩余油分布则完全不同。从油层最上部到最底部，燃烧带前缘纵向波及系数为 100%，其中 BC 段为 5.6m 的砂砾岩和钙质砂岩段，含油饱和度 1.6%～3.8%；CD 段为 0.7m 的细砂岩段，物性较差一般认为是物性夹层，含油饱和度为 5.8%；DE 段为 2.2m 的砂砾岩段，含油饱和度为 1.5%。整个油层段共 8.5m，火驱后剩余油饱和度加权平均为 2.6%（AB 段为油层上部的泥岩盖层段，剩余油饱和度仅为 12.3%，EF 为油层下部泥岩盖层段，剩余油饱和度未测试）。纵向无差别燃烧平面无差别燃烧末次采油，火驱前整个油层段 8.5m 范围内其岩性及剩余油饱和度等均存在明显差异，但火驱后纵向上却实现了 100% 的波及，整个岩心段剩余油饱和度可以忽略不计。火驱的这种自动克服高渗层段突进、全面提高纵向动用程度的能力是其他驱替方式所不具备的。因此将这种驱替特性概括为高温氧化模式下的纵向无差别燃烧机理：火驱前地层纵向上在岩性、岩石与流体物性、含油及含水饱和度等方面均存在差别，有时甚至存在较大的差别，而一旦某一层段实现了高温燃烧且注气量充足，其释放出的热量就足以使含油饱和度相对较低的层段、渗透率和孔隙度相对较低的层

图 3–1　红浅火驱试验区取心照片

A 点为取心段顶，F 点为取心段底

段随即发生高温燃烧，从而使燃烧过程和燃烧后的结果在纵向上没有明显差别。由于火驱具有天然的重力超覆特性，要实现无差别燃烧，一般要求整个油层段厚度不超过 15m 且各处满足基本的可燃条件（剩余油饱和度大于 25%）。

为了对各区域特征有一个直观的认识，设计了一个一维火驱中途氮气灭火实验。灭火后，将岩心管剖开观察各部分的特征，发现燃烧带前缘为结焦带。结焦带是原油经过高温裂解后生成的重质焦化物以固态形式黏附、固结在岩石颗粒表面形成的，该部分为火驱过程提供燃料。

三维火驱实验的模拟油采用地层取样原油，模拟砂采用石英砂。根据相似理论计算，室内三维模型孔隙度为 40%，渗透率为 100D。原始含油饱和度为 75%，含水饱和度为 25%。模型本体底面为正方形，边长为 500mm，高为 100mm（油层的实际高度为 80mm，上、下 10mm 为泥岩充填）。模型本体四周及上、下盖层为绝热保温材料，最大限度防止向外部传热。注入井内部设置高效点火器。在油层的上部、中部、下部各布设 49 支热电偶，累计 147 支热电偶用于油层温度监测。

室内三维火驱实验共进行了 3 次。图 3–2 给出了其中一次实验的温度场，分别对应转注空气点火后 45min、75min 和 265min 油层中部的温度场。该温度场是利用平面上的 49 个热电偶测定的温度值经过二阶拉格朗日差值得到的。热电偶所处位置的温度是准确的，其他各点的反演温度会有一定的误差，但总体可以反映燃烧带平面展布情况。在三维火驱过程中，燃烧带的最高温度可超过600℃（局部瞬间可以达到700℃），平均温度为450～550℃。燃烧从左上角的点火 / 注气井开始。图3-3中红色高温区为燃烧带所处位置；左下角和右上角为两口边井，右下角为角井，这3口井均为生产井。火驱过程中，当某口井（一般是边井）产出流体温度超过300℃或产出气体组分中氧气的含量超过10%时，将该井关闭，保留其他井生产。当所有井均发生了热前缘突破后，实验停止。

从不同阶段的温度场看，燃烧带前后的温度等值线最密，温度梯度最大。远离燃烧带的区域温度梯度较小。在火驱后期燃烧带前缘到生产井之间形成了一个较大范围的高温区，这主要是由于油层中原始含水高温蒸发后产生蒸汽，形成了一定程度的蒸汽驱机理。考虑到过多传感器可能对多孔介质本身造成干扰，在本组三维火驱实验中，没有在平面上部署足够的压力传感器来插值反演压力场。实验过程中注气井和生产井之间的压力差一直维持在1.1～1.3MPa。在此注采压差下，各个生产井的产量均比较稳定。

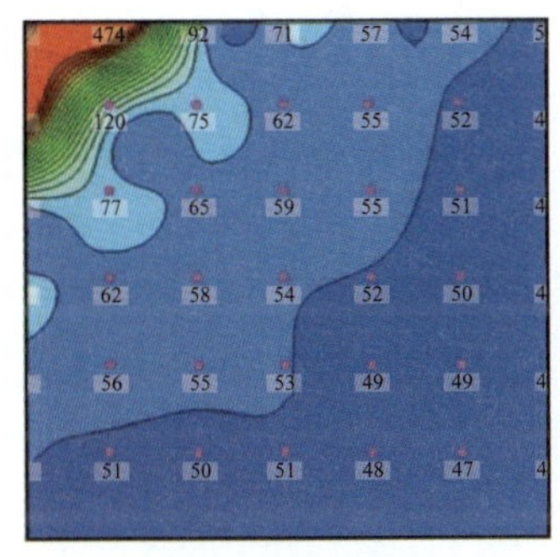

(a) 点火45min后

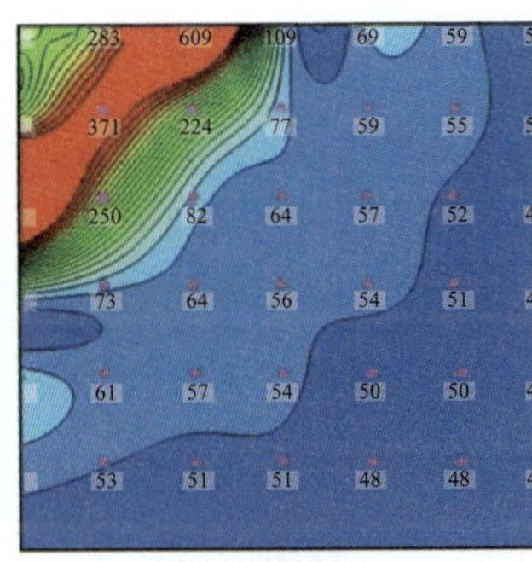

(b) 点火75min后

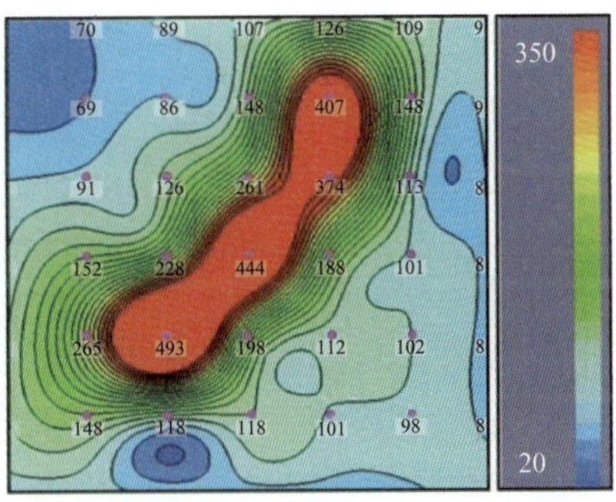

(c) 点火265min后

图3-2 火驱不同阶段油层平面温度场

通过一维和三维火驱实验，结合拆开模型后对模型中油层各个位置的含油饱和度分析，可将火驱储层从空气注入端到出口端划分为6个区域（图3-3）：[1]

（1）已燃区。在燃烧带后面已经燃烧过的区域，岩心中几乎看不到原油，岩心孔隙被注入空气所饱和。由于空气在多孔介质中的渗流阻力非常小，故在实验过程中几乎测量不到压力降落。该区域空气腔中的压力基本与注气井底压力保持一致，压力梯度很小。由于没有原油参与氧化反应，在该区域氧气浓度为注入浓度。

（2）火墙。火墙也可以称为燃烧带，是发生高温氧化反应（燃烧）的主要区域。在该区域内氧化反应最为剧烈，氧气饱和度迅速下降。该区域的平均温度最高，区域边界的温度变化最为剧烈，温度梯度最大。

（3）结焦带。在燃烧带前缘一个小范围内，有结焦现象，灭火后的岩心在这个范围内呈现坚固的硬块。这部分为火驱过程提供燃料。发生在该区域的氧化反应主要为低温氧化反应。在火烧驱油过程中，这个区域温度仅次于火墙。由于温度较高，在该区域几乎没有液相存在，只存在气相和固相。固相是表面有固态焦化物黏附的岩石颗粒；气相由空气中的N_2、原油高温裂解生成的烃类气体、束缚水蒸发形成的水蒸气、燃烧生成的水蒸气、CO及CO_2组成。由于没有液相存在，这部分在火烧驱油过程中不形成明显的压力降。

（4）高温凝结水带。经过精细化的油藏跟踪数值模拟研究和矿场试验验证发现，在结焦带与油墙之间还存在一个高温凝结水带（图 3-4）[2]，该区带在室内物理模拟实验中很难被检测和区分。在矿场开发过程中，生产井流体温度接近油藏压力对应的饱和蒸汽温度时，则意味着产油阶段的结束。

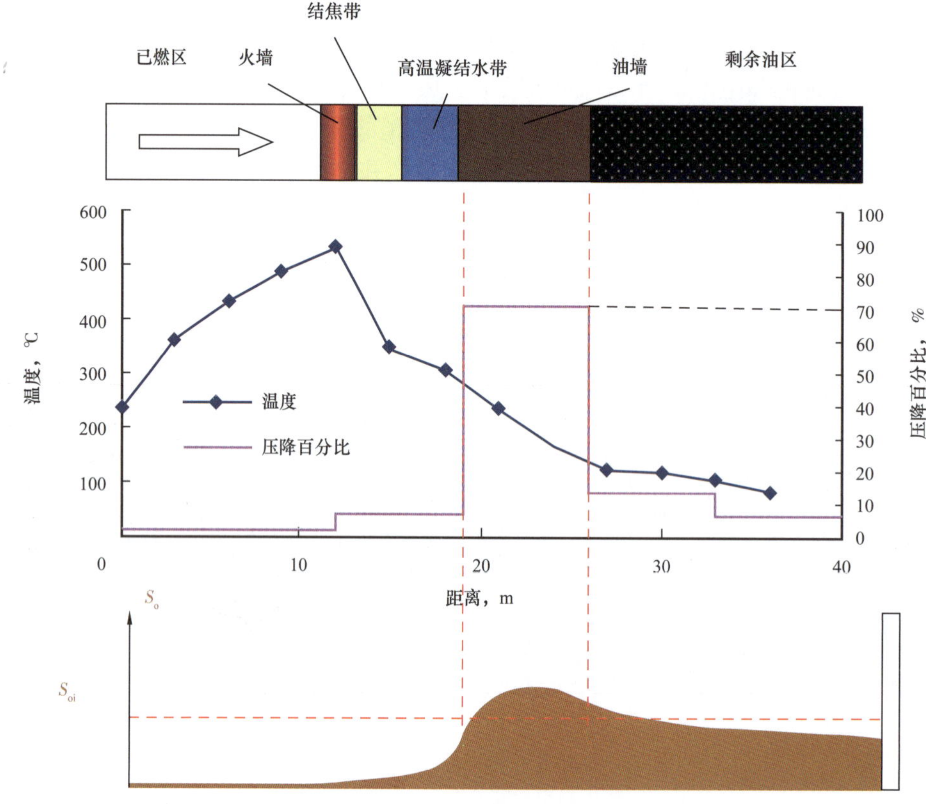

图 3-3　直井火驱储层区带分布特征

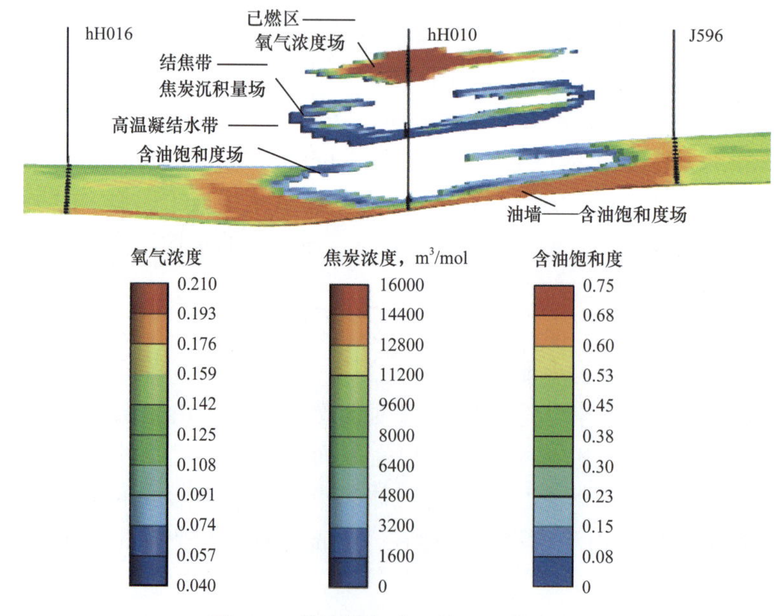

图 3-4　数值模拟火驱储层区带分布

（5）油墙。在结焦带之前的油墙的主要成分为高温裂解生成的轻质原油，混合着未发生明显化学变化的原始地层原油，也包含着燃烧生成的水、二氧化碳以及空气中的氮气。由于这个区域含油饱和度高，含气饱和度相对较低，具有较大的渗流阻力。注入空气抵达油墙后，其动能被集中转化为油墙的势能。从三维火驱实验看，火驱过程中当热前缘没有突破之前，3 口生产井的产量一直保持稳定。这和油墙对油层中优势渗流通道的封堵密切相关。由于高饱和度油墙的存在，一旦油层中某个方向或某个层段出现了优势渗流通道，油墙会自动流向该通道，从而有效降低了气相饱和度和气相渗透率，避免了气窜。从结焦带比较规则的几何形状也可以看出，三维火驱过程中没有出现单方向突进，更没有出现气窜。

（6）剩余油区。在油墙前面的剩余油区是受烟道气和次生蒸汽凝析水驱形成的，其含油饱和度要低于初始含油饱和度。与其他补充 地层能量的开采方式不同，火驱过程中自始至终都有烟道存在。烟道主要作用在于将火烧油层过程中产生的二氧化碳等气体排出地层，否则当二氧化碳的浓度达到一定程度就会导致中途灭火。从这个角度讲，剩余油区是受蒸汽和烟道气驱扫形成的。

第二节　水平井火驱辅助重力泄油（CAGD）

一、CAGD 机理与技术优势

超稠油因其黏度大，一般在地下很难流动甚至完全不具备流动能力。用 CAGD 原理开采超稠油可以有多种布井方式。最典型也是最经济实用的布井模式就是 1 口垂直点火 / 注气井和 1 口水平井生产井的组合模式，即 THAI 模式[3-5]，如图 3-5 所示。在该模式下，直井位于水平井的脚尖外侧，水平井的水平段位于油层的底部。通过垂直井点火，形成的燃烧带沿着水平井的脚趾端向脚跟端推进。被燃烧带高温前缘加热蒸馏出的轻质组分以及受到高温加热后裂解形成的轻质组分，会沿着水平方向与油层内剩余油区的原油混合。同时，燃烧产生的高温水蒸气也会越过结焦带并以高温冷凝水的形式加入其中。因地层原油混合了轻质组分和高温冷凝水，并在燃烧带传热作用下大幅提升了温度，其视黏度与原始黏度相比有大幅度下降，因而成为可动油。在重力的作用下，可动油（实际上是混合流体）顺着垂向界面流入水平井筒中，这种垂向流动过程称之为重力泄油。点火初期因注气速度和

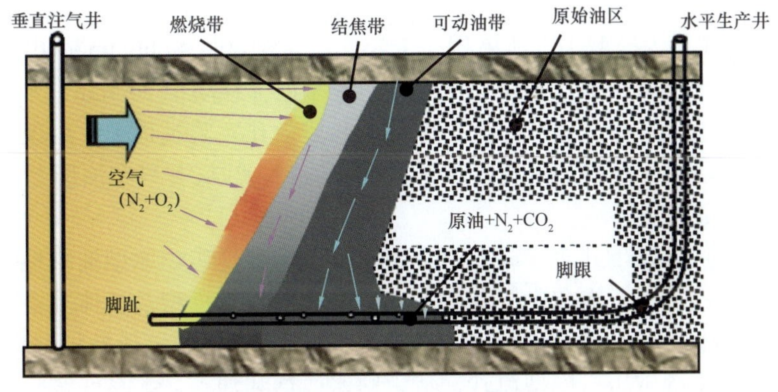

图 3-5　CAGD 机理示意图

燃烧腔体（已燃区）较小，形成的可动油带范围有限，水平井产量也较低。随着注气速度和燃烧腔体增大，可动油带范围扩大，水平井产量也会逐渐增大。CAGD 过程中，从注入端到生产端的地层依次可划分为 5 个区带——已燃区、燃烧带、结焦带、可动油带和原始油区，这一点与直井火驱相类似。[1]

CAGD 技术除了具备传统火驱的高驱油效率、高采收率等优势外，其在机理上与传统火驱相比还有以下几个特点和优势：

（1）驱替距离短。根据室内三维物理模拟和油藏数值模拟计算结果，从燃烧带到结焦带再到可动油区，地层内最短的空间距离一般只有 10cm 到几十厘米。可动油带的垂向高度等于油层厚度，因其是倾斜的因而其实际长度要大于油层厚度。可动油带沿水平井方向的厚度一般为 1m 到几米的范围。也就是说，被加热的可动油流到水平井筒中，最多只需要顺着倾斜界面走过略大于油层厚度的距离即可。这个距离一般要远远小于从注入井到生产井（一个井距）的距离，这也正是能将其用于开采超稠油的原因。

（2）原油改质降黏效果明显。上面已经提到，可动油带的原油是由地层原始原油、被高温蒸馏出的轻质组分及被高温裂解产生轻质组分等混合而成的。因此从水平井产出的原油可以提升 3 个左右的 API 重度（其提升幅度与原油组成有关），黏度可以下降到原始原油的 1/5～1/3[6]。需要指出的是，直井火驱过程中产出原油也会出现改质降黏效果，但这种改质降黏效果一般要在点火一两年后、油墙到达生产井时才能显现。而 CAGD 过程中，从点火一开始就能显示出其效果。

（3）热利用率高。在直井火驱过程中，可动油带的运移方向指向垂直生产井，运移距离是一个井距，在这个相对漫长的过程中燃烧带及其热前缘所携带的热量，有相当一部分要损失到顶、底盖层中，损失的这部分热量对原油产出没有贡献。而在 CAGD 过程中，被加热之后的可动油带迅速沿倾斜界面进入水平井中。这个过程所经历的距离和时间都很短，几乎可以忽略向顶、底盖层的热损失。从矿场实际运行结果看，直井火驱的空气油比一般在 $2000m^3/m^3$ 左右。而 CAGD 的空气油比一般在 $1000m^3/m^3$ 左右。这也从另一个侧面证实了 CAGD 热利用率比直井火驱热利用率高。

二、CAGD 燃烧前缘展步特征

设计了两种规格的模型本体[7]，其布井方式如图 3–16 所示。模型Ⅰ［图 3–6（a）］三维尺寸为 400mm×400mm×150mm，模型侧壁内部中间位置设置 1 口垂直注气井（内置点火器），模型底部设置 1 口水平生产井，水平井的趾端距注气井的垂直距离为 50mm。模型Ⅱ［图 3–6（b）］体积为模型Ⅰ本体体积的 1.5 倍，三维尺寸为 600mm×400mm×150mm，水平生产井仍设置于模型底部，而注气井位置向模型内部移动了 100mm，水平井的趾端距注气井的垂直距离为 50mm。鉴于此前在直井全井段射孔实验过程中，出现了燃烧带沿水平井筒突进并严重烧毁水平井的情况，在本系列实验中，注气井只在油层上部 1/2 段射开，水平井的水平段全部射开。

三维火驱实验包含以下几个步骤：（1）实验准备。根据矿场原型油藏地质特征，设计室内模型孔隙度、渗透率、饱和度等参数。在此基础上进行模型及流体准备、模型及流体物性测试、传感器标定、点火器检测等工作。（2）模型装填。包括模拟井 / 点火器安装、传感器安装、模型系统试压、模型填砂、造束缚水、饱和油等。本系列实验采用实际地层原油为模拟油，50℃下脱气原油黏度为12090mPa·s，在实际地层温度18℃下为超稠油。装填后的模型为均质模型，孔隙度39%，含油饱和度84%。（3）火驱实验。首先，启动点火器预热，一般情况下首先向模型中注入氮气。其主要目的是防止在油层未被点燃之前先行氧化结焦；然后逐渐加大氮气的注入速度，直到点火井周围一定区域的温度达到某一特定值时（一般350℃以上），改注空气实现层内点火。整个火驱实验过程一般包括低速注气点火、逐级提速火驱、稳定火驱、停止注气结束火驱等几个阶段。在本系列实验过程中，注气压力控制在0.6～0.8MPa，注气速率在5～20L/min之间调控。

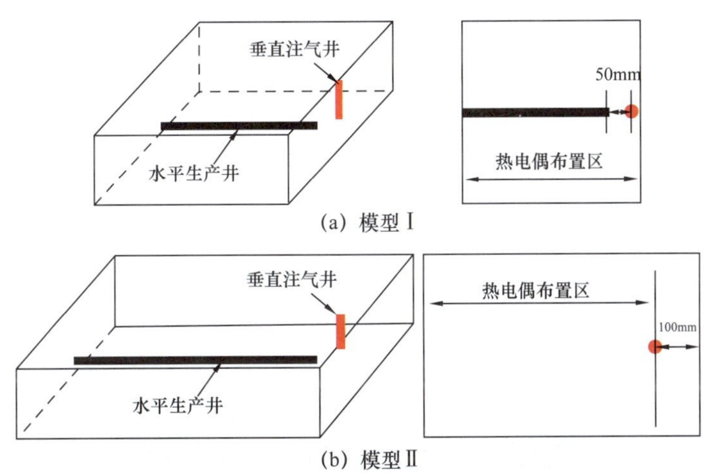

图3-6　三维火驱模型本体内部各井排布及其对应的井网

1. 点火初期燃烧带展布特征

图3-7分别给出了利用模型Ⅰ进行的火驱辅助重力泄油实验预热结束准备点火前、点火后1.5h和点火后4.5h的油层温度场图。预热结束后以5L/min的速率转注高温空气，油层的中上部最先实现点火，在开始的1h内火线推进较快，但由于此时高温燃烧区范围较小，水平井只有少量油产出且产油不连续，此阶段为火驱辅助重力泄油的启动阶段。之后燃烧前缘逐渐沿水平井方向及水平井两侧方向缓慢扩展，火线扩展的过程中应逐渐增大注气速率。实验中观察到，在点火1.5h后水平井出现连续泄油，泄油速度约为8mL/min，火线继续沿水平井方向及水平井两侧方向稳定扩展，其中油层中上部火线推进速度比中下部要快。在12L/min的注气速度下，燃烧前缘能够以一定的倾角向前稳定推进，其最高温度可达600℃以上（局部瞬间可达800℃），平均在450～550℃。为了直观地展示火驱辅助重

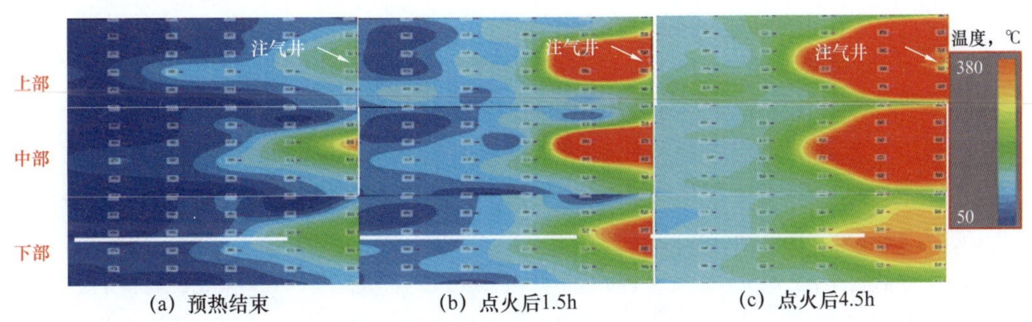

图3-7　不同时间油层平面温度场

力泄油过程燃烧前缘展布特征，采用模型Ⅰ进行的2次实验分别在点火启动成功（产出气中CO_2含量大于8%且稳定连续产出，O_2利用率在95%以上，视为点火启动成功。）后和燃烧带推进到水平井射孔段时向模型中注入氮气灭火，中止实验，之后拆开模型本体，对砂体进行观察分析。

根据以前的研究成果，火驱过程中，从注入端到采油端可分为已燃区、燃烧带、结焦带、油墙和剩余油区5个区带[1]。其中，结焦带可以在实验中止后完整保留下来，且结焦带的形状可以准确反映实验中止前的燃烧带形状，将结焦带形态结合温度场变化，可以较准确地判断燃烧前缘在模型中的演进过程。图3-8分别给出了采用模型Ⅰ的2次实验结束后拆开模型并清除了未燃油砂后的结焦带的照片，其中图3-8（a）和图3-8（c）分别为点火启动阶段结焦带的俯视图和沿水平井方向的侧视图，图3-8（b）和图3-8（d）为燃烧带推进到水平井趾端时结焦带的俯视图和沿水平井方向的侧视图。从点火启动阶段至燃烧带推进到水平井的过程中，燃烧前缘在水平方向上的切面呈椭圆形推进，沿水平井的长轴方向，在这一阶段燃烧前缘显示了较强的侧向扩展能力。点火启动阶段结焦带立体展布如“喇叭口”状，燃烧前缘推进到水平井射孔段时的结焦带立体展布如切掉尖的圆锥体形状，结焦带与水平井产出方向的夹角约60°。图3-8（b）和图3-8（d）显示油层顶面的结焦带厚度（约5cm）比下部结焦要大，这主要是由于模型上盖的传热所致。

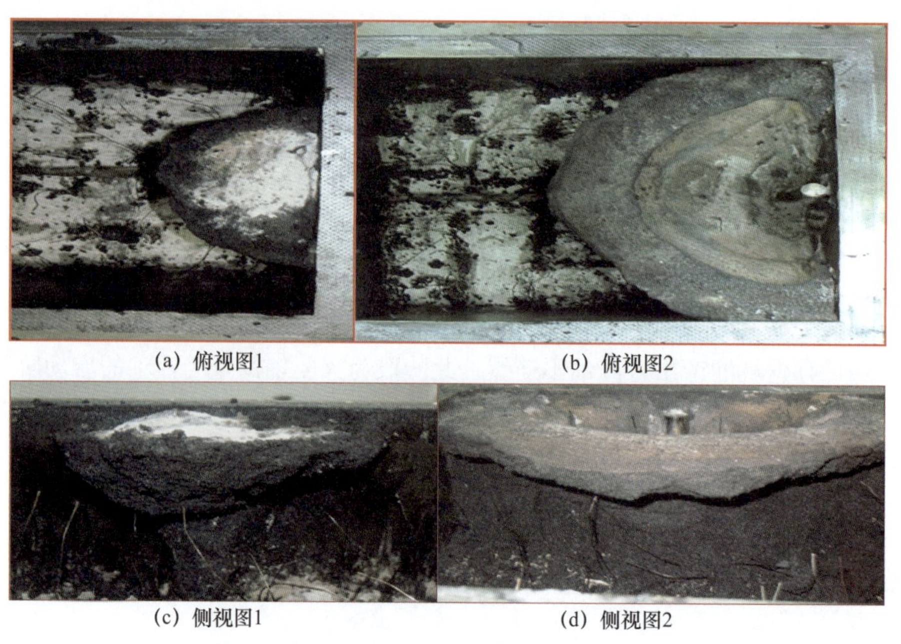

（a）俯视图1　（b）俯视图2

（c）侧视图1　（d）侧视图2

图3-8　三维火驱实验中途灭火后油层各区带照片

2. 稳定泄油阶段及中后期燃烧带展布特征

受模型Ⅰ在水平井方向上尺寸的限制，只利用模型Ⅰ研究了点火初期的燃烧带展布特征，对于稳定泄油阶段及中后期燃烧带展布特征是用模型Ⅱ进行的。同时模型Ⅱ中注气井位置向模型内部移动了100mm，以利于揭示燃烧前缘在背对水平井一侧的扩展情况。

图3-9分别给出了利用模型Ⅱ进行的实验点火后0.5h、4h、6h和8.5h的模型中上部、中部、下部的温度场图。实验的操作参数和燃烧前缘的扩展特征在点火后的4h内与模型Ⅰ

的相似。燃烧前缘的温度维持在450～550℃，火线在模型上部的推进速度较快，整个实验过程中火线都保持着一定的向前倾角，这种超覆式的燃烧对于抑制氧气沿水平井突破是有利的。温度场图还显示，当燃烧前缘越过水平井趾端后，燃烧前缘仍然能够继续稳定向前推进，且水平井泄油稳定。但随着火线的推进，燃烧带在平面上波及范围逐渐减小，高温区在平面上近似"楔形"沿水平井向前推进，火线向水平井两侧方向扩展的能力远不如点火初期强。实验进行了6h后尝试增大注气速度和提高注入空气温度来扩大火线在平面上的波及范围，温度场显示并没有取得实际效果，而超覆燃烧的程度却在注气速率的加大后变得更加明显。值得注意的是，随着火线的推进，燃烧前缘的温度呈下降趋势，这主要是由于燃烧前缘在平面上的范围变窄后散热增加，同时提高注气速度后水平井产出流体从燃烧前缘带走了更多的热量。反过来，燃烧前缘温度的降低可能又会进一步抑制火线水平方向的扩展。从产出液看，稳定泄油过程一直在持续，泄油速度在8～10mL/min的范围内波动。为了研究燃烧前缘及结焦带在推进过程中的发育形状，实验进行9h后注气井改注氮气灭火中止实验。实验中止时，阶段累计注气6.5L，累计产油4.6L，阶段采出程度为39%，阶段累计空气油比1400m^3/m^3。如果实验长期进行，预测最终采出程度在70%左右。

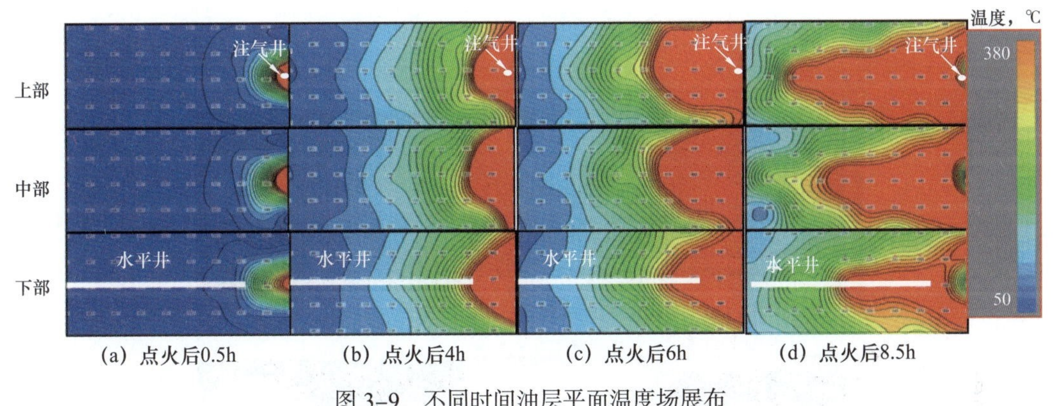

图3–9　不同时间油层平面温度场展布

图3–10（a）给出了模型Ⅱ实验中止后拆开模型上盖并清理掉已燃油砂后模型的俯视照片，其中凹陷区域为已燃区轮廓。图3–10（b）为向已燃区铸入石膏定形并清理掉模型一侧未燃油砂后的照片，其中白色石膏展示了已燃区的立体形状。图3–10（c）给出了将铸入石膏沿水平井切开后的已燃区剖面照片，其中红线为该剖面上结焦带的展布情况。图片显示结焦带在垂向剖面上具有两个不同的倾角，这主要是由于点火6h后增大注气速度所致，若注气速度保持恒定结焦带在油层上部应沿着红色虚线展布，结焦带与水平井产出方向的夹角约45°。从图中还可以看出，红线（结焦带）和蓝线所包围区域的油砂颜色比初始油砂颜色要浅得多，含油饱和度明显减小，在清除已燃区周围油砂时结焦带外围都出现了一段类似的区域，该区域即为燃烧前缘之前的泄油带，图中的绿色箭头代表了泄油的路径。图3–10（d）为图3–10（c）中白圈区域的放大照片，从图上可以看出，在燃烧前缘之前的一段水平井被结焦带完全包围，焦炭在水平井内外的沉积有效抑制了氧气从水平井筒的突破，这也是维持该阶段燃烧前缘稳定推进的一个重要因素。

3. 燃烧前缘扩展过程与关键节点控制

结合以上实验中温度场的扩展情况和拆开模型后的照片分析，可以将燃烧前缘的扩展分成 3 个阶段，即点火启动阶段、径向扩展阶段和向前推进阶段。图 3-11 为根据实验温度场和实验后结焦带照片绘制的各阶段已燃区、燃烧前缘、结焦带和泄油带的剖面和平面示意图。

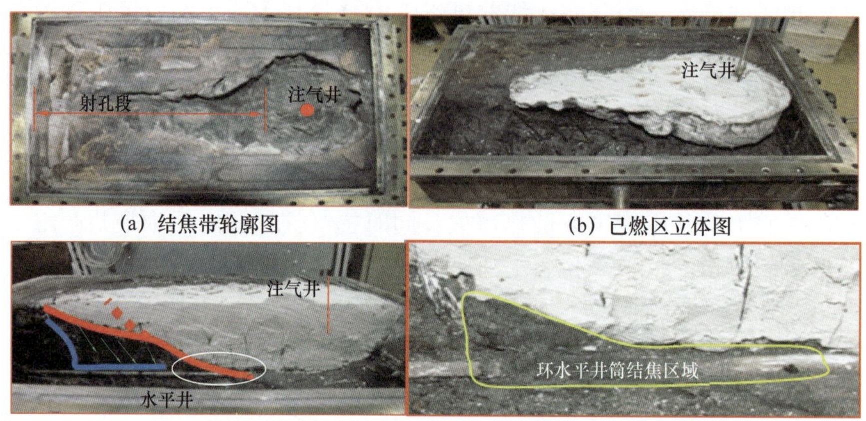

(a) 结焦带轮廓图　(b) 已燃区立体图

(c) 沿水平井垂向剖面图　(d) 环水平井结焦局部放大图

图 3-10　三维火驱实验中途灭火后油层各区带照片

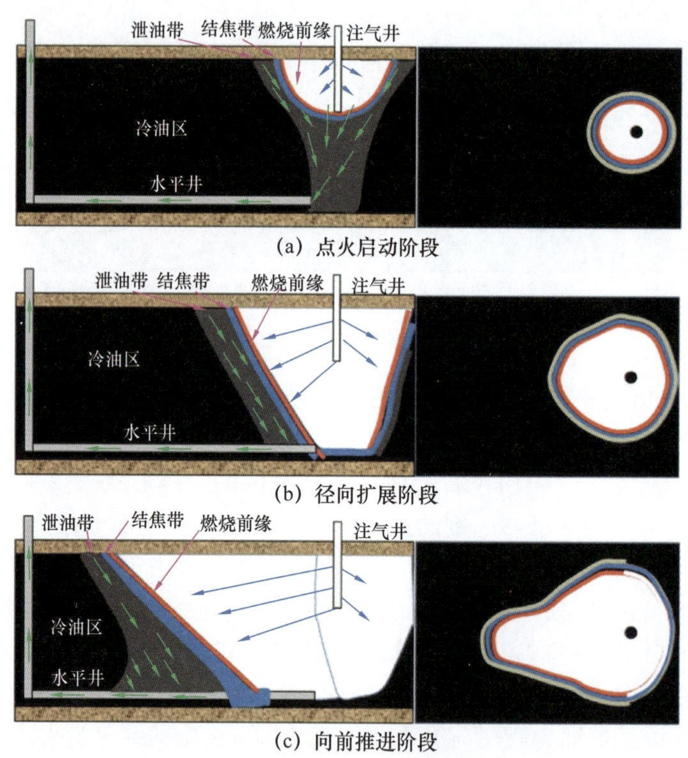

(a) 点火启动阶段

(b) 径向扩展阶段

(c) 向前推进阶段

图 3-11　燃烧前缘不同阶段展布示意图

点火启动阶段：高的点火温度（500℃以上）是实现点火启动的必要条件，同时点火位置应选择油层的中上部。点火启动阶段的控制十分重要，在该阶段燃烧区域相对较小，并且会有相当一部分热量随产出流体从水平井排出，相对于常规火驱来说热量聚集速度要慢。在笔者进行的一系列三维实验中也出现过由于对点火温度和注气量控制不当导致的点火不充分甚至在点火启动阶段熄火的现象，熄火后再次点燃油层的难度很大，而点火不充分将会导致燃烧前缘温度相对较低，这将对燃烧前缘的扩展和泄油稳定造成不利影响。

径向扩展阶段：点火启动成功后，燃烧区域继续向四周和下部扩展，高温燃烧前缘保证了高的氧化率，使注入的氧气被完全消耗，燃烧后的高温气体直接流向水平井的趾端。在结焦带推进到水平生产井趾端之前，燃烧区域四周压力梯度大致相同，燃烧前缘在平面上径向扩展较快，扩展面为椭圆形状，长轴沿水平井方向。由于气体的超覆作用，燃烧区域半径在平面上从油层上部到下部逐渐减小，此阶段为燃烧前缘径向扩展阶段。在这一阶段，维持燃烧前缘稳定推进的关键在于注气速度与燃烧区域耗氧量相一致，注气速度过低将影响燃烧前缘的扩展能力，注气速度过高则有可能导致氧气从水平井趾端突破。

向前推进阶段：随着燃烧前缘的继续推进，焦炭开始在水平井趾端沉积，结焦带阻止了氧气直接进入水平井筒，并使燃烧后气体流过水平井被焦结物封堵段向前随原油一起产出。很明显，此时沿水平井垂向剖面方向的压力梯度与沿水平井两侧方向的压力梯度相比要大，燃烧前缘沿水平井方向的推进速度加快，而沿水平井两侧方向的扩展能力减小，这些因素将导致燃烧前缘沿水平井呈“楔形”向前推进。从室内实验看，这种“楔形”推进是一（直井）注、一（水平井）采井网下的必然结果。要改变这种状态，使燃烧带前缘尽可能向水平井两侧扩展，需要更完善井网，如在水平井两侧增加排气 / 生产井等。

三、CAGD 井网模式存在的缺陷

尽管 CAGD 技术在机理上比传统火驱具有明显的优势，但也存在不足。在系统分析国内外已有的矿场试验基础上[8-11]，结合前期室内三维物理模拟实验，总结 CAGD 技术因其特殊的井网形式所带来的内在缺陷，主要体现在 3 个方面：

（1）产出流体的量难以稳定控制。对产出流体的精确计量与控制，是 CAGD 技术成功实施的关键之一。在常规的 CAGD 布井模式下，水平井既是可动油（液相）的产出通道，也是烟道气（气相）的排出通道。矿场实践中对产出流体的控制一般采用油嘴或节流阀。因水平井筒内同时存在着气、液两相流动，对产出流体流量的控制很难实现精准、稳定。这一点与 SAGD 过程不同，SAGD 过程中进入水平生产井中的流体只有液相没有气相，其定量控制相对容易。

（2）燃烧前缘在平面上容易形成单方向锥进。在直井火驱过程中，在 1 口火井周围，一般分布 4～8 口生产井[15]（具体生产井数取决于采用的井网形式）。这些生产井在保证生产的同时起到排气通道的作用。控制某口井的排气量，就可以控制火线沿该方向的推进速度[16]。由于火井四周都有排气井，这样就可以通过适当的控制，确保从点火开始时刻起，燃烧带前缘就以近似圆形向四周均匀推进。在 CAGD 过程中，垂直火井周围只有 1 口水平井排气，客观上很容易发生燃烧前缘向水平井脚跟单方向锥进现象，如图 3–12 所示。图 3–12（a）给出的是在一次三维 CAGD 物理模拟实验中止后，通过石膏塑模技术得到的燃烧腔体和结焦带的切面图，白色为燃烧腔体，底部为水平井。图 3–12（b）是燃烧带前缘锥进示意图，锥进后的燃烧腔体切面类似“鞋”形，锥进前缘位于鞋尖处。图 3–12（c）是对石膏塑模得到的燃烧腔体进行三维测绘得到的立体图，并给出了三维尺寸。此前进行的系列三维物理模拟实验中，多次出现这种锥进情况。辽河油田 S1–38–32 井组和新疆油田 FH003 井组的矿场试验失败也都与此有关。

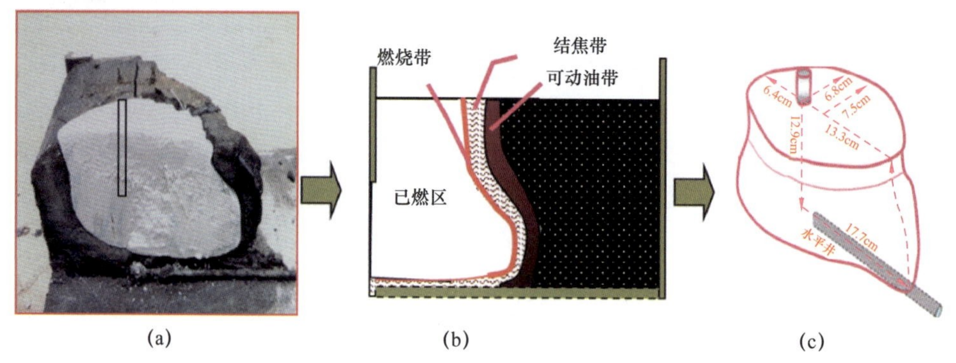

图 3-12　燃烧带前缘沿水平井方向锥进示意图

值得注意的是，辽河油田 S1-38-32 井组矿场试验过程中[17]，在水平井产出一定量的高黏结焦物。该结焦物在 200℃时仍有很高的黏度，流动性很差。经对其进行 SARA 四组分分析发现，其饱和烃、芳烃、非烃和胶质沥青质含量分别为 9.0%、4.8%、39.1% 和 47.1%，而原始地层油对应的四组分含量分别为 16.5%、21.9%、32.1% 和 29.5%。这种高黏结焦物中胶质沥青质成分明显升高，显然不是地层原始原油，更不是正常生产过程中（应具有改质降黏效果）的产出油。为进一步分析其成因，实验室内使用原始地层油在加热到 150℃后与空气进行氧化反应，该氧化反应由于没有达到燃烧所需温度条件因而只是加氧反应，反应后油样中氧元素含量上升，其黏弹性与水平井产出的高黏结焦物很相近。加氧反应后油样对应的四组分含量分别是 12.2%、9.3%、36.7% 和 41.8%，与水平井产出的高黏结焦物组分很接近。下面分析一下高黏结焦物最有可能的产生路径：如图 3-12（a）所示，在发生锥进的情况下，位于燃烧腔体鞋尖部位的结焦带比其他部位的要薄，该部位的气体流速相对较大，使得部分没有（通过高温燃烧）完全消耗的氧气透过结焦带与前面高温可动油接触并发生加氧反应，反应后的原油被高速气流冲刷进入水平井筒中。高黏结焦物的产出挤占了可动油的流动空间，会加剧锥进的趋势，并极易造成水平井筒堵塞。被这些高黏结物堵塞渗流通道很难用常规措施处理如蒸汽解堵所解决。

（3）容易形成水平井筒内的“火窜”。在 CAGD 过程中，高温产出流体经过非常短的距离直接流入水平井筒中。根据以往室内实验和矿场实际监测结果看，燃烧带前缘最高温度可达到 600℃甚至更高[6]，而可动油带亦即进入水平井筒流体的温度一般可以达到 200～300℃。如果某一时刻采油端举升速度过快、注采平衡被打破，进入水平井筒的可动油就可能达到 400℃以上，这个温度的原油一旦遇到空气突破就会在非常短的时间内发生燃烧，即在水平井中形成“火窜”。“火窜”是 CAGD 面临的最大工程风险，其出现往往意味着矿场试验的终止和失败。

四、CAGD 生产调控目标

在 Whitesands 矿场试验方案中，对 THAI 火驱的生产指标做了非常乐观的预测[18]：在注空气速度为 40000～85000m^3/d 情况下，水平井单井产油量可达 40～100m^3/d，空气油比可以稳定在约 850m^3/m^3。很多学者习惯将 CAGD 与 SAGD 类比，认为既然两者在生产机理上相似，那么 CAGD 也应该达到 SAGD 那样日产上百吨乃至几百吨的产量。实际上，CAGD 的泄油界面和渗流空间都与 SAGD 有明显区别[19]。在 SAGD 生产过程中，其水平生产井的整个水平段都参与渗流，而CAGD生产过程中任何阶段所能利用的渗流空间都是水平井段中的一小段。大量的多相流体集中从几米的地层渗流空间进入水平井筒，无疑会带来出砂、筛管冲蚀等工程风险。Whitesands矿场试验最终即因出砂等问题终止。笔者用室内物理模拟实验获得的基础数据，计算其合理的生产指标。

根据石油天然气行业标准[20]，通过室内实验可得火驱驱油效率和空气油比。以新疆油田风城超稠油油藏为例，室内燃烧管实验得到的燃料消耗量为18.7kg/m^3，空气消耗量224m^3/m^3，原油密度0.97g/cm^3，孔隙度30%，含油饱和度75%。则驱油效率为：

$$\eta_o=\left(1-\frac{D_o}{1\,000\phi\rho_o S_o}\right)\times 100\%=91.4\% \tag{3-1}$$

对应的空气油比为：

$$A=\frac{A_0}{\phi S_o\eta_o}=1\,089\ \mathrm{m^3/m^3} \tag{3-2}$$

实验得到的空气油比与Whitesands油田预测的（850m^3/m^3）及新疆油田风城矿场试验目前实际测得的数值（1000～1100m^3/m^3）较接近。

计算THAI火驱最大的预期产量，首先要确定燃烧带前缘推进速度。曾调研和统计了国内外数十个火驱矿场实例，发现能实现燃烧带均衡稳定推进的最佳的燃烧带前缘推进速度为4～10cm/d[15]。其次要确定燃烧界面的大小。根据三维物理模拟实验对已燃区塑模结果［图3-10（a）］，已燃区的形状可近似地以半椭圆锥形表示［图3-13（a）］。其截面*ABE*为椭圆形的一半，注气井位于椭圆形的半短轴*DE*处，线段*DE*的高度等于油层厚度*h*。椭圆形的长轴*AB*的长度为燃烧带两翼的最大扩展范围，相当于一个井距*L*。参照SAGD和已有的THAI及CAGD火驱现场试验，井距一般为70～80m。燃烧界面为该半椭圆锥的侧面，展开后近似为图3-13（b）所示的扇形，因此可以计算出燃烧界面所能够扩展的最大面积为：

$$S=\frac{1}{4}\pi\left(h+\frac{L}{2}\right)\frac{h}{\sin\theta} \tag{3-3}$$

此时对应的单井产量为：

$$q_o=Sv_m\phi S_o\eta_o=\frac{1}{4}\pi\left(h+\frac{L}{2}\right)\frac{hv_m\phi S_o\eta_o}{\sin\theta} \tag{3-4}$$

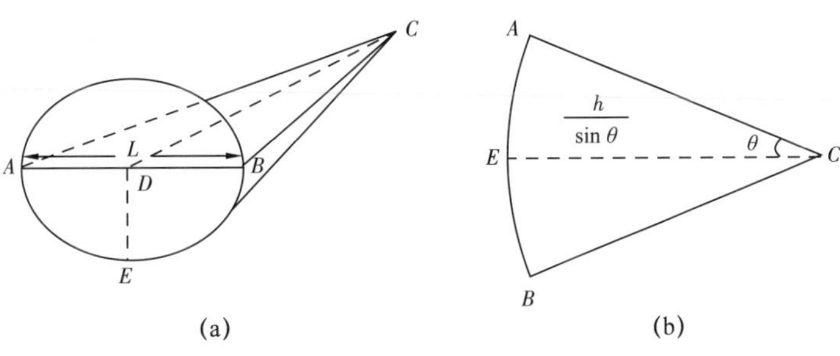

图3-13　THAI火驱泄油界面示意图

以新疆油田风城超稠油油藏的实际数据为例，取油层平均厚度 12m，井距 70m。燃烧界面与水平方向夹角 θ 取 45°。θ 过小虽有利于增加燃烧界面和泄油面积，但不利于重力作用发挥及可动油快速进入水平井筒；θ 角过大特别是接近 90° 时，虽有利于发挥重力作用及可动油快速进入井筒，但不利于增加泄油面积和单井产量，也不利于防止火线沿水平井筒锥进。因此 θ 为 45° 是矿场调控应追求的最优值。将数据代入式（3-4），得到燃烧界面推进速度 4～10cm/d 时所对应的单井产量为 5.15～12.90m^3/d。即新疆油田风城超稠油油藏条件下的 CAGD 最大产量为 12.90m^3/d。根据室内实验测得的空气油比，该产量下对应的空气注入速度应为 14048m^3/d。最大产量是在连续稳定泄油一段时间后，且燃烧带向两侧的扩展已经达到极限的情况下实现的。在点火初期及此后相当一段时间内能实现的产量则要低于此值。以 Whitesands 油藏为例，其流体物性参数与新疆油田风城超稠油油藏相近，油层平均有效厚度 20m、井距 80m，采用上面的计算方法得到其最大产量为 30.2m^3/d，对应的空气注入速度为 25670m^3/d（以空气油比为 850m^3/m^3 计算）。原矿场试验方案设计的注气速度和预测的单井产量均明显偏大。

上述计算忽略了地层的存气问题。地层存气是指注入地层中留在已燃区内并没有参与燃烧反应的空气。这部分空气占总注入气量的比率称为存气率。鉴于研究对象为超稠油，且多为浅层（原始地层压力低），因此空气及燃烧生成的烟道气在地层流体中的溶解和扩散很小，可忽略不计。

五、CAGD 矿场调控策略与方法

基于以上研究，通过总结几次矿场失败的经验教训，并结合室内物理模拟和油藏数值模拟研究结果，提炼出如下的调控策略和方法。

1. 起火位置控制

起火位置是指点火最初阶段油层着火点的位置，该位置决定了燃烧腔体向外发育和扩展的起始点。若想形成如图 3-10 所示的燃烧腔体理想形状，起火位置应该位于油层的中上部。即要求垂直注气井应在靠近油层顶部的 1/3～1/2 井段射孔，同时最好采用电加热点火器点火。电加热点火器[6]能实现在入井作业过程中精确卡位，并可以保证燃烧腔体以井筒射孔段为中心向周围扩展。在火驱辅助重力泄油矿场试验中不宜采用蒸汽辅助化学点火[21]，主要原因是蒸汽进入地层后所形成的高温区域无法精确定位，会导致后续注空气过程中真正的起火位置难以确定，给燃烧腔体调控带来困难。

2. 注气速度控制

由于 CAGD 模式的根本缺陷，特别是燃烧带易于向水平井筒方向锥进和火窜。对锥进的控制要立足于避免燃烧带前缘在初期发生偏移，即便是微小的偏移也应尽可能避免。这需要两个方面操作来保证：（1）点火期间注气速度要足够小，以最大限度地降低点火初期燃烧界面上的气体流速。常规直井面积井网条件下，点火期间的注气速度一般为 5000～6000m^3/d[13]，CAGD 对应的点火期间注气速度应设定在 2000～3000m^3/d。为保证较小的注气速度条件下仍有足够的热量进入地层，可以提高点火器出口端的温度。在现有的井底完井工艺和点火器技术条件下，可以将注入空气最高加热到 600℃后送入地层。（2）注气速度的提升幅度要小、提速过程要慢。燃烧腔体在初期扩展半径较小，腔体内累计的热量也较小，整体上处于相对脆弱的阶段，抗冲击能力差。如果此时注气速度提高较快，会使排气速度也加快，既容易形成局部高流速区域，也容易造成腔体内热量的快速流失。按室内三维物理模拟实验结果，将其放大到矿场尺度，初期维持低速注气、培育均衡的燃烧腔体所需时间为 10 个月左右。据新疆油田风城 FH003 和 FH005 井组矿场实际运行情况，这个时间至少应在 6 个月以上。

3. 注采平衡控制

本书所指注采平衡不仅包括常规的压力平衡、质量平衡，还包括热量平衡。其中最关键的是要保证注采两端气体在总量上的平衡，以确保燃烧腔体内压力保持恒定，燃烧状态保持稳定。

在氧气供应充足、充分燃烧条件下的燃烧前缘高温氧化反应可用简化式表示：

$$CH_x + O_2 \longrightarrow CO_2 + H_2O \tag{3-5}$$

CH_x 为燃烧带前缘作为燃料被烧掉的焦炭的简化表达式。根据室内燃烧管实验数据，在高温燃烧模式下 H/C 原子比为 1.8～2.1，此值为非定值，在本书中所有的 H/C 原子比值取 2.0，此时燃烧反应方程式可以进一步简化为：

$$2CH_2 + 3O_2 = 2CO_2 + 2H_2O \tag{3-6}$$

生成物中 H_2O 最终以液态的形式加入可动油带的液相中，CO_2 以气态形式产出。式（3-6）表明，燃烧带附近空气中 1mol O_2 反应后只生成了 2/3mol 的 CO_2。亦即标准状况下 $1m^3$ 的空气（$0.79m^3$ N_2+$0.21m^3$ O_2），经高温燃烧后生成了 $0.93m^3$ 的烟道气（$0.79m^3$ N_2+$0.14m^3$ CO_2）。考虑到注入地层中的空气还有一部分填充在已燃区内并没有参与反应，这部分空气约占注入空气量的 3%～4%。因此要保持注采平衡，就必须控制生产井中烟道气的产出速度约为空气注入速度的 90% 左右。

第三节　火烧油层吞吐技术

一、火烧油层吞吐技术特征

火烧油层吞吐开发方式的主要特点是：与蒸汽吞吐过程类似——也包括注入、焖井、回采 3 个阶段[22]。注入阶段利用近井地带的原油燃烧产生热量并生成烟道气，向周围地层径向推进和扩散；焖井阶段让原油继续燃烧并最大限度消耗空气腔中的氧气，同时使非凝结气体继续扩散和溶解，热量向纵深传递；回采阶段热蒸馏和热裂解后的组分与原始原油及烟道气混合被回采出来。注气井同时是点火井，也是采油井。一个火烧油层吞吐周期结束后，可以接着进行下一个周期的火烧油层吞吐。相比于蒸汽吞吐，火烧油层吞吐没有地面管线和井筒热损失，同时可形成热 + 蒸汽 + 烟道气多重作用机理。相比直接火驱开发，火烧油层吞吐前期投资少见效快，经过几个轮次的火烧吞吐后再转成火驱开发兼顾了成本回收和提高采收率的油田现实需求。同时，火烧吞吐技术取得成功将大幅度降低直接火驱开发面临的工程风险。另外，采用火烧吞吐为后续火驱建立注采井间的连通使大井距火驱成为可能，从而进一步降低了火烧油层技术的开发成本。

二、火烧油层吞吐物理模拟实验

1. 实验装置及方法

火烧油层吞吐物理模拟实验采用一维燃烧管实验装置进行模拟[23]（图 3–14）。为了研究火烧油层吞吐燃烧带前缘推进及原油回采的过程，实验共设计 3 个吞吐轮次，具体实验步骤如下：室内物理模型将能反映储层岩心物性特征的石英砂装入燃烧管，填实后封装模型；燃烧管抽真空，饱和水计量孔隙度并测试渗透率；饱和油并测试注入原油时的注采压差；建立初始温度场，启动点火装置，进行室内燃烧实验，同时监测相关数据；燃烧前缘推进到设定位置后停注空气，焖井 30min 后回采；回采结束后开始下一轮次火烧吞吐实验。实验模型孔隙度为 38.2%，渗透率为 920D，实验用油 50℃脱气原油黏度为 54860mPa·s，初始含油饱和度为 80.8%。

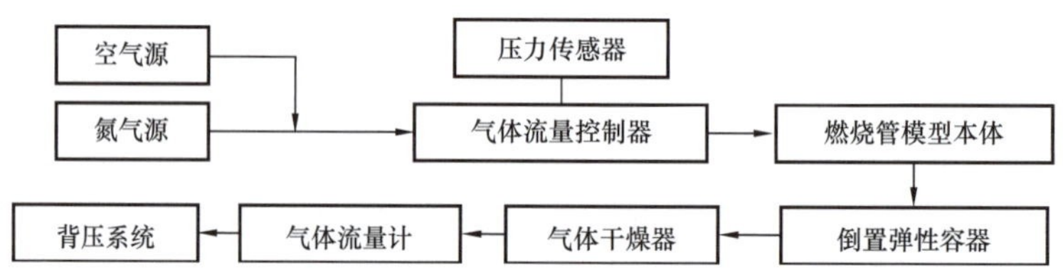

图 3–14　火烧油层吞吐物理模拟实验装置流程图

2. 火烧油层吞吐模拟过程描述

点火器设定 450℃通空气启动点火，约 30min 后燃烧管成功点火，随着持续注入空气，燃烧前缘沿燃烧管稳定的向前推进。第一轮次吞吐过程中，当燃烧前缘推进 20cm 时停止注空气，焖井 30min 后开井生产。第二轮次和第三轮次吞吐分别在燃烧前缘推进 35cm 和 45cm 时停止注空气并焖井后回采（图 3–15）。图 3–16 为第三轮次火烧吞吐注气阶段不同测温点不同时间的温度变化曲线。曲线结果显示，在第三轮次火烧吞吐实验时燃烧前缘仍然能够稳定的向前推进，在实验室内可以实现多轮次火烧吞吐操作。

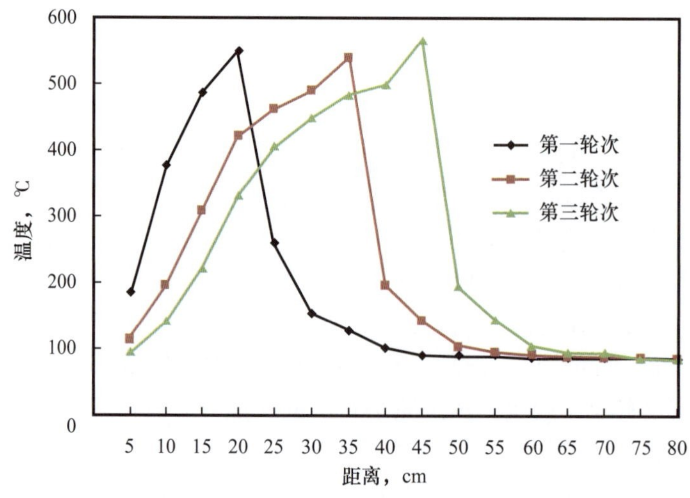

图 3–15　不同吞吐轮次注气结束时燃烧管方向不同测温点温度分布曲线

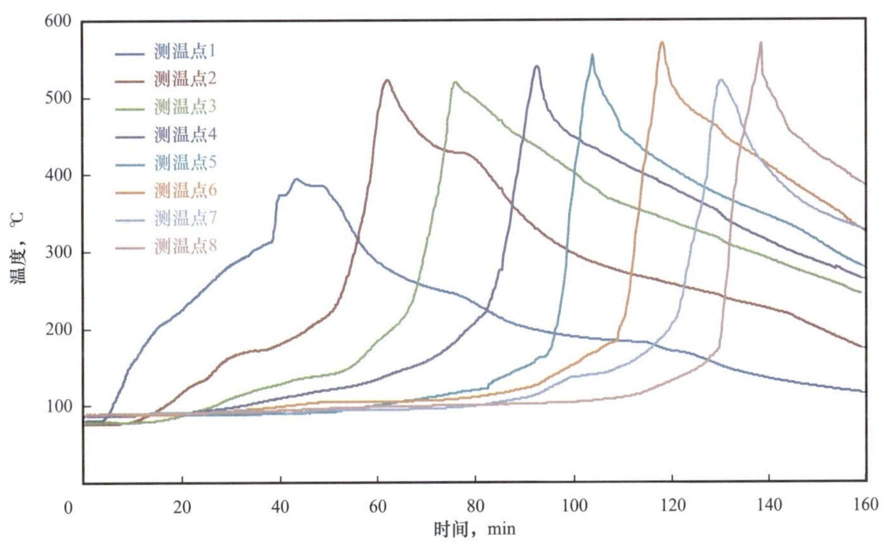

图 3–16 第三轮次注气阶段不同测温点温度变化曲线

开井回采过程中，开始阶段只有气体（含水蒸气）产出，之后液相开始产出且气相不再连续产出，初期液相中含水率较高（80% 左右），然后含水率迅速降低到 5% 以下，原油呈泡沫油状且产出后仍长时间呈泡沫状态（图 3–17）。

图 3–17 火烧吞吐回采原油产状

3. 回采原油黏度测试

分别取三个吞吐轮次回采过程中初期和中期原油样品，标记为第 1 轮次 –1、第 1 轮次 –2、第 2 轮次 –1、第 2 轮次 –2、第 3 轮次 –1 和第 3 轮次 –2，并对其黏度进行测试。图 3–18 为各组样品的黏温测试结果，与初始原油相比，回采原油黏度降幅显著（降为原始原油黏度的 1/3～1/5），原油在火烧吞吐过程中改质明显。图 3–19 曲线显示，随吞吐轮次增加，原油改质效果更好。

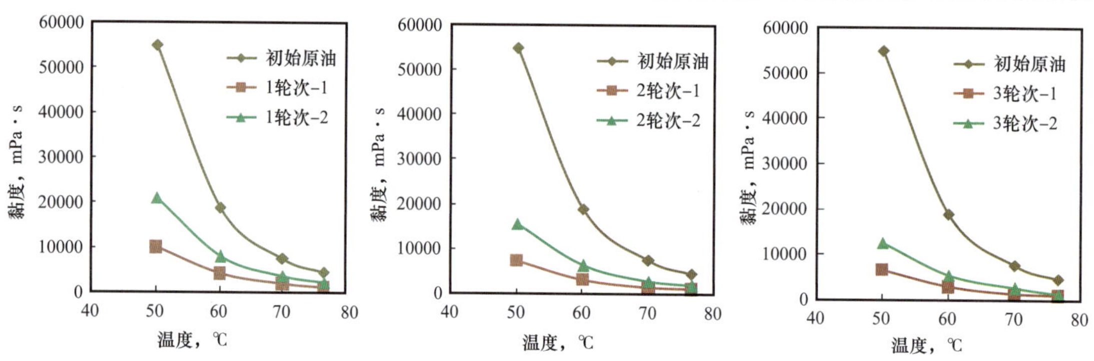

图 3-18　不同轮次回采原油黏温测试曲线

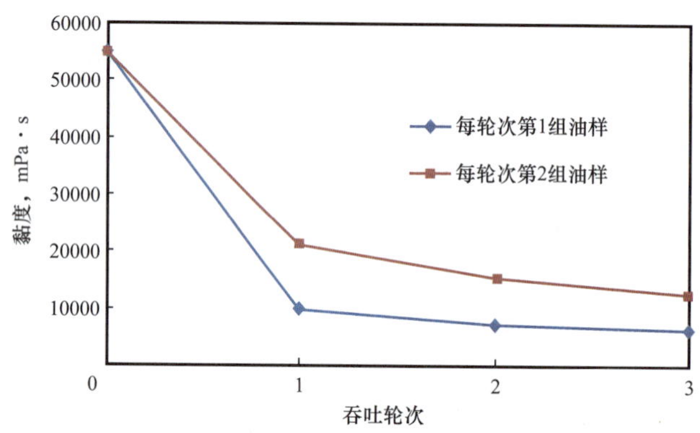

图 3-19　不同轮次回采脱气原油 50℃下黏度对比

4. 结焦带对火烧油层吞吐回采过程的影响

结焦带在燃烧带前缘前面一个小范围内，原油高温裂解后所形成的黏附在岩石颗粒表面上的焦炭状物质带。由于结焦带温度较高，在该区域几乎没有液相存在，只存在气相和固相。由于没有液相存在，在火烧驱油过程中气体通过结焦带也就形不成明显的压力降。然而，在火烧吞吐回采过程中，油、气、水流入生产井前则要穿过结焦带。因此，需要对回采过程中结焦带对渗透率的影响进行评估。在第 3 轮次火烧吞吐结束后，将模型管分别恒温到 90℃、100℃、115℃和 135℃，由模型管反向（从注气端相反的一端注入）注入油藏原始原油并测试注采压差。图 3-20 表明，与火驱前模型饱和原油相比，90℃时火驱后注

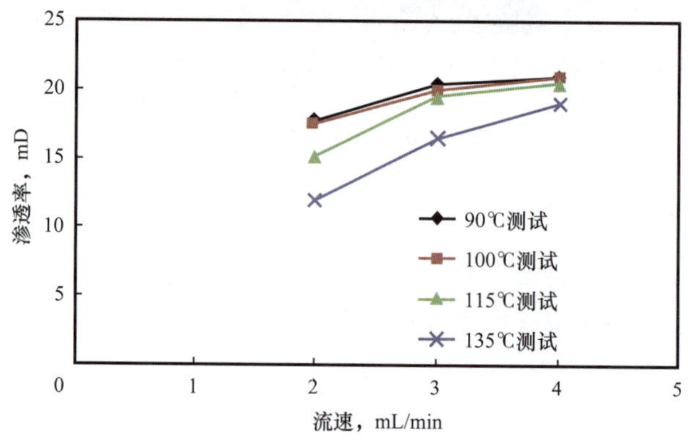

图 3-20　结焦带对油层渗透率影响测试曲线

采压差增大了 17%，且压差增幅随温度升高逐渐减小。在矿场试验过程中，结焦带半径较大（5～15m）、温度高且原油经过改制降黏，因此结焦带对火烧吞吐回采产能的影响较小。在矿场试验中，每轮次注空气量应大于上一轮次的注空气量，以使上一轮次遗留的结焦带完全燃烧，从而消除上一轮次结焦带对本轮次原油回采的影响。

第四节 空气原油全温度域氧化反应特征

目前，国内新增探明储量主要来自低渗透、特低渗透和致密油储层，注水开发存在“注不进、采不出”等突出问题。这类储量将是今后相当一个时期内增储上产的主要资源。纳米尺度的气体分子更容易注入储层补充能量完成驱油过程，同时与水相比，气体具有更大的可压缩性，降压膨胀可获得更大的弹性能量。国内能够用于提高采收率的天然气、二氧化碳地下资源有限，且受气藏和油藏相对位置的影响，难以远距离大规模工业化推广，工业回收二氧化碳存在一些技术与经济问题；氮气成本较高。而空气可就地取材，不受地域、空间和气候限制，组分稳定，气源丰富。沙漠、戈壁等水资源极度匮乏地区的油藏与水敏性较强的储层，空气是最受关注的气体驱油介质。据统计，吨油所需购置成本空气为零，减氧空气为 400～600 元，二氧化碳、天然气、氮气吨油购置成本分别大于 1200 元、4000 元和 2000 元，可见相对于其他气体驱油介质，空气具有明显的经济优势。

空气注入油藏后会与原油发生复杂的氧化放热反应，其反应机理和热效应随着温度发生变化。在油藏注空气开发过程中，不同的开发方式对应着不同的反应温度范围，开发机理受该温度区间内的原油氧化机理控制。为了阐述不同温度区间空气与原油的反应机理和其对油藏开发方式的影响，选择注空气开发试验区典型区块的稀油、稠油样品进行原油氧化热分析实验。

一、全温度域原油氧化反应规律

采用 Mettler Toledo 公司生产的 TGA/DSC 1 同步热分析仪研究不同黏度原油高温氧化过程，可以同时测量原油样品的转化速率（微商热重法，DTG）和单位质量原油样品的放热速率（差式扫描量热法，DSC）。实验过程中保护气为氮气，注入流量 79mL/min；反应气为氧气，注入流量 21mL/min。两种气体在反应室内混合均匀后横掠过坩埚表面，经过扩散作用到达物料层，物料表面的氧浓度为 21%，反应压力为常压。

选取大庆油田海塔盆地稀油和辽河高升油田稠油样品制备模拟油砂。两种原油 50℃脱气条件下黏度分别为 23mPa·s 和 1878mPa·s。试样为 45mg SiO_2 颗粒与 5mg 纯油的均匀混合物。设定升温范围为 30～600℃，升温速率 10℃ /min，测量油砂样品质量变化与放热情况。

根据测量结果绘制原油样品的转化速率曲线（DTG 曲线）与单位质量原油样品的放热速率曲线（DSC 曲线）。根据曲线变化规律，注空气开发全温度域原油氧化反应可划分为溶解膨胀、低温氧化、中温氧化和高温氧化 4 个区间，各区具有不同的原油氧化反应特征（图 3-21）。

溶解膨胀区：该区温度上限为 80～120℃[24]。在该温度区间，空气注入油藏后主要以溶解膨胀物理作用为主。DSC 曲线无法观察到原油样品反应的放热速率，说明该区原油与氧气反应不明显。DTG 曲线显示在该区原油样品存在较低转化速率，转化速率的微小变化主要由轻烃挥发导致。

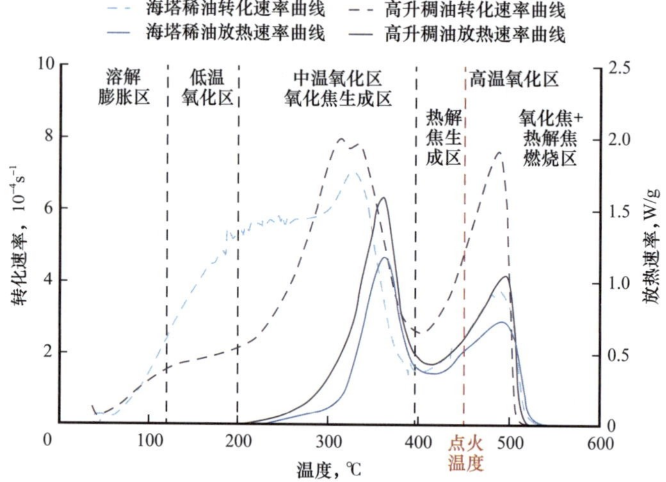

图 3-21　空气原油氧化反应全温度域分区示意图

低温氧化区：该区温度下限为 80～120℃，上限约为 200℃。该区原油氧化热效应较弱，在 DSC 曲线上没有观察到明显的放热。DTG 曲线显示原油样品的转化速率仍由轻烃组分挥发导致。该区主要为原油低温氧化反应，虽然采用 DSC 曲线无法观察到低温氧化的放热速率，但是在绝热反应条件下，反应热的积聚效应仍可以使油藏温度升高，其主要原因是加氧反应生成的醇、醛、酮、酸等含氧化合物进一步发生氧化反应生成过氧化物[25]，过氧化物发生脱羧反应产生 CO_2 和 CO，并释放一定量的热[26]。该区反应方程式可以简化表示为：

$$C_xH_y + O_2 \longrightarrow C_xH_yO_z \tag{3-7}$$

$$C_xH_yO_z + O_2 \xrightarrow{\text{放热}} C_\alpha H_\beta O_\gamma + CO_2 + CO + H_2O \tag{3-8}$$

式中　x——原油和其加氧产物的碳原子数，个；

y——原油和其加氧产物的氢原子数，个；

z——原油和其加氧产物的氧原子数，个；

α——焦炭中的碳原子数，个；

β——焦炭中的氢原子数，个；

γ——焦炭中的氧原子数，个。

反应的具体途径如式（3-9）至式（3-16）所示。

加氧反应过程：

氧化成醇

$$\mathrm{R}-\underset{\mathrm{R''}}{\overset{\mathrm{R'}}{\underset{|}{\overset{|}{\mathrm{C}}}}}-\mathrm{H}+\frac{1}{2}\mathrm{O_2} \longrightarrow \mathrm{R}-\underset{\mathrm{R''}}{\overset{\mathrm{R'}}{\underset{|}{\overset{|}{\mathrm{C}}}}}-\mathrm{O}-\mathrm{H} \tag{3-9}$$

氧化成醛

$$R-\underset{\displaystyle H}{\overset{\displaystyle H}{\underset{|}{\overset{|}{C}}}}-H+O_2\longrightarrow R-C\begin{matrix}\nearrow\!\!\!\!=O\\ \searrow H\end{matrix}+H_2O \tag{3-10}$$

氧化成酮

$$R-\underset{\displaystyle H}{\overset{\displaystyle H}{\underset{|}{\overset{|}{C}}}}-R'+O_2\longrightarrow R-\overset{\displaystyle O}{\overset{\|}{C}}-R'+H_2O \tag{3-11}$$

氧化成羧酸

$$R-\underset{\displaystyle H}{\overset{\displaystyle H}{\underset{|}{\overset{|}{C}}}}-H+\frac{3}{2}O_2\longrightarrow R-C\begin{matrix}\nearrow\!\!\!\!=O\\ \searrow OH\end{matrix}+H_2O \tag{3-12}$$

氧化成过氧化物

$$R-\underset{\displaystyle R''}{\overset{\displaystyle R'}{\underset{|}{\overset{|}{C}}}}-H+O_2\longrightarrow R-\underset{\displaystyle R''}{\overset{\displaystyle R'}{\underset{|}{\overset{|}{C}}}}-O-O-H \tag{3-13}$$

剥离反应过程：

$$R-COOH\longrightarrow CO_2+RH \tag{3-14}$$

$$\left.\begin{aligned}R-CHO+\frac{1}{2}O_2&\longrightarrow RCO\cdot+HO\cdot\\ RCO\cdot&\longrightarrow CO+R\cdot\end{aligned}\right\} \tag{3-15}$$

$$\left.\begin{aligned}R-CHO+O_2&\longrightarrow RCO_3H\\ RCO_3H&\longrightarrow CO_2+R\cdot OH\end{aligned}\right\} \tag{3-16}$$

中温氧化区：该区温度下限约为200℃，上限约为400℃。该区原油与氧气发生中温氧化反应，DTG曲线和DSC曲线变化表明，原油样品的转化速率和单位质量原油样品的放热速率都有明显变化，在该区原油与氧气反应生成轻烃、CO_2、CO和H_2O等，同时释放大量的热。中温氧化反应为缩聚反应和断键反应，除生成轻质油、CO_2、CO和H_2O外，还生成一定量的固体焦炭（含氧条件下生成的焦炭称为氧化焦）。因地层原油（反应燃料）的质量远大于高温氧化反应生成焦炭的质量，故中温氧化反应释放出的热量也比较大，能够在地层内形成不同于高温火驱的热前缘。

在中温氧化阶段，稠油分子进一步发生氧化，形成含氧官能团并释放热量[27]。经氧化后稠油分子中的一部分裂解形成低碳数小分子化合物，最后转化为轻质油[28]；另一部分通过含氧官能团之间的交联、聚合作用，形成更大分子，最终转化为氧化焦[29]，反应过程同时生成碳氧化物和水。综合上述研究，其反应过程如图 2–22 所示。

高温氧化区：该区温度下限为 400℃，当反应温度高于该下限时，DTG 曲线和 DSC 曲线出现第 2 个转化速率高峰和单位质量原油样品放热速率高峰，对应的反应为固体焦炭的氧化反应，该区间为高温氧化温度区间。反应温度高于 400℃后，原油发生热裂解反应生成热解焦和轻烃。热解焦主要来源于相对分子质量大、黏度高、芳环结构复杂的胶质、沥青质组分[30–31]，其生成过程不需要氧气作用。温度高于 400℃后，直链烷基及碳氢键容易受热断键，形成小分子物质，转变为裂解油与裂解气[32]。裂解形成的自由基处于不稳定状态，容易与稳定性强的多环芳烃结合，转变为芳环数量更多的大分子多环芳烃，再经过脱氢、重整等过程最终转化成热解焦[33](图 3–23)。

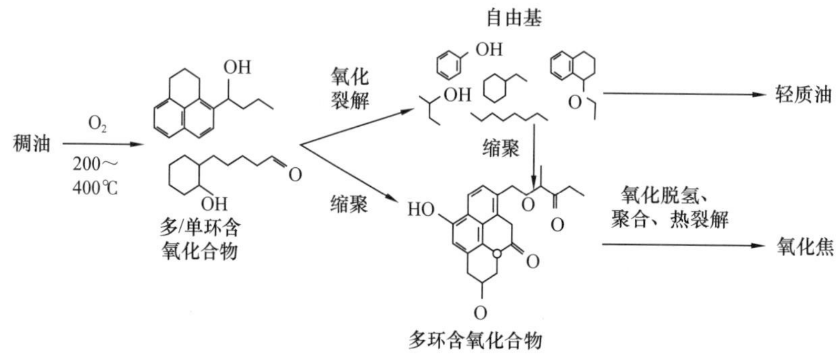

图 3–22　氧化焦形成途径示意图

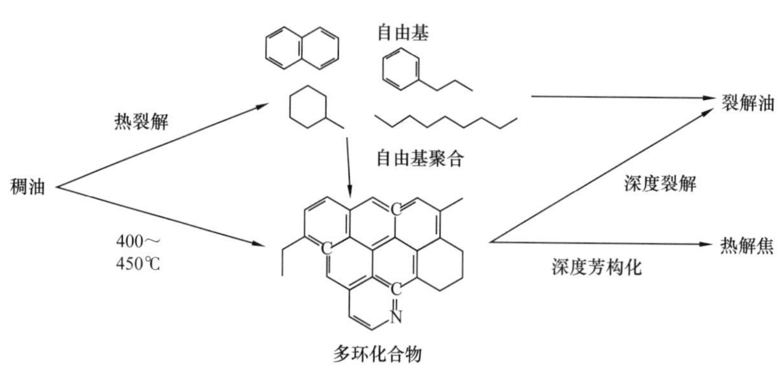

图 3–23　热解焦形成途径示意图

中温氧化形成的氧化焦、高温氧化形成的热解焦与 O_2 发生高温氧化反应生成 CO_2、CO、H_2O 并释放大量的热（单位质量氧化焦进一步氧化释放热量记为 Q_1，单位质量热解焦进一步氧化释放热量记为 Q_2，单位均为 kJ/kg），反应方程式可以表示如下。

氧化焦氧化反应：

$$C_{\alpha}H_{\beta}O_{\gamma}+O_2\xrightarrow{\text{放热}}CO_2+CO+H_2O \tag{3-17}$$

热解焦氧化反应：

$$C_{\alpha}H_{\beta}+O_2\xrightarrow{放热}CO_2+CO+H_2O \tag{3-18}$$

高温氧化的总放热量 Q_{HT}（单位：kJ/kg）可以表示为：

$$Q_{HT}=RQ_1+(1-R)Q_2 \tag{3-19}$$

式中　Q_1——单位质量氧化焦的氧化放热量，J/g；

Q_2——单位质量热解焦的氧化放热量，J/g；

Q_{HT}——单位质量焦（氧化焦 + 热解焦）高温氧化的总放热量，J/g；

R——参与高温氧化反应焦炭中氧化焦所占的质量分数，%。

$$R=\frac{m_{coke1}}{m_{coke1}+m_{coke2}}\times100\% \tag{3-20}$$

式中　m_{coke1}，m_{coke2}——参与高温氧化反应焦炭中氧化焦、热解焦质量。

高温火驱开发过程中，地层中同时存在氧化焦和热解焦，刘冬等的研究表明，热解焦中含氢量较高，其氧化活性好于氧化焦，单位质量发热量也高于氧化焦。

二、注空气开发方式

空气是一种来源广、成本低、驱油效率高的新型驱油介质，不仅适用于低 / 特低渗透油藏、中高渗透油藏和潜山稀油油藏，也适用于原始稠油油藏的一次开发、注蒸汽后稠油油藏大幅提高采收率等。注空气开发技术具有采收率高、成本低、节能、节水、绿色等特点，具有广阔的应用前景，在低品位油、致密油的有效动用方面也具有独特优势，将成为未来最具发展潜力的战略性开发技术。

在不同的温度区间，空气与原油具有不同的氧化反应特征。油藏温度（稀油油藏注空气驱油）和燃烧前缘温度（稠油油藏注空气火驱）不同，空气与原油之间的主要作用机理不同，注空气开发的方式也不同。经过多年持续攻关，目前已形成了稀油减氧空气驱、稀油空气驱、稠油注空气中温火驱和稠油注空气高温火驱 4 种注空气主体开发方式和技术。

按照油藏温度的差异，稀油油藏注空气开发形成了减氧空气驱和空气驱 2 种主体技术：（1）当油藏温度低于 80～120℃时，空气与原油之间的加氧反应放热量极小，在油藏条件下反应放热难以积聚，氧气在地层条件下无法充分消耗，如果生产井氧含量大于 10%，将存在爆炸的风险，该类油藏的主要操作策略是降低注入空气的氧浓度至 10% 以下，采用减氧空气驱技术[24]；（2）当油藏温度高于 80～120℃时，低温氧化逐渐成为主要反应类型，氧气在油藏内充分消耗，反应放热可以有效积聚，能够提高油藏温度、降低原油黏度、增加原油流动性。当稀油油藏处于该温度区间时，可以采用空气驱技术实现安全开发。由于区块储层矿物催化作用、油品氧化特性、油藏压力、注采井距和裂缝等条件不同，在油藏温度为 120℃左右时，要根据具体情况进行分析，确定采用减氧空气驱或是空气驱进行开发。

稠油油藏采用不同的点火方法可形成不同温度的燃烧前缘，当前缘温度低于 400℃时，主要发生原油中温氧化反应，其燃料主要是地层中的原油，开发方式为中温火驱；当前缘温度高于450℃时，主要发生焦炭高温氧化反应，其燃料为中温氧化生成的氧化焦和400～450℃温度区间热解缩聚反应生成的热解焦，这两种焦在温度大于450℃时快速燃烧并大量放热，形成稳定的燃烧前缘，此时开发方式为高温火驱。不同油藏原油氧化作用机理及开发方式见表3-1。

表3-1 不同油藏注空气开发空气作用机理及开发方式

油藏类型	稀油油藏温度，℃	稠油火驱前缘温度，℃	主要机理	开发方式
稀油	＜120		溶解膨胀	减氧空气驱
	＞120		低温氧化、加氧反应为主	空气驱
稠油		200～400	中温氧化、氧化焦形成	中温火驱
		＞450	高温氧化、热解焦形成、氧化焦＋热解焦氧化	高温火驱

1. 稀油油藏减氧空气驱

从2009年开始，中国石油针对低渗透、水敏及高含水、潜山等类型油藏陆续开展了多项减氧空气驱开发试验[34]，拓展了减氧空气驱提高采收率技术的应用领域。在此基础上形成相应的油藏工程方法、配套注采工艺和地面工程配套技术，保证了注减氧空气试验项目的安全高效运行。

适合减氧空气驱的油藏分布广、类型多、单井注气能力差异较大，不同区块注入减氧空气的压力、气量、氧含量等主要指标各不相同。中国石油研发了减氧空气一体化装置，在压力、流量匹配、智能联控及连锁保护等关键技术方面取得了突破，初步形成了注入压力15～50MPa、排量3×10^4～$20\times10^4m^3/d$、含氧浓度2%～10%的标准化、橇装化、系列化成套装备，为减氧空气驱的工业化应用提供了保障。

减氧空气驱适用于油藏温度低于80～120℃的稀油油藏，空气与原油之间的加氧反应放热量极小，该类油藏的主要操作策略是降低注入空气的氧浓度至10%以下，采用减氧空气驱技术。

2. 稀油油藏空气驱

油藏温度较高的稀油油藏，可直接注入空气，利用原油氧化热在地下的积聚，提高油层局部温度，进而实现氧气的有效消耗。空气驱采油综合了气驱、补充地层能量、低温氧化等多种驱油机理。注空气初期主要是保持或提高地层压力和气驱作用，由于氧化生热能够有效累计，后期热效应也是其重要的驱油机理。氮气驱没有热效应，只有一个气驱作用的产油高峰，而空气驱开发在气驱产油高峰之后还存在一个热效应作用的产油高峰[35]。

空气驱适合温度大于120℃的高、中、低、特低渗透油藏（包括砂岩、砾岩、碳酸盐岩等类型），开发中仅需采用压缩机将空气连续注入油层，地面流程简单。与减氧空气驱相比，空气驱无减氧过程，降低了地面工程的投资和减氧成本，提高了空气驱的经济效益，但由于氧气浓度较高，存在一定的爆炸风险，在实施过程中需要在压缩机出口、注气井井口、采油井井口等处监测氧气、烃类气体浓度的变化，特别是注气井和气窜的采油井，需要在注入过程中精准调控，降低爆炸风险。另外，高压、高温、高氧含量空气的注入，对注气井管柱存在较强的氧腐蚀，需要加强腐蚀的监控和防腐措施。

3. 稠油油藏注空气中温火驱

对于黏度较低的普通稠油油藏，可采取化学点火方式把油藏加热到200～400℃。在该温度区间，中温氧化反应释放出较多的热量。通过持续注入空气，使200～400℃的反应热前缘在地下推进，形成稠油中温火驱开发。

注空气中温火驱主要采用化学点火方式，形成的燃烧前缘温度较低（一般低于400℃），对地层原油的改质作用较弱，该技术主要适用于地层原油黏度较低的普通稠油油藏。

4. 稠油油藏注空气高温火驱

注空气高温火驱技术具有较广泛的适应性，既可用于普通稠油油藏，也可用于胶质和沥青质含量较高的特/超稠油油藏；既可以应用于稠油油藏的一次开发，也可以应用于注蒸汽后期稠油油藏进一步提高采收率。现阶段注空气高温火驱一般选用电点火的方式点燃油层，过程中伴随着传热和复杂的物理化学变化，具有原油改质、蒸汽驱、热水驱、烟道气驱等多种驱油机理。

注空气高温火驱通过注气井向油层连续注入空气并点燃油层，在油藏内形成450℃以上稳定扩展的高温燃烧前缘，从而将地层原油从注气井推向生产井。注空气高温火驱在燃烧前缘的前方可以形成高含油饱和度的油墙，可对油藏的高含水通道、裂缝等进行封堵，进而通过高温燃烧前缘对油层实现纵向上的高效波及。

第五节　火驱油墙形成机理

火驱是一种重要的热力采油技术，国外自20世纪50年代开始进行了大量的室内研究与矿场试验，于80年代取得了较快的发展和应用；国内胜利油田、辽河油田和新疆油田等也相继开展了大量火驱试验。近年来，空气驱及火驱技术的理论研究和矿场应用均取得较大进展[24, 36-37]。新疆油田H1块火驱先导试验自2009年底点火成功后持续进行火驱开发，截至2017年，已连续运行8年，在蒸汽驱基础上提高采收率25%，取得较好效果，目前该油田红浅火驱工业化扩大试验正在稳步推进。

在储层高含水通道（前期注蒸汽开发所形成）普遍存在的情况下，火驱能够取得较高的波及效率并大幅度提高采收率的重要机理之一是油墙的形成。事实上，很多学者已在多种开发方式中发现了油墙：聚合物驱过程中，驱替前缘会出现含油饱和度激增而形成油墙[38]；低渗透油藏气驱过程中，由于轻组分的运移和聚集而产生油墙；蒸汽驱过程中，由于蒸汽的驱油效率远高于热水，所以会在蒸汽带的前方形成油墙。

室内实验和矿场试验结果均表明火驱过程也可以形成油墙。对于火驱过程，根据实验研究结果可以将储层从空气注入端到出口端划分为5个区带：已燃区、火墙、结焦带、高温凝结水带、油墙和原始油区[1]（另有学者提出结焦带和油墙之间应该有一段很宽的凝结区和集水带，如果是注蒸汽后期油藏，在油墙后面还将形成集水带[39]）。观察火驱油墙的最直观方法是在三维火驱物理模拟实验中中途注氮气灭火，然后拆开模型，由此可观察到结焦带前有一条平行的深色条带，经测定，该条带含油饱和度比其他区域高20%以上，该条带即为火驱过程中的油墙。在火驱矿场应用中，也能够通过燃烧前缘突破前产量的快速上升推断出燃烧带之前存在油墙[2, 18]。

尽管目前关于油墙的文献报道较丰富，但油墙的概念尚未进行明确的定义。目前的研究大多关注油墙对开发效果的影响，并未从理论上研究其形成机理与形成条件。本文基于B–L 稳态非混相驱渗流理论[40]，给出油墙的具体定义，同时对火驱过程中油墙形成的机理及特征进行较系统的研究，分析油藏温度、含油饱和度等因素对油墙形成的影响，探讨火驱过程中油墙形成的最佳条件。

一、油墙的概念及判定指标

油墙是指原油被驱替过程中一定时间内在多孔介质一定区域内形成的含油饱和度增加的区带，是原油在渗流过程中局部逐渐富集的结果。据此定义，可以用含油饱和度随时间的变化率判定油墙是否可以形成，表达式如下：

$$\omega = \mathrm{d}S_\mathrm{o} / \mathrm{d}t \tag{3–21}$$

当 $\omega > 0$ 时，说明含油饱和度随时间逐渐增加，油墙可以形成，ω 值越大，油墙形成越快；反之，当 $\omega \leqslant 0$ 时，油墙无法形成。实际驱替过程中，储层不同位置上 ω 的数值不同，其峰值处含油饱和度增加最快，是油墙的中心。

二、一维正向干式火驱渗流模型

1. 考虑温度梯度影响的渗流模型

模型假设条件：（1）火驱过程为一维正向干式火驱；（2）忽略温度对相对渗透率曲线形态的影响；（3）驱替相为以蒸汽和烟道气为主的气相，被驱替相为液相，忽略油水两相渗流的差异；（4）驱替过程为稳定驱替，不考虑压力波动的影响；（5）渗流过程中气体为理想气体，忽略气体在液相中的溶解以及气液毛细管力的影响；（6）储层均质等厚，各向同性；（7）沿驱替方向，火驱结焦带之前储层中仅存在气液两相渗流，且无化学反应发生。

多孔介质一维两相驱替过程中，油、气两相均满足连续性方程：

$$-\frac{\mathrm{d}v_\mathrm{o}}{\mathrm{d}x} = \phi \frac{\mathrm{d}S_\mathrm{o}}{\mathrm{d}t} \tag{3–22}$$

$$-\frac{\mathrm{d}v_\mathrm{g}}{\mathrm{d}x} = \phi \frac{\mathrm{d}S_\mathrm{g}}{\mathrm{d}t} \tag{3–23}$$

同时遵循运动方程：

$$v_\mathrm{o} = -\frac{KK_\mathrm{ro}}{10^{-6}\mu_\mathrm{o}} \frac{\mathrm{d}p}{\mathrm{d}x} \tag{3–24}$$

$$v_\mathrm{g} = -\frac{KK_\mathrm{rg}}{10^{-6}\mu_\mathrm{g}} \frac{\mathrm{d}p}{\mathrm{d}x} \tag{3–25}$$

和分流量方程：

$$S_o + S_g = 1 \tag{3-26}$$

$$f_o = \frac{v_o}{v_o + v_g} \tag{3-27}$$

$$v_o + v_g = v_T \tag{3-28}$$

将式（3–24）、式（3–25）代入式（3–27）中，可得：

$$f_o = \frac{\dfrac{K_{ro}}{\mu_o}}{\dfrac{K_{ro}}{\mu_o} + \dfrac{K_{rg}}{\mu_g}} \tag{3-29}$$

将式（3–28）代入式（3–27），再代入式（3–22）得：

$$-v_T \frac{df_o}{dx} = \phi \frac{dS_o}{dt} \tag{3-30}$$

式中 K_{ro}，K_{rg}——含油饱和度 S_o 的函数；

μ_o，μ_g——温度 T 的函数；

S_o，T——位置 x 的函数。

将含油率 f_o 对 x 求导可得：

$$\frac{df_o}{dx} = \frac{\dfrac{d}{dx}\left(\dfrac{K_{ro}}{\mu_o}\right)\dfrac{K_{rg}}{\mu_g} - \dfrac{d}{dx}\left(\dfrac{K_{rg}}{\mu_g}\right)\dfrac{K_{ro}}{\mu_o}}{\left(\dfrac{K_{ro}}{\mu_o} + \dfrac{K_{rg}}{\mu_g}\right)^2} \tag{3-31}$$

式（3–31）中复合函数微分形式可写为：

$$\begin{cases} \dfrac{d}{dx}\left(\dfrac{K_{ro}}{\mu_o}\right) = \dfrac{\mu_o \dfrac{dK_{ro}}{dS_o}\dfrac{dS_o}{dx} - K_{ro}\dfrac{d\mu_o}{dT}\dfrac{dT}{dx}}{\mu_o^{\ 2}} \\ \dfrac{d}{dx}\left(\dfrac{K_{rg}}{\mu_g}\right) = \dfrac{\mu_g \dfrac{dK_{rg}}{dS_o}\dfrac{dS_o}{dx} - K_{rg}\dfrac{d\mu_g}{dT}\dfrac{dT}{dx}}{\mu_g^{\ 2}} \end{cases} \tag{3-32}$$

将式（3–32）代入式（3–31）得：

$$\frac{df_o}{dx} = M\left[\left(\frac{K_{ro}K_{rg}}{\mu_g}\frac{d\mu_g}{dT} - \frac{K_{ro}K_{rg}}{\mu_o}\frac{d\mu_o}{dT}\right)\frac{dT}{dx} + \left(K_{rg}\frac{dK_{ro}}{dS_o} - K_{ro}\frac{dK_{rg}}{dS_o}\right)\frac{dS_o}{dx}\right] \tag{3-33}$$

其中

$$M=\frac{1}{\mu_{\mathrm{g}}\mu_{\mathrm{o}}\left(\frac{K_{\mathrm{ro}}}{\mu_{\mathrm{o}}}+\frac{K_{\mathrm{rg}}}{\mu_{\mathrm{g}}}\right)^{2}}$$

将式（3–33）代入式（3–30）中可得：

$$\frac{\mathrm{d}S_{\mathrm{o}}}{\mathrm{d}t}=-\frac{Mv_{\mathrm{T}}}{\phi}\left[\left(\frac{K_{\mathrm{ro}}K_{\mathrm{rg}}}{\mu_{\mathrm{g}}}\frac{\mathrm{d}\mu_{\mathrm{g}}}{\mathrm{d}T}-\frac{K_{\mathrm{ro}}K_{\mathrm{rg}}}{\mu_{\mathrm{o}}}\frac{\mathrm{d}\mu_{\mathrm{o}}}{\mathrm{d}T}\right)\frac{\mathrm{d}T}{\mathrm{d}x}+\left(K_{\mathrm{rg}}\frac{\mathrm{d}K_{\mathrm{ro}}}{\mathrm{d}S_{\mathrm{o}}}-K_{\mathrm{ro}}\frac{\mathrm{d}K_{\mathrm{rg}}}{\mathrm{d}S_{\mathrm{o}}}\right)\frac{\mathrm{d}S_{\mathrm{o}}}{\mathrm{d}x}\right] \quad (3\text{–}34)$$

式中，气体黏度与温度的关系用萨特兰公式计算，原油黏度与温度的关系采用 Andrade 方程计算[40]：

$$\begin{cases}\mu_{\mathrm{o}}=a\mathrm{e}^{\frac{b}{T}}\\ \frac{\mu_{\mathrm{g}}}{\mu_{\mathrm{gi}}}=\left(\frac{T}{288.15}\right)^{1.5}\left(\frac{288.15+B}{T+B}\right)\end{cases} \quad (3\text{–}35)$$

2. 不同驱替条件下的渗流模型

1）等温非混相驱替过程的渗流模型

等温非混相气驱过程（如氮气驱等）中不同位置储层的温度近似相等，即 $\mathrm{d}T/\mathrm{d}x$ 等于0。此时式（3–34）可化简为：

$$\frac{\mathrm{d}S_{\mathrm{o}}}{\mathrm{d}t}=-\frac{Mv_{\mathrm{T}}}{\phi}\left(K_{\mathrm{rg}}\frac{\mathrm{d}K_{\mathrm{ro}}}{\mathrm{d}S_{\mathrm{o}}}-K_{\mathrm{ro}}\frac{\mathrm{d}K_{\mathrm{rg}}}{\mathrm{d}S_{\mathrm{o}}}\right)\frac{\mathrm{d}S_{\mathrm{o}}}{\mathrm{d}x} \quad (3\text{–}36)$$

分析可知，式（3–36）中 $-\frac{Mv_{\mathrm{T}}}{\phi}$ 小于0，$K_{\mathrm{rg}}\frac{\mathrm{d}K_{\mathrm{ro}}}{\mathrm{d}S_{\mathrm{o}}}$ 大于0，$K_{\mathrm{ro}}\frac{\mathrm{d}K_{\mathrm{rg}}}{\mathrm{d}S_{\mathrm{o}}}$ 小于0，实际驱替过程中 $\frac{\mathrm{d}S_{\mathrm{o}}}{\mathrm{d}x}$ 大于0，故 ω 小于0。这说明在非混相气驱过程中注采井间任意一点的含油饱和度值（或注采井间平均含油饱和度）随驱替时间逐步下降，下降速率与驱替速度成正比，与孔隙度成反比，同时还与含油饱和度和油藏温度有关。

由此可知，等温非混相气驱过程无法产生油墙。与此类似，也可以推理得到等温非混相水驱过程也无法形成油墙。

2）含油饱和度梯度为零时的渗流模型

对原始油藏的热采过程中，当热流体注入瞬间，在足够小的范围之内，油藏中不同位置的含油饱和度近似相等，即 $\mathrm{d}S_{\mathrm{o}}/\mathrm{d}x$ 等于0。此时式（3–34）可化简为：

$$\frac{\mathrm{d}S_{\mathrm{o}}}{\mathrm{d}t}=-\frac{Mv_{\mathrm{T}}}{\phi}\left(\frac{K_{\mathrm{ro}}K_{\mathrm{rg}}}{\mu_{\mathrm{g}}}\frac{\mathrm{d}\mu_{\mathrm{g}}}{\mathrm{d}T}-\frac{K_{\mathrm{ro}}K_{\mathrm{rg}}}{\mu_{\mathrm{o}}}\frac{\mathrm{d}\mu_{\mathrm{o}}}{\mathrm{d}T}\right)\frac{\mathrm{d}T}{\mathrm{d}x} \quad (3\text{–}37)$$

同理，式（3–37）中 $-\frac{Mv_{\mathrm{T}}}{\phi}$ 小于0，$\frac{K_{\mathrm{ro}}K_{\mathrm{rg}}}{\mu_{\mathrm{g}}}\frac{\mathrm{d}\mu_{\mathrm{g}}}{\mathrm{d}T}$大于0，$\frac{K_{\mathrm{ro}}K_{\mathrm{rg}}}{\mu_{\mathrm{g}}}\frac{\mathrm{d}\mu_{\mathrm{g}}}{\mathrm{d}T}$小于0，因注入流体的温度高于原始油藏温度，$\frac{\mathrm{d}T}{\mathrm{d}x}$ 小于0，故 ω 大于0。即开始驱替的瞬间，因温度梯度的影响储层中含油饱和度将上升，且上升速度与温度场、含油饱和度有关，同时与驱替速度成正比，

与孔隙度成反比。因此，在原始油藏中注入热流体时，在很短的时间内会形成油墙。该结论的前提是含油饱和度梯度为0，即地层中含油饱和度处处相等，实际储层中极少出现这种情况，故结论仅适用于热流体注入瞬间的情形，而其他时间油墙能否形成需要进一步讨论。

三、火驱油墙形成机理

1. 一维燃烧管实验设计

为验证所建渗流模型的合理性，采用新疆油田稠油样品进行一维燃烧管实验。燃烧管实验装置（图3-24）由注入系统、模型本体、测控系统及产出系统4部分构成。注入系统包括空气压缩机、注入泵、中间容器、气瓶及管阀件；测控系统对温度、压力、流量信号进行采集并处理；产出系统主要完成对模型产出流体的分离及计量。实验通过岩心热电偶测温、壁面热电偶测温和加热瓦加热保温，可将火驱过程热损失的影响降到最低[1]。

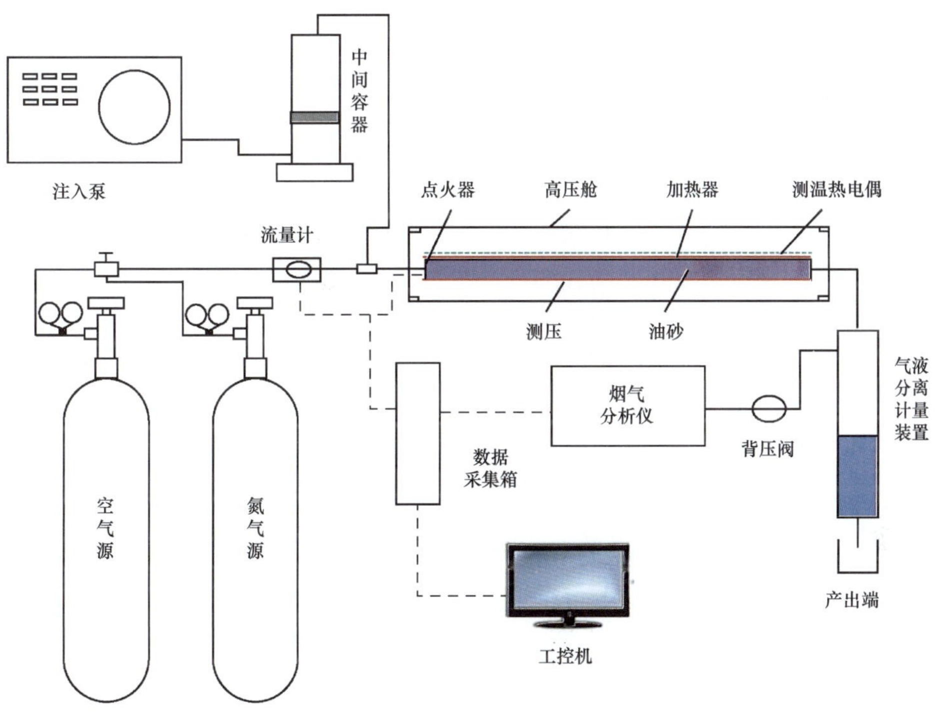

图3-24 一维燃烧管实验系统装置

实验装置的模型本体（图3-25）为一维岩心管，直径70mm，长400mm，在岩心管的沿程均匀分布13支热电偶和5个压差传感器，用于监测岩心管不同区域的温度和压力降。

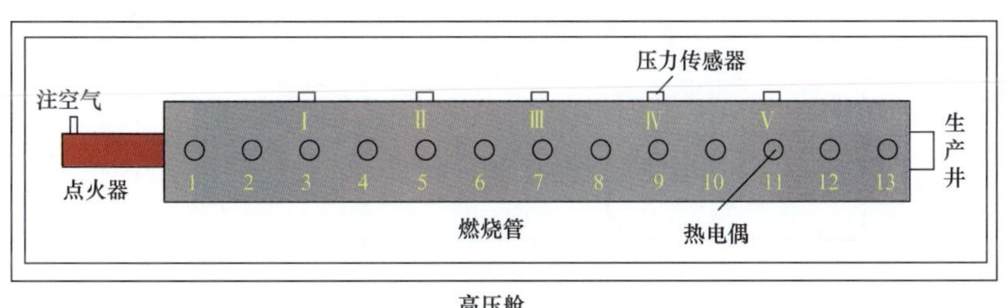

图3-25 燃烧管模型本体示意图

实验参数根据新疆油田稠油油藏的地质特征结合火驱相似准则进行设计，实验过程开始时，在点火器预热后注空气实现点火，稳定火驱至整个燃烧管燃烧完成后停止注气，结束实验。通过计算机实时采集实验过程各节点的温度信号，实现对火驱过程温度场及燃烧带的监控。这里引入压降百分比以便于分析沿程压力变化情况[1]，第 i 段的压降百分比 R_i 定义如下：

$$R_i = \frac{\Delta p_i}{\sum_{i=1}^{n} \Delta p_i} \times 100\% \tag{3-38}$$

2. 火驱渗流模型的验证

火驱过程中（图 3–26）：注入井至燃烧带间的区域为已燃区，含油饱和度为 0；燃烧带右方存在原油高温反应生成的结焦带；结焦带至生产井间则为剩余油区域。剩余油区域中接近燃烧带的区域温度高，远离燃烧带不受影响的区域温度为原始油藏温度，因此剩余油区域温度变化幅度较大[23]。剩余油区域受高温蒸汽和烟道气驱替作用，表现为受温度影响的非混相气驱区域。

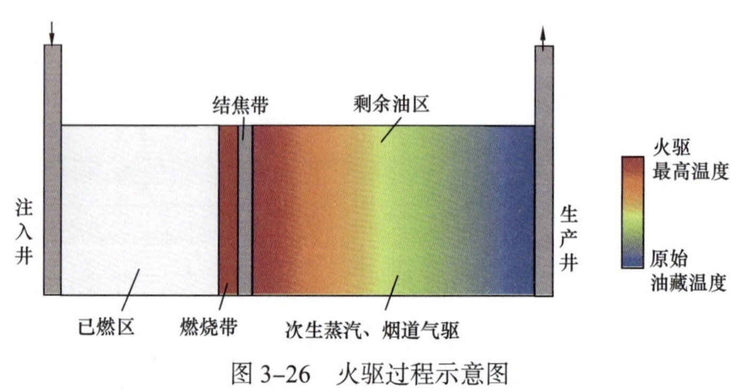

图 3–26　火驱过程示意图

由燃烧管实验过程中各热电偶测得的温度随时间变化的曲线（图 3–27）可知，实验进行 105min 时燃烧带位于第 5 个测温点附近，实验刚开始及快结束时由于燃烧管首尾热损

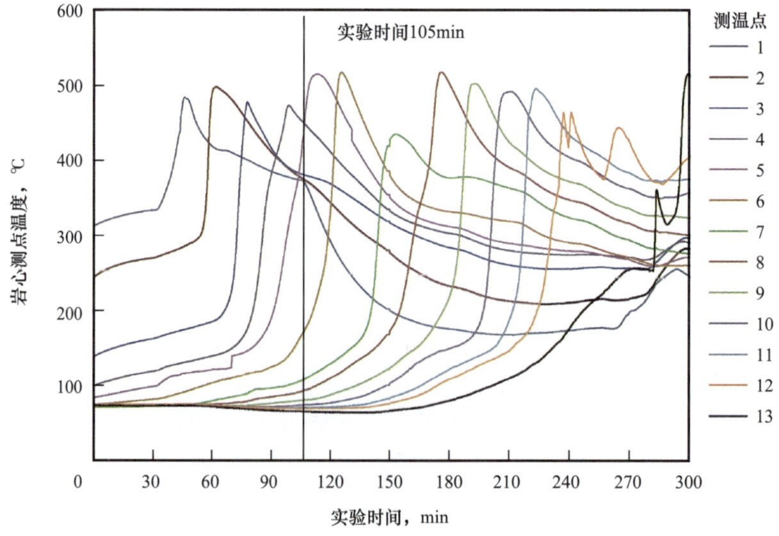

图 3–27　实验过程中各测温点温度变化曲线

失较大，数据误差大，实验进行一段时间后温度场较稳定，此时实验数据误差较小，因此，选取该时刻的温度场用于渗流模型分析。燃烧管实验过程中气液两相相对渗透率数据见表 3-2，用于模型计算的其他基础参数均采用室内实验参数：总液体流速 0.0005m/s，孔隙度 40%，含油饱和度 60%，第 5 个测温点处含油饱和度梯度绝对值 20 %/m。

表 3-2　油气两相相对渗透率

含油饱和度 %	油相相对渗透率	气相相对渗透率	含油饱和度 %	油相相对渗透率	气相相对渗透率
46	0	0.090 0	76	0.316 4	0.011 3
49	0.003 9	0.076 5	79	0.390 6	0.007 7
52	0.015 6	0.064 4	83	0.472 6	0.004 9
56	0.035 1	0.053 5	86	0.562 5	0.002 8
59	0.062 5	0.043 8	89	0.660 1	0.001 3
62	0.097 6	0.035 2	93	0.765 6	0.000 4
66	0.140 6	0.027 7	96	0.878 9	0.000 1
69	0.191 4	0.021 3	100	1.000 0	0
73	0.250 0	0.015 9			

渗流模型中 μ_o 和 μ_g 的值通过室内实验使用的黏温曲线计算，具体公式为：

$$\begin{cases} \mu_o = 1.586\times10^{-14}e^{\frac{13\,250}{T}} \\ \mu_g = 1.85\times10^{-2}\left(\dfrac{T}{288.15}\right)^{1.5}\left(\dfrac{398.55}{T+110.4}\right) \end{cases} \tag{3-39}$$

将实验参数代入式（3-34），可计算所取时刻的含油饱和度变化率分布（燃烧带波及区域含油饱和度为零，不进行含油饱和度变化情况分析），同时将其与该时刻下的压降曲线进行对比（图 3-28）发现：已燃区经过燃烧后的岩心含油饱和度几乎为零，为单一气相渗流，渗流阻力极小，因而该区带几乎没有压力损耗；燃烧带及其前缘（结焦带），气相渗透率较高，该区带也几乎没有压力降落；压力集中消耗在距点火位置 19～26cm 的区域内，这一区域消耗的压力占总注采压降的 70%～80%。分析原因，该区域多孔介质中含油饱和度高，气相饱和度低，而油相的渗流阻力远大于气相，因此该区域总的渗流阻力大，因而压力消耗占比高。根据文献［1］的观点，分段压降百分比最高的区域即为高含油饱和度油墙，因此，实验中的油墙位于距点火位置 19～26cm 的区域。

从计算结果看，沿程各点的含油饱和度变化率不断变化，燃烧带起点位于距点火位置约 12cm 处，12～15cm 区域油饱和度变化率很小，接近为 0，不会形成油墙，说明油墙距离燃烧带有一定的距离；距点火位置 18～27cm 区域，含油饱和度变化率曲线波动最大，峰值出现在距点火位置 24cm 处，该处含油饱和度迅速上升，为油墙中心；距离点火位置 30cm 及以后区域的含油饱和度变化率也接近为 0。

实验与计算结果都表明，油墙和结焦带之间确实存在一定空间，但该区域是否为Prats[39]所认为的凝结区和集水带则需进一步的实验证实。同时也可看到计算结果与实验数据高度吻合，说明渗流新模型是可靠的，可用于描述火驱过程中油墙的形成机理。

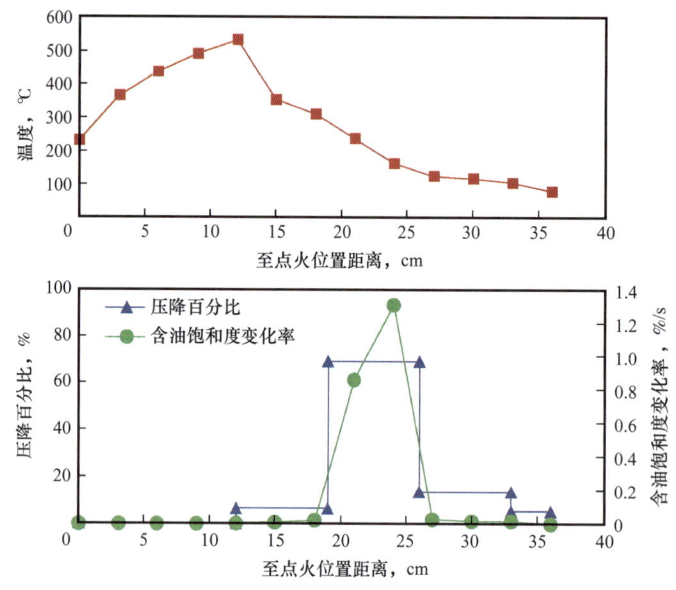

图 3-28　沿程温度、压降和含油饱和度变化率分布

四、火驱油墙形成的影响因素

1. 影响因素分析方法

由式（3-34）可以看出，火驱油墙形成主要受储层流体渗流速度、孔隙度、渗透率、温度、流体黏度与含油饱和度等多重因素共同影响。为清晰理解不同因素的影响程度，这里采用控制变量单因素分析方法开展讨论。

单因素分析计算中选取火驱实验中的基础参数值，在固定总液体流速为 0.0005m/s，孔隙度为 40% 的基础上，分别研究温度、温度梯度、原油黏度、含油饱和度、含油饱和度梯度（含油饱和度梯度指含油饱和度随位置的变化率，这里只考虑一维情形）等对火驱油墙形成的影响。

2. 影响因素

1）油墙与温度的关系

在实验参数基础上，固定剩余油区域初始含油饱和度为 60%，含油饱和度梯度为 20%/m，温度梯度为 –500℃/m。通过计算可得温度从 20℃到 600℃的含油饱和度变化率曲线（图 3-29）。随着温度的升高，含油饱和度变化率呈先升高后下降形态，峰值出现在 190℃，说明理论上存在使含油饱和度变化率达到最大的临界温度，该温度是油墙形成的最佳温度，也是油墙形成速度最高的温度。温度较低时（约小于 100℃）含油饱和度变化率接近于 0，温度较高时（约大于 300℃）含油饱和度变化率也接近于 0。

火驱过程中，燃烧带的温度一般超过 550℃，剩余油区远离燃烧带的区域温度接近原始油藏温度，温度变化跨度大。靠近燃烧带区域温度过高（该区内原油会发生热裂解、蒸馏、脱羧等物理化学变化，原油和有机气体被排出），形成油墙的可能性较小；远离燃烧带的剩余油分布区，因温度过低形成油墙的可能性也较小。因此，油墙只能在距离燃烧带一定距离的剩余油分布区内形成。

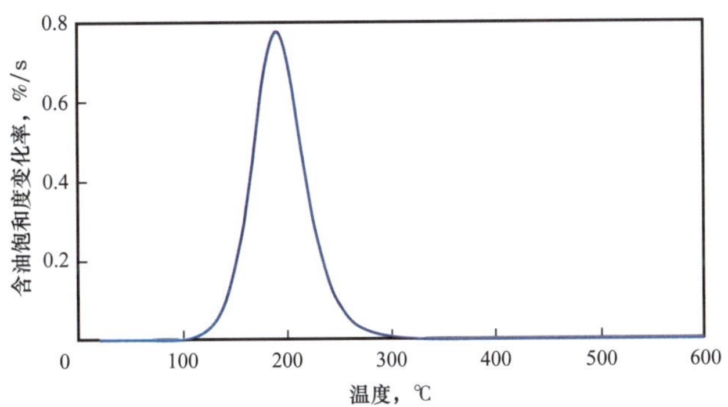

图 3-29　温度对含油饱和度变化率的影响

2）油墙与温度梯度的关系

固定含油饱和度与含油饱和度梯度不变，设定储集层初始温度为 127℃，计算不同温度梯度下（沿驱替方向储集层温度逐渐降低，温度梯度为负值，为便于分析，这里取绝对值）含油饱和度变化率曲线（图 3-30）。

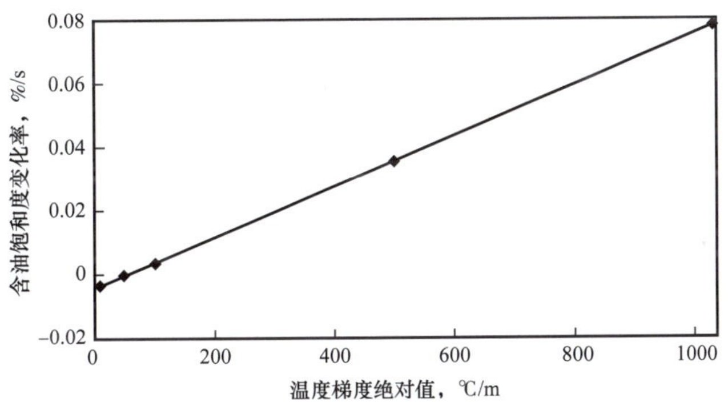

图 3-30　温度梯度对含油饱和度变化率的影响

含油饱和度变化率随储层温度梯度绝对值的增加线性增加，温度梯度的绝对值小于等于 50℃ /m 时，含油饱和度变化率小于 0，即含油饱和度随时间增加而减小，原油被气相驱替向前流动，不能形成油墙；温度梯度绝对值大于 50℃ /m 时，含油饱和度变化率大于 0，具备形成油墙的条件。即存在临界温度梯度，超过该值时油墙才能形成。

根据一维燃烧管实验结果，在火驱过程中，燃烧带温度较高，可以达到 550℃以上，而远离燃烧带的剩余油区温度与原始油藏温度相近。故从燃烧带至剩余油区温度逐渐降低，存在温度梯度，且变化较大，靠近燃烧带温度梯度绝对值较大，远离燃烧带温度梯度绝对值较小。因此，火驱过程中油墙只可能在燃烧带至剩余油区一定范围内形成。

3）原油黏度的影响

设定初始含油饱和度 60%、孔隙度 40%，开展不同黏度（表 3-3）的稠油一维燃烧管实验，取燃烧带到达距点火位置 12cm 处的温度场数据，结合实验基础参数计算含油饱和度变化率的分布（图 3–31）。可以看出，原油黏度与含油饱和度变化率负相关，油样 4 的黏度最低，但其含油饱和度变化率最高，曲线 0 轴以上包围的面积更大，故其形成的油墙宽度最大。实际稠油油藏火驱开发过程中，原油黏度较低的油藏中形成的油墙更宽，形成速度更快。

表 3–3 实验油样黏度数据

样品	50℃脱气原油黏度，mPa·s	样品	50℃脱气原油黏度，mPa·s
油样 1	10000	油样 3	1000
油样 2	2500	油样 4	450

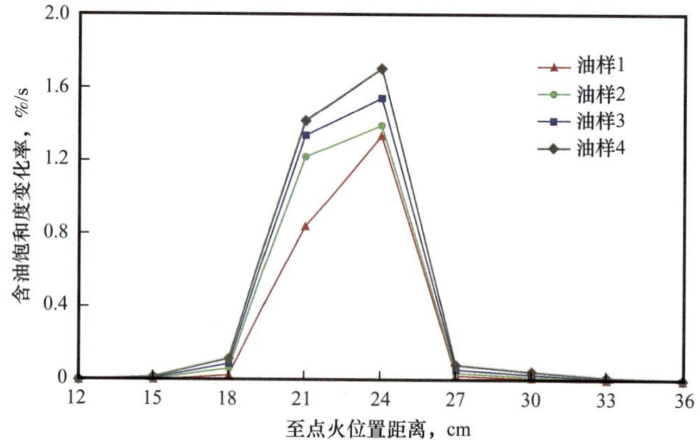

图 3–31 不同黏度油样含油饱和度变化率分布

稀油油藏的原油黏温关系与新模型中采用的黏温模型有较大差别，因此新模型的预测结果对稀油油藏适用性较差，同时稀油油藏的火驱驱油机理更复杂，能否形成油墙及油墙的形成动态特征需进一步研究。

4）储层含油饱和度的影响

设定含油饱和度梯度为 20 %/m，温度梯度为 –500℃ /m，计算不同含油饱和度条件下含油饱和度变化率与温度的关系曲线（图 3–32）。可以看到随着含油饱和度的增加，含油饱和度变化率达到峰值的温度点向左移动，且峰值逐步增大，含油饱和度越高，油墙形成的最佳温度越低，油墙形成的速度越快。

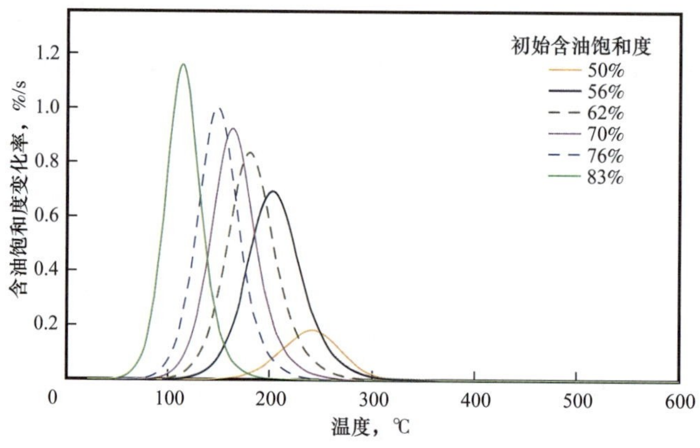

图 3–32 不同含油饱和度下温度对含油饱和度变化率的影响

稳定火驱过程中随着火线的不断推进，火驱带温度场也将向前推进，但其分布规律基本保持不变，因此，火驱过程中可以不考虑温度场推进对油墙形成的影响。

采用一维燃烧管实验的温度分布结果，改变实验的初始含油饱和度，分别计算距离点火位置 21cm、24cm 和 27cm 处含油饱和度变化率与含油饱和度的关系（图 3–33）。由图可知，初始含油饱和度对不同位置处油墙形成过程的影响不同，如当初始含油饱和度为 55% 时，距离点火位置 21cm 处的储层中含油饱和度变化率最大，27cm 处最小，形成的油墙距离燃烧带更近；而初始含油饱和度为 80% 时，距离点火位置 24cm 处含油饱和度变化率最大，21cm 处最小，油墙形成在距离燃烧带较远处。这说明火驱前储层含油饱和度较低时（如蒸汽驱后的储层中进行火驱），形成的油墙距燃烧带较近，反之较远。

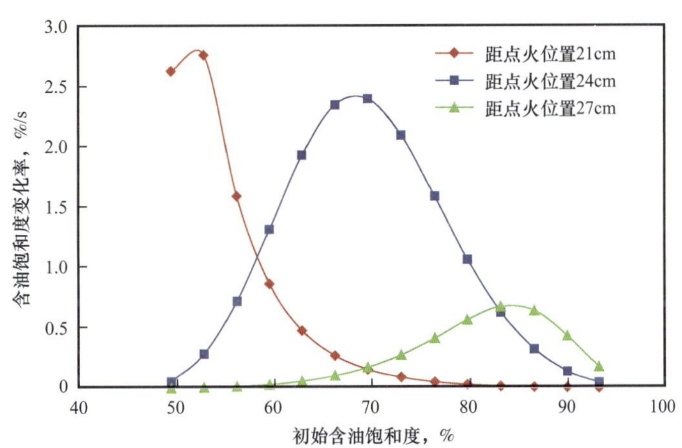

图 3–33　含油饱和度变化率与初始含油饱和度关系曲线

5）含油饱和度梯度的影响

储层物性参数的非均质性导致火驱过程中不同位置的含油饱和度梯度有差异。基于燃烧管实验的温度场，分别计算距点火位置 21cm 和 24cm 处含油饱和度梯度与含油饱和度变化率关系曲线（图 3–34）。可以看出，含油饱和度变化率与饱和度梯度的绝对值呈线性负相关，且含油饱和度梯度绝对值存在临界点（图 3–34 中分别为 540%/m 和 395 %/m）。含油饱和度梯度绝对值大于临界值时，含油饱和度变化率小于 0，含油饱和度随时间而减小，油墙无法形成；当含油饱和度梯度绝对值小于临界值时，含油饱和度变化率大于 0，含油饱和度将随时间而增加，油墙可以形成。

油藏地质条件是火驱成败的首要因素[39]，实际油藏中，在饱和度平面分布极不均匀情况下，或者在次生水体的边缘，含油饱和度梯度较大，油墙可能将无法形成。对注蒸汽开发油藏后期实施火驱，因储层中形成了大小不一的次生水体（水坑）[15]，点火初期注气井周围可形成高饱和度油墙，但随着油墙逐步推移，遇到前方水坑时，堆积起来的油墙要消耗一部分填坑。水坑规模较小，油墙含油饱和度仅有所降低，而不会消失；水坑规模较大，油墙就会因为填坑而完全消耗，只能在水坑的后面再重新构建[2]。这是火驱过程中的“先填坑后成墙”[18]现象的理论基础。

相对均质油藏条件下的火驱，含油饱和度梯度一般小于 50 %/m，含油饱和度梯度绝对值对含油饱和度变化率影响较小，即含油饱和度梯度对原始油藏实际火驱过程中油墙的形成影响不大。

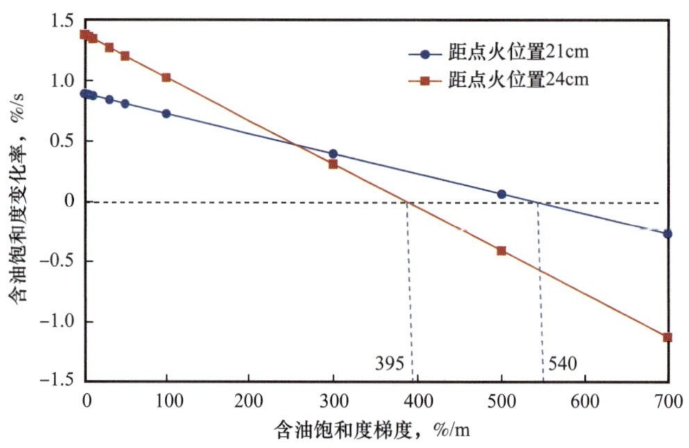

图 3-34　含油饱和度梯度与含油饱和度变化率关系曲线

3. 相对渗透率曲线对渗流模型的适用性分析

相对渗透率曲线形态因储层物性不同而存在差异，该差异对计算结果具有一定影响，为验证其影响程度，选取 3 条不同的相对渗透率曲线（图 3-35），固定其他参数计算含油饱和度变化率与温度关系曲线（图 3-36）。可以看出，相对渗透率曲线形态对含油饱和度变化率的影响较小，证实渗流新模型可适用于多种类型储层，范围较广。

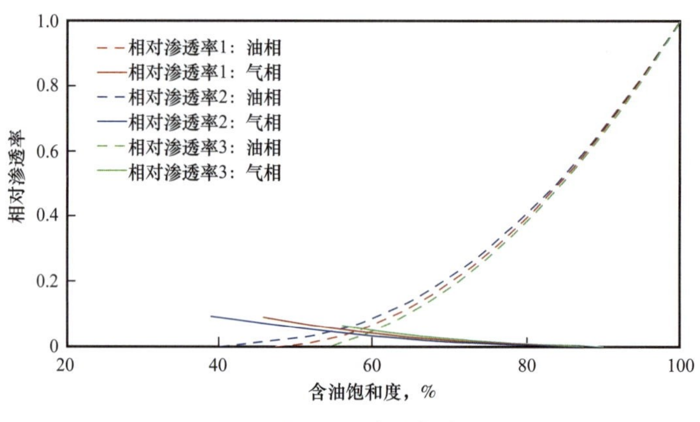

图 3-35　相对渗透率曲线

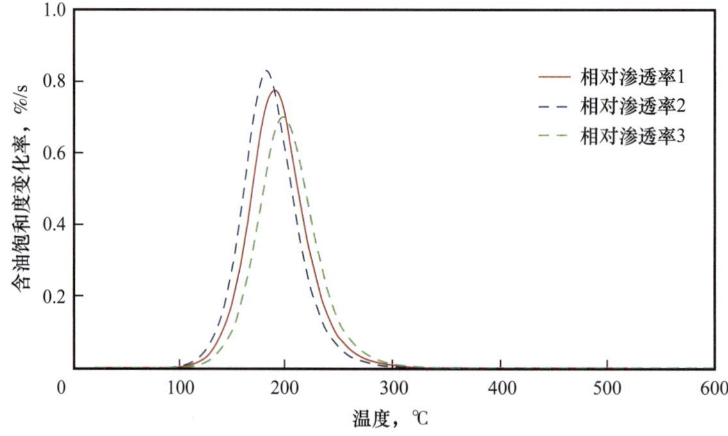

图 3-36　不同相对渗透率曲线条件下含油饱和度变化率与温度的关系曲线

五、成墙条件优选

以实验数据为基础，采用正交设计方法，综合研究油藏温度、温度梯度、含油饱和度和含油饱和度梯度对含油饱和度变化率的影响，优选油墙形成的最佳条件。据此设计了4影响因素3水平的正交试验，其中温度水平按储集层温度（60℃）与最高火驱温度（500℃）范围进行划分，其他参数水平均根据火驱过程中参数变化范围划分（表3–4）。据此设计了正交试验分组（表3–5）。

表3–4 正交试验参数设计

影响因素	温度，℃	温度梯度，℃/m	含油饱和度，%	含油饱和度梯度，%/m
水平1	60	–250	50	1
水平2	260	–500	70	20
水平3	500	–750	90	40

表3–5 正交试验分组

试验序号	温度，℃	含油饱和度，%	温度梯度，℃/m	含油饱和度梯度，%/m	含油饱和度变化率，%/s
1	60	50	–250	1	1.19×10^{-6}
2	60	70	–500	20	4.09×10^{-4}
3	60	90	–750	40	3.11×10^{-2}
4	260	50	–750	20	4.82×10^{-1}
5	260	70	–250	40	2.42×10^{-3}
6	260	90	–500	1	2.02×10^{-4}
7	500	50	–500	40	3.28×10^{-8}
8	500	70	–750	1	2.67×10^{-6}
9	500	90	–250	20	3.08×10^{-9}

试验结果表明，当储层温度为260℃，含油饱和度为50%，温度梯度为–750℃/m，含油饱和度梯度为20 %/m时，含油饱和度变化率最大，等于0.482 %/s。火驱过程中，储层条件与以上条件相近的区域最有利于油墙的形成。

六、结论

油墙可定义为原油被驱替过程中一定时间内在多孔介质一定区域内形成的含油饱和度增加的区带，可用含油饱和度随时间的变化率来判定其能否形成。

以气液两相稳态渗流理论为基础，建立考虑温度梯度的一维正向干式火驱渗流新模型，从渗流力学的角度揭示了火驱过程中油墙的形成机理。

火驱油墙的形成受3个主要因素控制：（1）油墙的形成存在温度区间和临界温度梯度（绝对值），温度过高或过低，梯度绝对值低于临界值，油墙不能形成；（2）对稠油油藏火驱而言，原油黏度控制油墙形成的宽度与速度，黏度越低，形成油墙越宽，速度越快；（3）含油饱和度梯度控制油墙能否形成，存在临界值，其绝对值大于临界值时，油墙无法形成，含油饱和度影响油墙形成最佳温度与速度，含油饱和度越高，最佳储集层温度越低，形成速度越快。

以一维正向干式火驱渗流新模型为基础，结合油藏物性特征参数，采用正交设计方法，可优选出稠油油藏火驱油墙形成的最佳条件组合。

第六节　火驱高温岩矿反应规律

一、岩矿反应的影响因素

对于不同埋藏深度的砂岩、砂砾岩稠油储层，高温火驱条件下影响岩矿反应的因素有以下几点：

（1）岩石本身具有的复杂元素、矿物组成；

（2）储层孔隙中赋存的含有多种离子的水、原油等液态物质；

（3）火驱过程中储层中的氧气、二氧化碳、一氧化碳及烃类气体；

（4）注气压力、注气流量等矿场调控参数；

（5）燃烧温度和燃烧时间。

实验表明，矿场注气压力和注气流量的调节，不能直接影响岩矿反应进程，只要火驱前缘能够推进，岩石中的矿物组成就会发生变化。具体表现为：

（1）石英含量与钾长石、斜长石、黏土总量之和呈负相关关系，燃烧区石英含量明显增大，钾长石、斜长石、黏土总量之和减小；

（2）黏土矿物中高岭石随注气流量和注气压力呈振荡变化，伊利石、伊/蒙混层含量随注气流量增大而略有升高；

（3）中高温条件下的矿物相变。

上述现象也是火驱过程中岩矿变化的宏观规律，致使产生这种规律的关键因素是燃烧温度和燃烧时间，其中温度是关键影响因素。图3-37展示出只要温度超过350℃，岩石中黏土矿物的组成就会发生变化。

岩石本身的物质组成和孔隙中赋存的多种流体使岩矿反应具有多相参与的特征，也是驱动高温火驱岩矿发生反应的内在因素。其实，火驱过程中岩矿反应与原油氧化是一个同步过程，流体的参与使岩矿发生多种反应，岩矿则可以改变原油的氧化进程及产出气的组成。实验表明，岩矿的存在可致使稠油的低温氧化及高温氧化DTA峰值温度都减小，低温氧化的峰值温度从410.3℃减少为389℃，而高温氧化的峰值温度从534.5℃减少为487℃（图3-38），可见矿物的存在对稠油氧化也具有一定的催化作用。

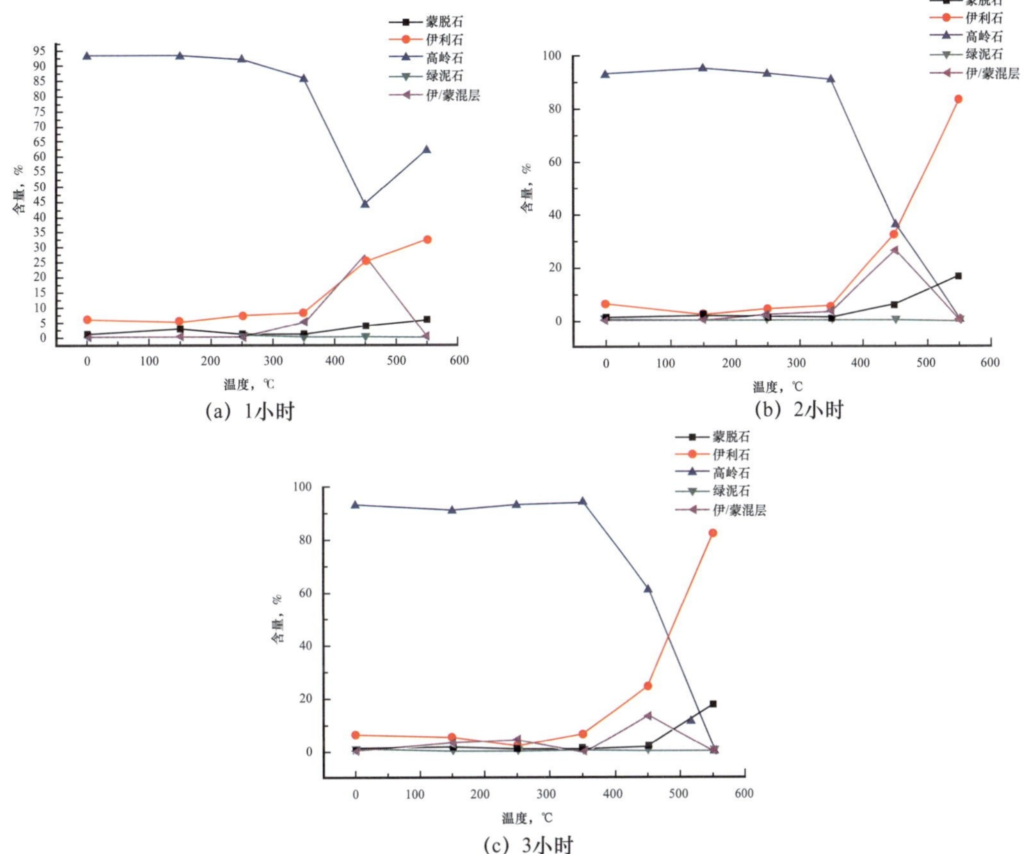

图 3-37　砂岩不同温度下燃烧不同时长黏土矿物含量变化图

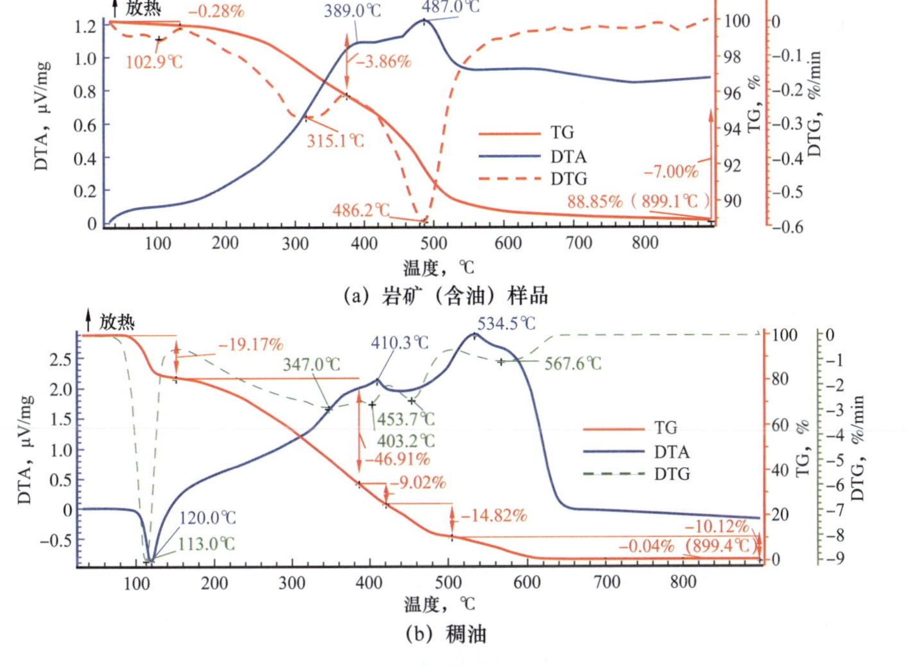

图 3-38　红浅 1 井区油样的 DTA-TG-DTG 曲线

二、高温火驱岩矿反应过程

不同温度、不同流体环境的储层岩矿反应主导机制不同，根据不同温度下矿物转化特点、稠油与岩矿氧化行为以及火驱燃烧区带分布，可将火驱岩矿变化过程划分为 5 个阶段（图 3-39）。

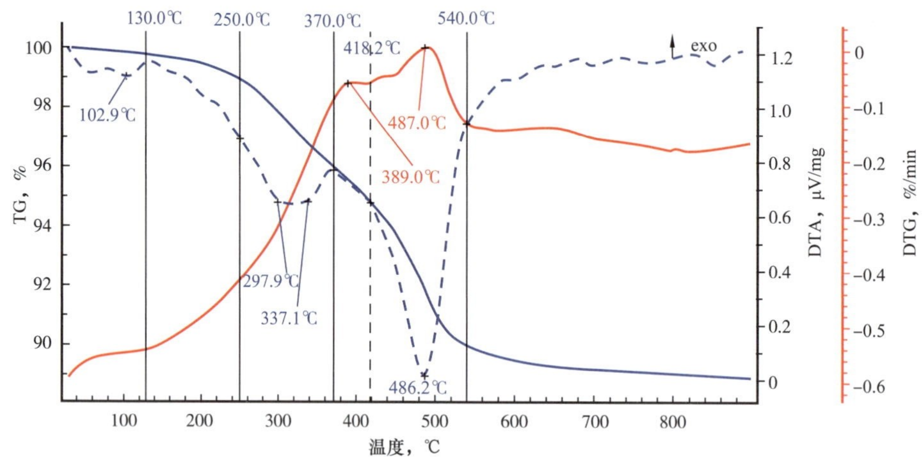

图 3-39　稠油火驱储层岩矿反应进程

第一阶段：温度介于 30～130℃。由于矿物表面吸附水及所含稠油中挥发份释放、黏土矿物吸附水及部分层间水脱除，导致了 DTG 曲线出现第一个失重。此阶段的典型岩矿反应为长石与流体相互作用而发生水岩反应，使长石溶蚀形成新生的高岭石、伊利石以及石英雏晶，其反应方程式如下：

水岩反应主导的矿物转化可以持续到更高温度（400℃左右），也使长石的溶蚀进一步发育，并形成新的粒内、粒间孔，一定程度上改善了储层物性。

第二阶段：温度介于 130～250℃。因黏土矿物层间水释放及稠油低温氧化导致 DTG 曲线出现第二个失重。岩矿在此阶段除了发生水岩反应外，还可见自生石英排除杂质的现象。比较重要的是黄铁矿在此阶段与活化流体发生反应形成硫化氢，可能是低温下硫化氢形成的主要来源。

$$\underset{\text{斜长石}}{2NaAlSi_3O_8 \cdot CaAl_2Si_2O_8} + 4H^+ + 2H_2O \longrightarrow \underset{\text{高岭石}}{2Al_2Si_2O_5(OH)_4} + \underset{\text{石英}}{4SiO_2} + 2Na^+ + Ca^{2+}$$

$$\underset{\text{微斜长石}}{2KAlSi_3O_8} + 2CH_3COOH + 12H_2O \longrightarrow \underset{\text{伊利石}}{KAlSi_3O_{10}(OH)_2} + 2K^+ + 6H_4SiO_4$$

第三阶段：温度介于 250～370℃。由于稠油氧化使 DTG 曲线出现第三个失重。主导的岩矿反应仍为长石溶蚀，但磁赤铁矿（γ-Fe_2O_3）微晶在 260℃时磁铁矿 667cm^{-1} 减弱，而赤铁矿 1317cm^{-1} 和 605cm^{-1} 突然加强（图 3-40），说明磁赤铁矿在该温度下开始向赤铁矿转化，这也导致岩石颜色开始变红。

第四阶段：对应温度区间为 370～540℃。这一阶段的岩矿反应主要为黏土矿物（高岭石为主）的部分脱羟基以及高岭石偏高岭石化，主导矿物转化机理为矿物相变，致使储层孔渗进一步增大。除此之外，此阶段硫酸盐的 TSR 会产生大量的硫化氢。

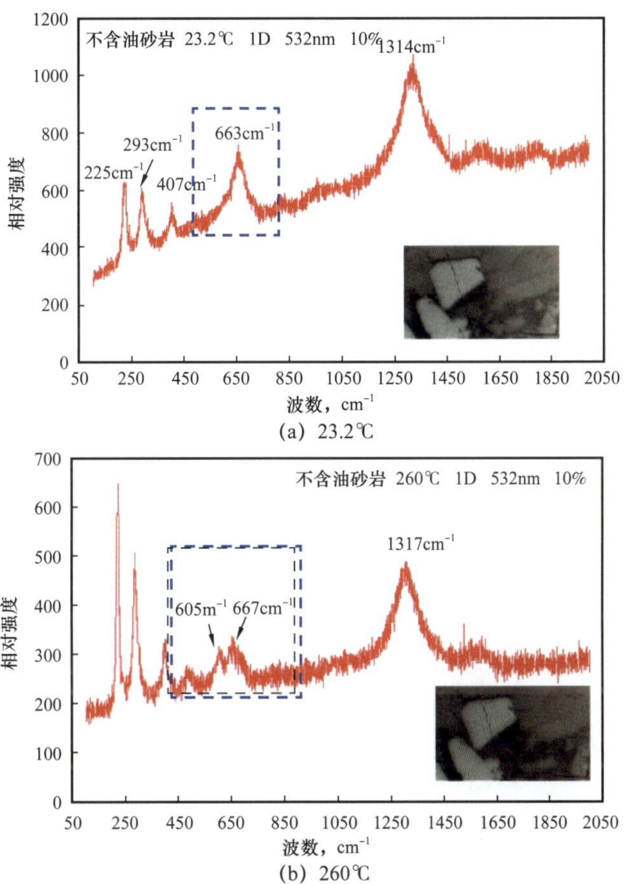

(a) 23.2℃

(b) 260℃

图 3-40 磁赤铁加热原位矿激光拉曼光谱

第五阶段：温度大于 540℃。以大量的矿物相变为特征。主要的矿物转化有钾长石向透长石过渡、微晶长石和微晶石英的非晶化、磁铁矿（Fe_3O_4）赤铁矿化（Fe_2O_3）、白云石晶体遭受破坏、高岭石伊利石化和红柱石化。其中有指示意义的是磁铁矿赤铁矿化，这一转化过程致使岩石的颜色进一步变红。而红柱石的出现说明高温下发生了变质作用，可以作为高温火驱的典型标志。研究中还发现了“单质铁”和“单晶硅”，说明高温火驱并非一直是氧化过程，而是存在高温还原环境。

值得注意的是，高温火驱过程中随着前缘不断向前推进，燃烧区带的分布也逐渐向前推移，储层温度分布也会发生调整。已燃区其实相当于剩余油区依次转变为油墙、结焦带、火墙后形成的，也就是说，已燃区的温度经历了从原始油藏温度逐渐升高而后降低的过程。因此，经历过高温火烧后的储层岩石变化其实是前述 5 个阶段矿物变化的叠加。如果细化解剖，第一阶段至第五阶段的岩矿反应产生的区域依次为剩余油区—油墙、油墙—结焦带、结焦带、结焦带—火墙、燃烧区（火墙）。

基于上述分析，可以说高温火驱储层岩矿经历了从低温水岩反应到高温相变的复杂历程，其特征可总结为“多相反应、温度主导、过程叠加”。

三、岩矿反应的应用

对于碎屑岩来讲，影响其颜色的主要包括有机色素和无机色素，其中无机色素主要是铁质和锰质。即便是它们在岩石中的含量极少，但只要其中某种致色物质的种属或含量发生细微变化，那么就引起岩石颜色的显著变化。多数黑色—灰黑色的沉积岩反映了其中含有有机物；岩石的颜色随碳含量的增加而变深。岩石呈红色、红褐色、棕色、黄色、紫色等，与 Fe 的氧化物或氢氧化物（赤铁矿、褐铁矿）致色有关，代表了相对氧化环境；岩石呈绿色一般与含 Fe^{2+} 的矿物有关，含 Fe^{2+} 的绿泥石是碎屑岩中重要的绿色矿物色素[41–42]。同时，岩石的颜色还取决于岩石的湿度。同一块岩石样品在干燥和潮湿条件下的颜色有明显差异。相同组成矿物和比例的碎屑岩，如果颗粒大小、矿物排列方式等不同，那么也会造成颜色多样。

为快速方便判断火烧岩石所经历的温度范围，开展了不同温度下储层岩石颜色比色板研究工作。利用新疆油田红浅八道湾组不同含油饱和度的砂岩样品，分别在 250℃、300℃、350℃、400℃、450℃、500℃、550℃、600℃、650℃、700℃、750℃和 800℃条件下进行模拟火烧，获得了 4 组颜色图版。

2013 年 9 月，新疆油田从先导试验区燃烧后区域打了两口密闭取心井（h2071A 井和 h2118A 井）。从岩心观察看已燃区域岩心整体呈“砖红色”（包括层内岩性夹层），油层纵向动用程度达到 80% 以上，反映出试验区经历了高温燃烧，高温燃烧有效降低了层内不连续夹层对火驱生产效果和油藏动用程度的影响，提高了油藏动用率。

但是取心井在纵向上经历了多高温度的火烧，燃烧方式是什么？根据不同温度下长石岩屑砂岩的颜色图版与 h2071A 岩心中已经发生火烧的样品进行对比，推测岩心样品经历火烧过程中到达的温度区间。比如判断 543～544.09m 的温度为 700～750℃，矿场在 543m 监测到最高温度 739℃；判断纵向上基本经历了 400℃以上的高温火驱，与矿场监测基本一致（图 3–41）。

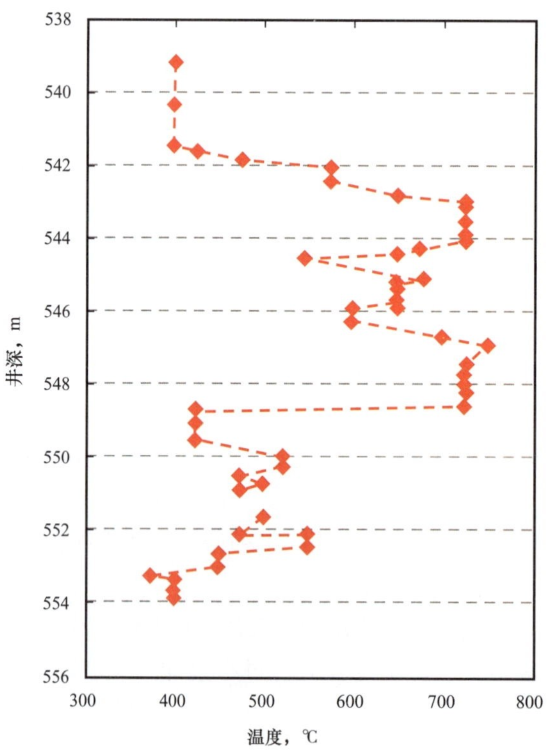

图 3–41　h2071 井岩心中 539.2～553.87m 样品的比对温度和井深折线图

根据岩心标本和颜色图版岩石实物的比对，用比对温度和井深联合做出图解。通过温度折线图分析可知，储层在纵向上表现出温度的明显差异，其顶部温度相对较高，而底部相对较低，并存在驼峰似的两个最高温度，说明储层在火烧过程中燃烧不均匀。但整体而言，底部温度相对顶底部要底（不排除有机质含量差异），火墙呈上高下底的舌型推进趋势。

参考文献

[1] 关文龙，马德胜，梁金中，等．火驱储层区带特征实验研究［J］．石油学报，2010，31（1）：100–104，109.

[2] 席长丰，关文龙，蒋有伟，等．注蒸汽后稠油油藏火驱跟踪数值模拟技术——以新疆 H1 块火驱试验区为例［J］．石油勘探与开发，2013，40（6）：715–721.

[3] Greaves M. Upgrading Athabasca Tar Sand using Toe–to–heel Air Injection［R］. SPE 65524，2000.

[4] Xia T X，Greaves M. Injection Well–producer Well Combi–nations in THAI［R］. SPE 75137，2002.

[5] Xia T X，Greaves M. Downhole Conversion of Lloydminster Heavy Oil using THAI–CAPRI Process［R］. SPE 78998，2002.

[6] 陈莉娟，潘竟军，陈龙，等．注蒸汽后期稠油油藏火驱配套工艺矿场试验与认识［J］．石油钻采工艺，2014，36（4）：93–96.

[7] 梁金中，关文龙，蒋有伟 ，等．水平井火驱辅助重力泄油燃烧前缘展布与调控［J］．石油勘探与开发，2012，39（6）：720–727.

[8] 李伟超，吴晓东，刘平．从端部到跟部注空气提高采收率的新方法［J］．西南石油大学学报（自然科学版），2008，30（1）：78–80.

[9] 韩国庆，吴晓东，李伟超，等．THAI 技术及其在稠油开发中的应用［J］. 油气田地面工程，2007，26(5)：17–18.

[10] Rojas J，Ruiz J，Vargas J. Numerical Simulation of an EOR Process of Toe to Heel Air Injection（THAI）：Finding the Best Well Pattern［R］. SPE 129215，2010.

[11] Greaves M，Xia T X，Turta A T，et al. Recent Laboratory Results of THAI and its Comparison with Other IOR Processes［R］. SPE 59334，2000.

[12] Xia T X，Greaves M. Upgrading Athabasca Tar Sand using Toe–to–heel Air Injection［R］. SPE 65524，2000.

[13] Greaves M，Al Honi M. Three–dimensional Studies of In–situ Combustion：Horizontal Wells Process with Reservoir Heterogeneities［J］. Journal of Canadian Petroleum Technology，2000，39（10）：25–32.

[14] Greaves M，Dong L L，Rigby S P. Validation of Toe–to–heel Air–injection Bitumen Recovery using 3D Combustion–cell Results［R］. SPE 143035，2012.

[15] 关文龙，席长丰，陈亚平，等．稠油油藏注蒸汽开发后期转火驱技术［J］．石油勘探与开发，2011，38（4）：452–462.

[16] 关文龙，梁金中，吴淑红，等．矿场火驱过程中火线预测与调整方法［J］．西南石油大学学报（自然科学版），2011，33（5）：157–161.

[17] 王海生．辽河稠油油藏火驱辅助重力泄油技术探索及实践［J］．石油地质与工程，2014，28（5）：

113–115.

[18] 中国石油勘探与生产分公司. 油田注空气开发技术文集（空气火驱技术分册）[M]. 北京：石油工业出版社，2014：212–226.

[19] 梁光跃，刘尚奇，沈平平，等. 油砂蒸汽辅助重力泄油汽液界面智能调控模型优选[J]. 石油勘探与开发，2016，43（2）：275–280.

[20] SY/T 6898—2012 火烧油层基础参数测定方法[S].

[21] 张守军. 稠油火驱化学点火技术的改进[J]. 特种油气藏，2016，23（4）：140–143.

[22] 江航，许强辉，马德胜，等. 注空气开采过程中稠油结焦量影响因素[J]. 石油学报，2016，37（8）：1030–1036.

[23] 王艳辉，陈亚平，李少池. 火烧驱油特征的实验研究[J]. 石油勘探与开发，2000（1）：92–94.

[24] 廖广志，杨怀军，蒋有伟，等. 减氧空气驱适用范围及氧含量界限[J]. 石油勘探与开发，2018，45(1)：105–110.

[25] Sarma H K，Yazawa N，Moore R G，et al. Screening of Three Light–oil Reservoirs for Application of Air Injection Process by Accelerating Rate Calorimetric and TG/PDSC Tests [J]. Journal of Canadian Petroleum Technology，2002，41（3）：50–61.

[26] Burger J G. Chemical Society of Petroleum Aspects of In–situ Combustion：Heat of Combustion and Kine Tics [J]. Engineers Journal，1971，12（5）：410–422.

[27] Khansari Z，Gates I D，Mahinpey N. Low–temperature Oxidation of Lloydminster Heavy Oil：Kinetic Study and Product Sequence Estimation [J]. Fuel，2014，115：534–538.

[28] Khansari Z，Kapadia P，Mahinpey N，et al. Kinetic Models for Low Temperature Oxidation Subranges based on Reaction Products [R]. SPE 165527，2013.

[29] Metzinger T H，Huttinger K J. Investigations on the Cross–linking of Binder Pitch Matrix of Carbon Bodies with Molecular Oxygen：Part I. Chemistry of Reactions between Pitch and Oxygen [J]. Carbon，1997，35（7）：885–892.

[30] Guo A，Zhang X，Zhang H，et al. Aromatization of Naphthenic Ring Structures and Relationships between Feed Composition and Coke Formation during Heavy Oil Carbonization[J]. Energy & Fuels，2009，24(1)：525–532.

[31] Liu D，Song Q，Tang J，et al. Interaction between Saturates，Aromatics and Resins during Py rolysis and Oxidation of Heavy Oil [J]. Journal of Petroleum Science and Engineering，2017，154：543–550.

[32] Martinez–escandell M，Torregrosa P，Marsh H，et al. Pyrolysis of Petroleum Residues：I. Yields and Product Analyses [J]. Carbon，1999，37（10）：1567–1582.

[33] Fakhroleslam M，Sadrameli S M. Thermal/catalytic Cracking of Hydrocarbons for the Production of Olefins：A State–of–the–art Review III：Process Modeling and Simulation [J]. Fuel，2019，252：553–566.

[34] 廖广志，马德胜，王正茂，等. 油田开发重大试验实践与认识[M]. 北京：石油工业出版社，2018.

[35] Montes A R，Gutiérrez D，Moore R G，et al. Is High Pressure Air Injection（HPAI）Simply a Flue–gas Flood [R]. SPE 133206，2010.

[36] 唐君实，关文龙，梁金中，等. 热重分析仪求取稠油高温氧化动力学参数[J]. 石油学报，2013，34(4)：

775–779.

[37]关文龙，席长丰，陈龙，等．火烧辅助重力泄油矿场调控技术［J］. 石油勘探与开发，2017，44（5）：753–760.

[38]王锦梅，陈国，历烨，等．聚合物驱油过程中形成油墙的动力学机理研究［J］. 大庆石油地质与开发，2007，26（6）：64–66.

[39]Prats M. Thermal Recovery［M］. New York：Society of Petroleum Engineers of AIME，1982：219–221.

[40]程林松．高等渗流力学［M］. 北京：石油工业出版社，2011：127–130.

[41]许书堂，焦存礼，王敬缺．伊犁盆地沉积岩颜色指数特征、盆地演化与有利勘探层系［J］. 勘探家，1998（3）：60–63，8.

[42]马英俊，郑国东，刘芊．吐鲁番盆地侏罗系沉积岩的颜色与铁的赋存状态关系研究［J］. 矿物学报，2006（2）：137–144.

第四章　火驱的油藏工程优化

本章介绍了稠油油藏火驱开发油藏工程优化方法。介绍了稠油老区火驱井网选择的依据，比较了线性井网火驱和面积井网火驱开发各自的优势和油藏适用条件。介绍了不同井网模式下，井距和注采参数优化方法。对多层油藏的火驱开发模式进行了详细的论述。

第一节　稠油老区火驱井网选择

国内注蒸汽（含蒸汽吞吐和蒸汽驱）开发过的稠油老区现存井网多为正方形井网，初始井距一般为150～200m。受蒸汽在油藏中加热半径限制，为了提高平面动用程度，蒸汽吞吐过程中往往经过多次加密调整，每加密一次井距缩小为原来的70.7%。目前国内蒸汽吞吐及蒸汽驱稠油油藏的注采井距大多在70～100m。从最大限度提高经济效益的角度并考虑到火驱为末次采油的特点，火驱提高采收率项目应最大限度地利用现有井网。通常稠油老区转火驱开发时，无论是否新钻加密井，一般有两种线性井网和四种面积井网[1]可供选择。

一、线性井网火驱开发特征及比较优势

线性井网火驱模式最初提出是针对地层存在较大倾角（一般大于10°）的情况。在这种情况下采用线性火驱模式从构造高部位向构造低部位驱扫，可充分利用重力作用，使前缘形成近活塞式的驱替，最大限度提高纵向动用程度。线性火驱是一个井间/区间接替的收割式开采过程，其燃烧带推进的速度相对较快。以Suplacu油田为例，其火线推进速度接近0.1m/d，注采井排之间的排距为70m，大约2年多的时间火线就扫过了一个井排。火驱作用范围一般为下游3～4排生产井，单个生产井的有效生产时间只有6～8年。对于单井或一个较小的试验区来讲，线性火驱是一个高速采油过程。但对于整个区块来讲，其采油速度不一定很高。如Suplacu油田的火驱开发了50年，后续还可以继续以线性火驱方式开采20年，平均年采油速度只有1%左右。新疆油田红浅火驱试验区由于规模较小，火驱年采油速度达到3%以上。正是因为上述特点，与面积井网火驱相比，线性井网火驱除了具有第4.2节所论及的平面波及系数高、理论采收率高的优势外，还具有如下的优势：

（1）地面设施建设及其管理相对容易。线性火驱经过初期的点火和逐级提高注气速度，一旦注气井排形成相互连通的燃烧带后，其燃烧界面大小基本不变。因此客观上只要维持恒定的注气速度，就能保证火线推进速度也是恒定的。这对地面注气压缩机站及其相关供电、供水、分离、处理等配套设施的设计、建设和管理都很有好处。而在面积井网火驱过程中，燃烧带扩展半径是不断加大的。为保持燃烧带前缘稳定推进所需要的注气速度是逐渐增加的，地面设施能力要想与之持续匹配，在投资和管理上都存在不小的难度。地面设施能力如果不能与持续扩展的燃烧半径相匹配，就会导致燃烧带推进逐步放缓，极端情况

下甚至能导致油藏灭火。

（2）油藏管理及配套工艺相对简单。由于线性火驱是从高部位向低部位方向推进并且是井间接替式的开采过程，与面积井网火驱相比，其动态管理的井数相对要少。仍以 Suplacu 火驱项目为例，从 1975 年开始基本完成了面积火驱模式向线性火驱模式的转变，形成了平行于构造等高线的火线前缘。公开资料显示，从 1983 年到 2010 年近 30 年间，该项目年产量一直维持在 40×10^4t 左右，处于动态监管下的油藏范围始终是一个长 10km、宽 0.5km 的条带，其动态管控的井数始终维持在 500 口左右，即 100 口左右的注气井加上 400 口左右的下游生产井[2]。而事实上到 2010 年该项目累计已打井 2100 口，其中有超过 3/4 的井已先后结束生产。新疆油田红浅火驱试验区迄今已火驱开发 7 年多，也有近一半的井结束生产、关井，现阶段所要管控的生产井只有试验区总井数的一半左右。线性火驱的这一特点对注采井及地面的工艺设计也具有重要意义。如在生产井筒的防腐设计上，原先考虑到生产井产出流体中高含 CO_2 等酸性气体，要采用较高等级的防腐管柱或工艺。依据线性火驱的特点，生产管柱只要在 6～8 年的有效生产期内满足要求即可。在新疆油田红浅火驱试验区，尽管老井井况条件普遍较差，但在生产井没有采取特殊防腐工艺措施的情况下，仍基本能在五六年的有效期内正常生产，没有出现因腐蚀问题停产作业的情况。但如果换作面积火驱，其生产井的防腐工艺设计可能要满足 20 年的生产时间。

（3）容易实现火线的调控。对火线的调控是火驱项目管理中一项关键内容，某种程度上决定了火驱项目的成败。矿场实践中一般通过对生产井的“控”“关”“堵”“引”等措施对火线前缘进行调控，调控的主要手段是通过各生产井的产气量来控制火线前缘推进的方向和速度[3]。在线性火驱模式中，其注气井与生产井之间的对应关系相对简单，即 1 口注气井对应多口生产井。通过控制某口生产井产出气量，就可以控制火线向该生产井的推进速度。这在矿场实施起来目标和措施明确，实施的效果也很容易被验证。面积井网火驱的注采关系为多对多模式，如在五点井网模式下，一口注气井对应周围 4 口生产井，同时一口生产井也对应着 4 个方向上的 4 口注气井。反九点井网的对应关系更复杂。无论采用油藏工程方法[3]还是跟踪数值模拟方法[4]预测火线前缘位置，都需要对单井注气量 / 产出量进行合理劈分。鉴于油层的非均质性和前期注蒸汽过程中所形成的次生非均质性，目前还没有准确可靠的劈分方法。这在客观上造成了火线形状及展布难以准确预测。火线预测不准，调控就无从谈起。退一步说，即使可以确定当前火线展布的形状和前缘位置，对其进一步调控又存在两难的局面，因为火线的推进具有单向性和不可逆性，对某口生产井来说，无论是增大还是减少排量都不可能兼顾到周围 4 个井组的火线调控。

二、面积井网火驱开发特征及比较优势

与线性井网火驱不同，面积井网火驱所有生产井的生产周期均与全油藏或全区块的生产周期同步。从各井组的中心注气井点火时刻开始，全油藏即进入火驱开发阶段。当火驱突破到生产井时，生产井关井、火驱开发结束。尽管受平面非均质性等影响，各生产井遭遇火驱突破的时间有所先后，但完全不同于线性井网条件下的井间 / 区间接替。与线性火驱相比，面积火驱在以下几个方面具有优势：

（1）火驱阶段累计空气油比（AOR_C）低。空气油比（AOR）是衡量火驱开发效果的一个关键经济指标，指的是每生产 $1m^3$ 原油所要消耗掉的标准状态下的空气量，单位为 m^3/m^3。

在火驱项目中，注空气的费用一般要占到总运行成本的50%、操作成本的70%～80%。火驱项目的空气油比越低，意味着火驱生产效率越高、经济性越好。无论是面积井网火驱还是线性井网火驱，其生产井突破关井时对应的累计空气油比可以通过式（4–1）计算：

$$\mathrm{AOR_C} = \frac{A_0 V_1}{\phi\rho_o S_o V_1 \eta_o + \phi\rho_o \left(S_o - S_{or3}\right) V_3} \tag{4–1}$$

式（4–1）中，分子是火驱突破时已燃区消耗的总的空气量，A_0 是实验室测定[5-6]的燃烧带扫过单位体积油砂所消耗的空气量，m^3/m^3。V_1 为已燃区体积，m^3。分母第一项是已燃区贡献的累计产油量，第二项是剩余油区贡献的累计产油量。仍以新疆油田红浅1试验区为地质原型，并假设两种井网的纵向波及系数均为100%。考虑到火驱开发是在注蒸汽开发基础上进行的，其火驱初始含油饱和度 S_o 为注蒸汽后的地层平均剩余油饱和度51%。实验室测定火驱驱油效率 η_o=90%，空气消耗量 A_0=245m^3/m^3，则根据式（4–1）计算面积井网火驱时累计 $\mathrm{AOR_C}$=1720m^3/m^3，线性井网火驱（1排注气井 +5排生产井）的 $\mathrm{AOR_C}$=2111m^3/m^3。线性火驱空气油比比面积火驱大约要高20%。式（4–1）中对 $\mathrm{AOR_C}$ 的计算没有考虑已燃区内的空气滞留量（这部分空气虽必需注入但不参与燃烧反应），如果考虑这部分空气的话，两种井网所对应的累计空气油比差异更大。可见线性火驱较高的平面波及系数、较大的理论采收率是以较大的单位空气消耗为代价取得的。不考虑最终采收率因素，仅从操作成本角度看，面积井网火驱生产阶段的经济性要好于线性井网。

（2）火驱阶段油藏总的采油速度高。线性火驱对于单井或一个条带的开发速度高，但对于整个区块来讲，由于不同时间段内处于有效生产阶段的井数少，故对于整个油藏来讲，其采油速度较低。面积井网火驱从开发初始阶段就整体动用所有注、采井，因此油藏总的采油速度较高。经油藏工程测算，注蒸汽稠油老区转火驱开发，一般可在注蒸汽基础上提高采收率25%～40%[7-8]。面积井网火驱一般可生产10～15年，采油速度在1.5%～3.5%，线性火驱（设5排生产井）一般要生产15～20年，采油速度在1.0%～2.0%。面积井网火驱可以提高采油速度的另一个原因是采注井数比大，尤其是采用反九点井网时，采注井数比达到3。这对于地层原油黏度较大并且经历了前期蒸汽吞吐后地层压力有大幅度下降的油藏来说[9-12]，较多的采油井数可以克服单井排液能力不足的影响，最大限度提高生产能力。国内稠油油藏蒸汽吞吐后转蒸汽驱开发，把保证采注比作为一项基本原则并普遍采用反九点井网，原因也正在于此。线性井网尽管1排注气井可以对应下游5排以上的生产井（采注井数比可以达到5以上），但矿场实践证明，在地层原油黏度大于10000mPa·s时，火驱有效作用范围只有1～2排生产井，有效采注井数比在2以下。Suplacu油田地下原油黏度在5000mPa·s以下，印度的Balol油田地下原油黏度在200mPa·s以下，这种情况下线性井网火驱有效采注井数比可以达到3～4，与反九点面积井网相当。

（3）在稠油老区实施火驱能有效降低地质及油藏管理风险。国内稠油油藏多为河流相沉积，油层内砂体叠置关系较为复杂，一个小层内往往发育规模及数量不等的多个侧积体（面），客观上形成了多个流动单元。在线性井网条件下，注气井单方向驱替、生产井单方向受效。火线在向生产井推进的过程中，一旦遇到泥岩侧积面所形成的渗流屏障，就会降低火线的纵向及平面波及系数，降低其下游生产井火驱效果，甚至可能导致下游生产井长期不见效。采用面积井网时，生产井多向受效，当一个方向推过来的火线被部分或全部遮挡后，其他方向未必发生这种情况，通常该生产井仍能见效。从这个角度看，面积井网能有效降低和避免这种方向性遮挡带来的地质风险。另外，线性火线前缘一旦形成后，地下整个空气腔将连成一片，所有注气井注入的空气都将进入总的空气腔中。这样有一个好处是，任何一口注气井不能有效注气时，可以通过其他注气井进行代偿，理论上只要保证总注入速度满足要求即可。但同时这也加大了油藏管理的风险——当任何一口注气井出现了套损、管外固井失效等情况，导致空气向非目的层窜漏时，整个空气腔的气体都会窜出，所有注气井及其周边正在生产的油井都会受其影响。由于多个注入井同处于一个气腔，有时甚至无法判断气体到底是从哪口井窜出的。印度 Balol 油田火驱过程中就发生过这样的情况。其火驱注气井排为处于构造高部位的老井，这些老井采用了非热采完井方式且经历了较长时间的水驱生产，在点火注气三四年后，有几口注气井出现了套损，注入空气进入了目的层上面的水层。尽管此后在工程上采取了一些补救措施，仍无法避免空气窜漏。随后陆续关闭了一批注气井，仍不能彻底解决问题。最终决定废掉原来注气井排上的所有老注气井，重新打一批新井并采用热采完井方式强化固井。一个 20×10^4t/a 规模的火驱项目被迫中断数年。在面积井网火驱过程中，地下各个已燃区是以各自注气井为中心的相互独立的近似圆形的区域。即使进入了火驱开发末期，各已燃区（空气腔）之间仍没有联通。因此即便出现了某口注气井套损、空气向非目的层窜漏的情况，修井作业前的关井，其影响范围也只限于该井组本身，对其他井组影响不大。

第二节　井距及注采参数优化

一、面积火驱模式下的井网井距

国内稠油注蒸汽（含蒸汽吞吐和蒸汽驱）井网多为正方形反九点井网，初始井距一般为 150～200m。受蒸汽在油藏中加热半径限制，为了提高平面动用程度，蒸汽吞吐后往往要经过多次加密调整，每加密一次井距缩小为原来的 70.7%。目前国内蒸汽吞吐稠油油藏的井距大多在 70～100m[13]。在这个基础上转入火驱开发，应充分考虑并利用现有井网条件。根据油藏地质条件和前期注蒸汽井网条件的差异，转火驱后会有不同的井网选择。

1. 注蒸汽后井距达到 100m 的正方形井网

当油层厚度较大、油藏埋深较浅（≤800m）时，可以考虑将该井网加密至 70m。加密后将新井做为点火 / 注气井，形成分阶段转换的面积火驱井网——每个阶段均为正方形五点井网，井网面积逐级向外扩大。如图 4-1（a）所示，火驱过程经历三次井网转换，三个阶段的注采井距分别为 70m、100m 和 140m。根据数模计算结果，当注采井距大于 140m 以后，从注气井到燃烧带前缘压力损失较大，且地面注气能力、单井吸气能力往往难以满足火线前缘对氧气的要求。因此，上述转换很难继续到 200m 井距。理论上，这种井网形式更适合于平面上渗透率各向同性的油藏条件。对于平面上存在方向渗透率的油藏，可以选择图 4-1（b）所示的五点 + 斜七点的面积井网 [图 4-1（b）中水平方向为平面高渗透率方向]。在火驱初期为注采井距 70m 的正方形五点井网，后期转换为注采井距 100m 和 140m 的斜七点面积井网。

如果储层和埋深条件较差，经济上不允许打更多加密井，则可以考虑选择图 4–1（c）所示的包含二次转换的五点井网［与图 4–1（a）和（b）相比新井数量减少一半］；也可以完全不打新井直接在老井基础上点火、注气，形成如图 4–1（d）所示的正方形井网——初期注采井距 100m，后期注采井距 140m。

抛开经济因素，仅从驱替效果上看，图 4–1（a）给出的井网火驱效果最好。首先，70m 的注采井距可以确保一线生产井在较短的时间见效；其次，多次井网转换且每次转换都与上一次错开 90°，可以最大限度保持燃烧带前缘以近似圆形向四周推进，从而获得最大的波及体积和最终采收率。相比之下图 4–1（c）虽然也经历了二次井网转换，但两次转换间没有错开角度，火线推进过程中容易形成舌进，相邻两口生产井间容易形成死油区。而图 4–1（d）则由于注采井距较大，一线生产井见效的时间相对滞后。此外将注蒸汽老井作为注气井，由于近井地带含油饱和度低加之老井井况条件差等原因，在点火和防止套管外气窜等方面也存在一定风险。图 4–1（b）在平面上各向同性条件下驱替效果要比图 4–1（a）稍差，但对于存在方向渗透率的情况，能取得较满意的驱替效果。

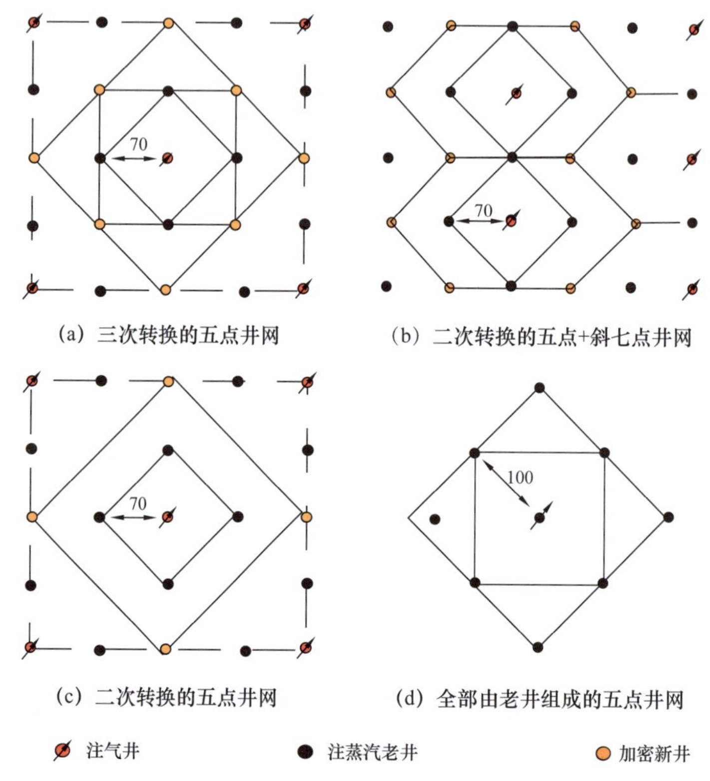

图 4–1　面积驱替模式下的火驱井网

2. 注蒸汽后期井距达到 70m 的正方形井网

当注蒸汽后期注采井距已经达到 70m 时，转火驱开发过程中一般不能再打加密井。通常可以选择图 4–1（a）（图中新井此时为老井）和图 4–1（b）所示的井网进行分阶段转换井网火驱。这时着眼点是对老井井况进行调查，特别是作为火驱注气井的老井，要确保套管完好、管外不发生气窜。必要时要进行修井或打更新井。

二、线性火驱模式下的井网井距

线性火驱模式通常对应着两种线性井网——线性平行（正对）井网和线性交错井网。在规则的线性井网中，一排注气井的井数与一排生产井的井数相等。线性平行井网中注气井排各注气井与生产井排各生产井正对，线性交错井网中注气井排与相邻生产井排互相错开，而与隔一排生产井正对。

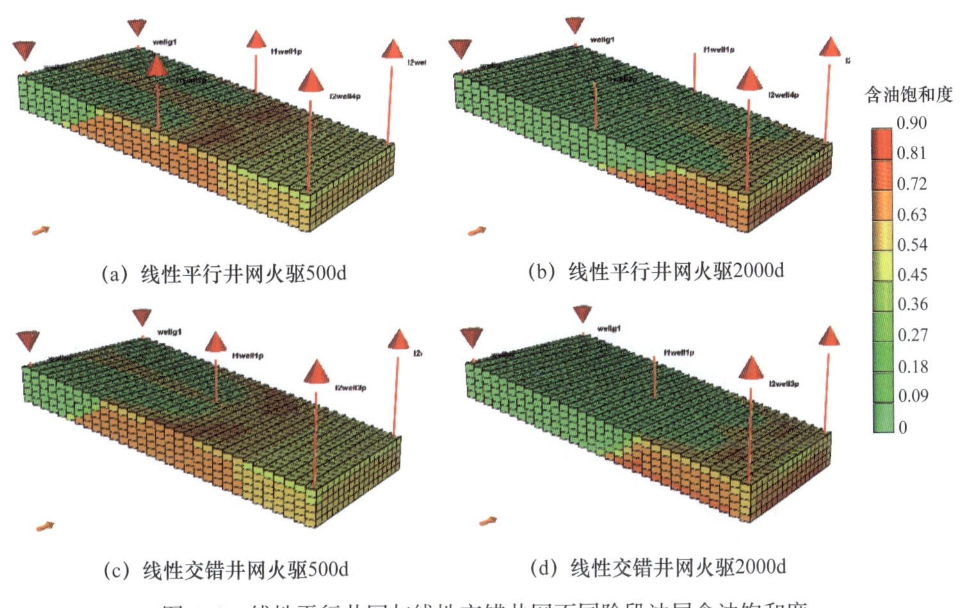

(a) 线性平行井网火驱500d　(b) 线性平行井网火驱2000d

(c) 线性交错井网火驱500d　(d) 线性交错井网火驱2000d

图 4-2　线性平行井网与线性交错井网不同阶段油层含油饱和度

图 4-2 给出了两种线性井网（井距 100m、排距 100m）火驱不同阶段的油层含油饱和度分布对比。可以看出，无论是线性平行井网还是线性交错井网，当燃烧带推进到第一排生产井之前，相邻两口注气井之间均存在条带状剩余油。当燃烧带推进到第二排生产井时，线性交错井网下燃烧带前缘的形状更接近直线，而线性平行井网下燃烧带出现明显的舌进，相邻两口生产井间有明显的尖状剩余油分布。也就是说，线性交错井网更有利于注气井间燃烧带提前连通，有助于火线前缘平行于井排推进。鉴于此，矿场选择线性火驱模式时应优先考虑线性交错井网。

三、注气速度

1. 面积井网注气速度

在面积井网火驱模式下，中心注气井的注气速度应随着燃烧带的扩展而逐级增大。但随着火线推进半径和注气速度的增大，注气井口（或井底）压力也会增大。根据室内三维实验燃烧带波及体积及火线推进速度，结合国外矿场试验结果，假定最大燃烧半径时火线最大推进速度为 0.04m/d（超过这一速度容易形成“火窜”），则正方形五点井网中单井所允许的最高日注气量 q_M 可以依据式（4-2）计算：

$$q_M = 0.12ahV_R \tag{4-2}$$

式中 a——注采井距，m；

h——油层厚度，m；

V_R——燃烧单位体积油砂所需空气量，m^3/m^3。

根据长管火驱实验结果，取单位体积油砂耗氧量为 $322m^3/m^3$，油层厚度为 10m，则当五点井网注采井距为 70m、100m 和 140m 时，由式（4–2）计算的中心井最大注气速度分别为 $27048m^3/d$、$38640m^3/d$ 和 $54096m^3/d$；对规则的反七点或反九点井网，对应的中心井的最大注气速度可在式（4–2）基础上分别乘以 1.5 和 2。

为了获得最大的产油速度和最短的投资回收期，通常希望燃烧带前缘推进速度越快越好。这时就需要加大注气速度，但注气速度过大容易造成火线舌进，降低平面波及效率。同时注气速度还要受到地层吸气能力、生产井排液（气）能力以及地面对产出流体的处理能力的限制。矿场实践中，在注气条件允许的情况下，可以在最大注气速度 q_M 以下选择最佳注气速度。

2. 线性井网的注气速度

对于线性井网，根据罗马尼亚和印度的矿场实践[14-16]，平行火线日推进速度最高可以达到 10cm。这时单井允许的最大注气速度可以由式（4–3）计算：

$$q_{ML} = 0.1LhV_R \tag{4–3}$$

式中 L——相邻两口注气井间距，m。

仍取单位体积油砂耗氧量为 $322m^3/m^3$，油层厚度为 10m，当相邻两口注气井间距为 100m 时，单井最大注气速度为 $32200m^3/d$。矿场试验中应在此注气速度以下优化实际注气速度。

表 4–1 通过数模给出了井距 140m 排距 70m 线性交错井网不同注气速度下开发指标的对比。随着单井注气速度的增大，第一排生产井见效时间、达到峰值产量的时间越早，但有效生产时间减少，累计产油量和采收率也有下降趋势。累计空气油比则先降后升。通过对比认为，单井最佳注气速度为 15000～$20000m^3/d$。

表 4–1　线性交错井网不同注气速度下开发指标

单井注气速度 m^3/d	第一排生产井 见效时间，d	有效生产 时间，d	累计产油量 t	第二排生产井寿命期结束 时采收率，%	累计空气油比 m^3/m^3
10000	630	5965	21482	69.6	2807
15000	410	4034	21769	70.5	2756
20000	300	2530	19623	63.5	2578
25000	240	2280	19916	64.5	2862
30000	210	1970	18955	61.4	3123

四、地层压力保持水平

稠油油藏注蒸汽后转火驱过程中，注采井间可能存在着错综复杂的高含水饱和度渗流通道。在这种情况下很难通过理论方法预测注气压力（井口或井底），通常只能通过点火前的试注来确定。实践表明，以注气井为中心的空气腔的平均压力基本可以代表地层压力。从室内火驱实验看，这个压力维持在一个较高的水平上，可以确保燃烧带具有较高的温度，实现充分燃烧和促进燃烧带前缘稳定油墙的形成，这对改善火驱开发效果具有重要意义。矿场实践中一般通过控制生产井排气速度来调控地层压力。对于注蒸汽开发过的油藏，火驱前地层压力往往大大低于原始地层压力。转火驱后地层压力可以维持在原始地层压力附近，当油藏埋藏较深时，可维持比原始地层压力较低的压力水平。

五、射孔井段及射孔方式

通常，为了遏制气体超覆提高油层纵向动用程度，注气井往往要避射上部一段油层，生产井也是如此。数值模拟计算表明，对于油层厚度低于10m的油藏，注气井油层段全部射开与中下部射开的火驱开发效果相差不大，并且注气井油层段全部射开，有利于点火和提前见效；对于生产井来说油层段中下部射开时开发效果要好于全部射开。考虑到线性井网中的生产井在氧气突破后要转为注气井，因此建议注气井和生产井采用相同的射孔方式，适当避射油层顶部1～2m，并在整个射孔段采用变密度射孔方式——从上到下射孔密度逐渐加大。

第三节 多层火驱开发模式

一、多层火驱技术面临的挑战

火驱常用的点火方式有电加热器点火、天然气点火器点火、化学催化点火[17]等。电加热点火器因其采用连续油管作业，可以多次充分使用并具有较高的安全性，是目前国内应用最广的点火装置。电加热点火器通常放置在油管中，油管出口和加热器的尾端刚好处于火驱目的层的上方。采用油管注气，通过调节加热器的加热功率，可以使油管出口端的空气被加热到地层原油的着火点之上，这样的热空气进入油层就可将其点燃。对于单层油藏来说，在点火器不发生故障的情况下，这种点火方式点火成功率很高。多层油藏，是由纵向上多个相互隔开的油层叠置而成。对纵向上多个油层实施大跨度点火，就会面临以下问题：

（1）纵向上各个小层吸气温度不一致，点火温度控制可能面临两难境地。多层油藏通过油管笼统注气点火。多层油藏往往在纵向上跨度较大，最上部的小层距离点火器尾部最近，因而吸入的空气温度最高也最容易被点燃。而下部的小层吸气温度可能低于油层的着火点。为此须加大点火器功率，使油管出口空气温度远高于着火点，但这又可能对上部油层段的套管造成额外伤害。

（2）点火过程可能面临频繁的井筒燃烧。在点火之前一般都要对井筒进行清洗，确保油管与套管的管壁及环形空间内没有原油残留，因此正常情况下燃烧只发生在水泥环之外的地层中，井筒内不会发生燃烧。但对于纵向上跨度较大的多层油藏，如果存在前期注蒸汽过程中基本没被动用的小层，其含油饱和度接近初始含油饱和度，在注气压差不够大的情况下，容易造成热空气自该小层上部射孔孔眼进入，而将该小层中一部分原油从它的下部射孔孔眼“钩回”井筒中，从而造成井筒燃烧。在矿场实践过程中曾经多次遇到过注气井在点火期间发生井筒燃烧的情况。例如在对吐哈油田某超深层稠油油藏 YS3 井点火过程中就发生了井筒燃烧。在内蒙古某油田 MX 井火烧吞吐试验[18]的点火过程中也出现过井筒燃烧并导致油管和套管损坏的情况。

（3）分层注气 / 点火工艺目前尚不成熟，难以满足矿场需要。近些年来，随着火驱技术矿场应用规模的不断扩大，工程领域的专家一直努力攻关分层注气 / 点火工艺。对于多层油藏，分层注气要解决的核心问题是通过注气井向两套以上的地层提供两种以上的注气压力（压差），最简单有效的方法是地面上能提供两套以上的独立注气系统。其他如井下机械节流等方法都不能很好解决分层定量控制注气量（速度）问题，更谈不上长期有效分层。

在油藏工程设计方面，基于对火驱本质特征和开发基本规律的认识，火驱油藏工程设计应当秉持这样几个原则：一是贯彻火驱是末次采油的技术理念，火驱开发的油藏工程方案要能够获得足够高的预期采收率；二是坚持高温氧化（燃烧）的火驱地下反应模式，以期获得最大的驱油效率、平面波及系数、纵向波及系数；三是火驱各个生产阶段的注气能力必须满足持续的高温氧化反应模式的需要，注气强度必须超过燃烧带持续推进所要求的下限注气强度。对于多层油藏，各小层在纵向上存在非均质性，先期注蒸汽开发过程中往往会放大这种非均质性，使纵向上动用不均衡，后期火驱过程可能会进一步放大这种纵向动用不均衡。即使在点火阶段，各个小层都满足了着火所需要的三个条件——氧气、燃料、温度（着火点），都能被成功点燃。但对于那些储层物性差、原油黏度大、注蒸汽过程中基本没有被动用的小层，燃烧带推进过程会严重受制于油墙的阻挡作用，导致其推进速度缓慢。而那些物性好、原油黏度低、注蒸汽过程动用好的小层，油墙形成较慢且阻挡作用弱，这些小层的燃烧带推进很快。这可能带来两方面后果：一方面在单井注气速度或者说平均注气强度一定的情况下，燃烧带推进速度快的小层会对推进缓慢的小层产生“虹吸效应”，使燃烧带推进快的小层吸气能力进一步加大，造成单层突进。另一方面，那些燃烧带推进缓慢的小层吸气能力进一步减小，最终燃烧带推进速度可能达不到下限推进速度（0.038 m/d），导致这些小层燃烧带熄灭、火驱过程终止。多个油层间的“虹吸效应”让火驱油藏工程设计往往顾此失彼，难以全面贯彻火驱开发基本理念，实现最终采收率目标。

在油藏动态管理方面，相比于其他开发方式，火驱开发机理更为复杂。随时掌握燃烧带前缘的展布动态并对其进行有效调控，是火驱开发取得成功的关键。目前对燃烧带前缘展布动态预测的最有效、性价比最高的方法是油藏跟踪数值模拟[4]。油藏跟踪数值模拟能够做好的一个前提，是能够准确知道每口井的注气量、产液量和产气量。对于面积井网，由于注采井并非一一对应，注气量、产液量和产气量都要进行劈分。对于多层油藏，上述参数还要在小层间劈分。由于不可能有足够的监测数据，这种劈分的准确性很难保证。如果不能通过跟踪数值模拟较准确地预测各小层中燃烧带前缘的位置和展布，油藏动态调控也就无从谈起。

火驱矿场管理的另一关键是对地下燃烧状态的识别和判断。矿场实践中主要通过对各生产井产出气体组分的分析来判断地下燃烧状态。对于多层油藏来说，即使地层中发生了燃烧带的平面缺失和纵向上的单层熄灭，但因为燃烧带并没有完全消失，剩下的部分燃烧带及其前缘仍然处于高温氧化状态。因此这时的产出气体组分并不能反映出地下燃烧状态的全貌。

二、多层油藏火驱开发模式探讨

1. 开发层系

多层油藏的层间差异性决定了划分开发层系的必要性。火驱开发层系的划分，不仅要考虑矿场地质因素、生产动态因素、技术工艺因素及经济因素，还要体现火驱本质特征和生产规律，具体包括：（1）要充分体现末次采油的开发理念，一次性最大限度提高波及体积和提高储量动用程度；（2）要确保同一层系的各个小层在火驱开发全过程都能保持高温氧化模式，必要时要对前期注蒸汽开发动用程度过高的小层实施封层作业，对物性及含油性差的小层予以舍弃；（3）划分为多套层系时，每套层系对应的总的油层厚度应大致相当，这有利于在接续开发过程中使产量和地面注气硬件设施规模均保持相对稳定，有利于油田全生命周期优化规划部署；（4）层系划分过程中要考虑到目前的点火工艺、分层注气工艺及其未来相当一段时间的发展水平，尽可能选择成熟度高、可靠性好的工艺以降低工程风险[19]。

从确保全目标层段点火成功率并降低后续层间熄灭风险的角度，目标层段总的跨度不宜超过 30m，油层累计厚度不宜超过 20m。从遏制燃烧带超覆最大限度提高纵向波及系数的角度，单层厚度也不宜超过 20m[20]。如果纵向上存在 15m 左右的小层，应优先考虑将该小层做为独立的开发层系。

很多学者可能会质疑，油层厚度缩短后会不会影响火驱井组的产量。这里以一个直井面积井组为例，探讨火驱井组产量的决定因素。根据物质平衡原理，在火驱的稳产阶段，其生产井的日产油量（q_o），等于当日燃烧带向前驱扫过的区域（ΔV）内被赶出来的油量：

$$q_o = \Delta V \phi \left(S_{oi} - S_{or}\right) = \frac{q_a}{A_o} \phi \left(S_{oi} - S_{or}\right) \tag{4-4}$$

式中　q_o——日产油量，m^3；

q_a——日注入空气量，m^3；

S_{oi}——火驱前地层含油饱和度；

S_{or}——火驱过程中烧掉的燃料（焦炭）所折算的含油饱和度。

由式（4–4）很容易推导出空气油比（AOR）：

$$\mathrm{AOR} = \frac{q_a}{q_o} = \frac{A_o}{\phi \left(S_{oi} - s_{or}\right)} \tag{4-5}$$

AOR 是衡量火驱生产效率的一个关键指标，指的是向地层中注多少立方米空气才能采出 1m^3 油。对于一个特定油藏，式（4–5）中 A_o、ϕ、S_{oi}、S_{or} 都是定值，因此 AOR 也是定值。在罗马尼亚 Suplacu 油田，火驱开发 30 多年的时间里，其 AOR 长期稳定在 2700m^3/m^3 上下。在印度 Balol 油田专门做过矿场试验，通过改变注气井的注气速度，来观察对应生产井的日产量。上百组数据显示，尽管注气速度范围从 100000m^3/d 变化到 600000m^3/d，但 AOR 基本恒定在 1500m^3/m^3 左右。在新疆油田红浅 1 井区火驱先导试验区，在注气井点火 18 个月后进入稳产阶段，矿场 AOR 一直稳定在 2700m^3/m^3 左右。Suplacu 油田是在原始油藏上进行火驱，平均油层厚度为 10m。Balol 油田是在天然水驱之后高含水阶段进行火驱，平均油层厚度为6.5m。红浅1井区先导试验区是在蒸汽吞吐和蒸汽驱之后进行火驱，平均油层厚度为8m。尽管火驱项目所面临的前期开发历程及采出程度不同，油层厚度也不同，但最终实现了长时间稳产且火驱稳产阶段AOR基本保持不变。这就意味着，对于具体油藏来说，火驱稳产期的日产油量取决于注气速度，不取决于油层厚度。

2. 纵向开发程序选择

多层油藏的开发程序一般包括平面开发程序和纵向开发程序。目前火驱主要用于注蒸汽开发稠油老区，因此这里讨论的开发程序主要指纵向开发程序。合理的开发程序应该立足于最大限度利用现有的注蒸汽井网系统，并能以较少的措施工作量、较低的工程风险完成火驱开发全过程。矿场实践表明，很多井在注蒸汽开发过程中出现了不同程度的套管损坏，有的甚至无法修复需要侧钻或打更新井。对于多层油藏，在蒸汽吞吐过程中，为了提高蒸汽热利用率、降低热损失、提高单井产量，相当多的油井采用大井段射孔、全部打开油层笼统注汽。有些井针对层间动用不均衡的问题，采用了分层注汽。但在注汽和采油过程长期的热物理和热化学作用下，原先用于实施分层的井下工具与井筒已经无法在保证井筒完整性的前提下实现有效分离。对于多层油藏，纵向开发程序可以是自下而上、逐层上返，也可以是自上而下、逐层下返。两者都是通过层间接替实现长期稳产。面对稠油老区注蒸汽后的复杂的油藏及井筒情况，无论采用哪种开发程序，都可能面临一定的工程风险。

第一种，自上而下的火驱开发程序。立足于注蒸汽老井井网的情况下，其过程为：（1）在注气端和生产端将上面第一套层系以下的油层及井筒全部封堵，对最上面第一套层系实施火驱开发；（2）第一套层系的火驱全过程走完后，从注气端和生产端封闭该层系。注意，此处可能存在上层系注气端封闭不严的风险；（3）从注气井和各生产井下钻，钻开到第二套层系下部，在所有井上对应第二套层系的位置上重新射孔，注意，此次射孔的孔眼会与注蒸汽期间的孔眼重叠，属于重复射孔，存在加剧套管损坏的风险；（4）在第二套层系实施火驱。依此类推，逐层下返。在对最下面层系实施火驱过程中，上面各层系可能封闭不严的风险是逐层叠加的。

第二种，自下而上的火驱开发程序。同样是立足于注蒸汽老井井网的情况下，其过程为：（1）从注气端和生产端一次性封闭最下面的层系之上的所有层系，这同样存在封闭不严的风险；（2）从最下面层系开始火驱；（3）最下面层系火驱过程走完后，再对该层系在注气端和生产端实施封层、封井段作业；（4）对自下面数第二套层系对应的注气井段、生产井段实施射孔，这也是重复射孔；（5）对自下面数第二套层系实施火驱开发。依此类推，逐层上返。

可见，在两种开发程序中都存在当前 火驱目的层以外层系封闭不严的风险，也都存在老井套管重复射孔加剧损坏的风险。为了最大限度降低这些风险，这里推荐在注气井的整个含油层段重新侧钻完井，并采用自下而上的开发程序。注气井重新侧钻完井后首先在最下面层系射孔，然后实施点火、注气、火驱开发（在确认注采端存在连续隔层的情况下，生产端可以不实施封层、封井段作业）。待最下面层系火驱完成后，从注、采两端封闭该层系和该层系对应的井筒段，再从注入井一端对第二套层系实施射孔、点火（生产端除了封闭最下面层段和井筒段外没有其他作业）。这样的逐层上返，虽然增加了开发初期注气井侧钻完井的费用，但总的施工费用却不一定增加，还可以有效避免注气井和生产井的重复射孔，降低非目的层段封闭不严的风险。

3. 注气强度的选择

依据式（4–6）和式（4–7）计算下限注气强度 $E_1(R)$、上限注气强度 $E_2(R)$，然后根据选择好的井网井距，采用本书推荐的方法计算出燃烧带前缘需要推进的最大半径 R_{max}。再根据 R_{max} 计算与之对应的下限注气强度 $E_1(R_{max})$，即面积井网火驱过程中的所应达到的注气强度上限。最后，结合层系（油层厚度）划分结果，计算出单井最大注气速度 $q_{a\,max}$，这个单井最大注气速度可以作为地面注气系统规模设计的依据。

$$E_1(R)=2\pi\left(\frac{A_0}{\eta}+\frac{\phi p}{z_p p_i}\right)\times 0.038R \tag{4–6}$$

$$E_2(R)=2\pi\left(\frac{A_o}{\eta}+\frac{\phi p}{z_p p_i}\right)\times 0.15R \tag{4–7}$$

式中　z_p——地层压力下空气的压缩因子；

A_0——通过室内实验测定的单位体积油砂消耗空气量，m^3/m^3。

在直井面积井网条件下，随着燃烧带前缘向前推进，保持前缘稳定燃烧所需要的注气量是逐渐增大的。鉴于此，这里推进单井注气速度设计采用台阶式提速方案，如图 4–3 所示。其中绿色的台阶线对应的就是一种推荐的火驱不同阶段的提速方案，在三角形的安全运行区间内，可以有多种台阶式提速方案。需要注意的是，在点火初期，注气强度（速度）安全运行窗口较小，对注气速度的控制要更加谨慎。后期注气强度安全窗口变大，注气速度的选择可以相对灵活。

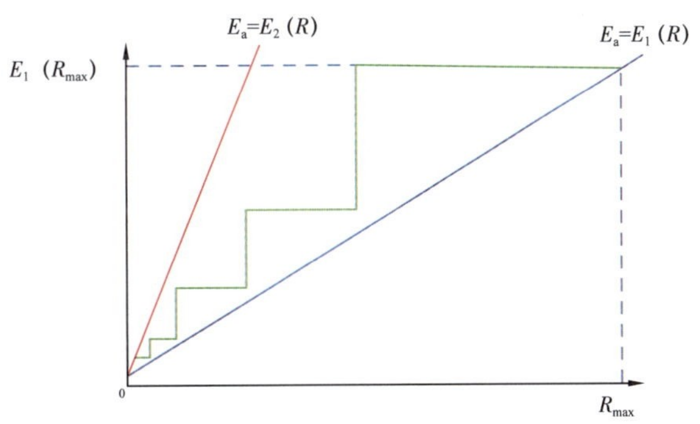

图 4–3　火驱过程中的台阶式注气提速示例

在设计台阶式注气提速方案时，图 4–3 中横坐标即火驱不同阶段的燃烧带半径 R 由式（4–8）计算得到：

$$R=\sqrt{\frac{Q}{\pi h\left(\frac{A_0}{\eta}+\frac{p\phi}{z_p p_i}\right)}} \tag{4–8}$$

三、稠油老区火驱井网选择应重点考虑的因素

1. 地质因素

油藏地质条件是火驱成败的首要因素。火驱井网选择应重点关注储层构造、沉积、砂体展布及叠置关系等。从国外早期的火驱矿场试验看，导致项目失败的地质因素主要包括油层连通性差导致的燃烧带推进和延展受限、储层封闭性差导致火线无法有效控制、地层存在裂缝等高渗透通道或者气顶引起的空气窜流等[1]。除此之外，在对井网选择时还应关注地层倾角、泥岩夹层及侧积层分布等。通常的经验是当地层倾角大于15°时，从最大限度利用重力泄油机理，遏制气体超覆、提高纵向波及系数角度考虑，应首选从高部位向低部位驱替（注气井排平行于构造等高线方向）的线性井网，但也不尽然。从新疆油田红浅火驱矿场试验看，沉积特征对火线推进方向和速度的影响远大于地层倾角的影响。沿着主河道方向火线推进速度是垂直于主河道方向火线推进速度的2倍以上。因此若采用线性井网，注气井排最好平行于主河道方向，以便于尽早实现注气井间的火线连片。在这种情况下，注气井排应位于主河道的中央，在注气井排的两侧均可部署生产井排（考虑到河道的宽度及侧积层等因素，生产井排数以2～4排为宜）。当然在河流相沉积条件下，基于同样的考虑（河道的宽度及侧积层）也可以采用面积井网。

2. 储层及流体物性

国内稠油油藏多为砂岩且胶结疏松，通常具有高孔隙度、高渗透率的特点，其储层物性一般不会成为火驱开发的强约束条件。能构成火驱开发的强约束是地层条件下的原油黏度。国外学者一般将火驱开发适用的油藏范围界定在地层原油黏度小于5000mPa·s[21]的油藏，这通常针对原始油藏，主要考虑到由于油墙的存在，高于此黏度会在注采井间产生较大的注采压差，甚至难以形成有效驱替（即所谓的“驱不动”）。在已经历过注蒸汽开发的稠油老区，在多轮次蒸汽吞吐后，老井附近含油饱和度及其视黏度大幅下降，有助于油墙的运移。新疆油田红浅火驱试验区13个注气井组地下原油黏度从10000mPa·s到20000mPa·s。矿场试验表明，即使是在黏度为20000mPa·s的hH013井组，也可以实现正常火驱生产，只是周边生产井见效的时间要相对滞后4～6个月。因此对于稠油老区转火驱开发，一般可将地层原油黏度上限放宽至20000mPa·s。特殊情况下，对原油黏度大于20000mPa·s的油藏，如采用火驱开发，应选择高采注井数比的面积井网（如反九点井网）并尽可能缩小井距，增加前期蒸汽吞吐轮次，以保证火驱过程中注、采井间的水动力学连通性，以实现有效驱替。值得注意的是，蒸汽吞吐对地下原油中的轻质组分具有抽提作用，经过多轮次蒸汽吞吐后，地下剩余油的黏度要大于原始黏度。在转火驱开发前，应重新取样测定原油黏度，为火驱开发井网选择提供依据。

3. 油价、已开发程度及现存配套设施

作为稠油老区提高采收率技术，火驱开发是否具有经济效益，很大程度上取决于前期已开发程度。前面已经论及，空气油比（AOR）是衡量火驱开发经济性的最关键指标之一，不同的油价对应着不同的经济极限AOR（表4–2第1列、第2列）。因此，在已知经济极限AOR的前提下，可依据式（4–1）反过来求取在不同的油价下油藏转火驱后能实现经济有效开发的剩余油饱和度下限。进一步，依据该剩余油饱和度下限，可以计算油藏转火驱

开发前的采出程度上限。将新疆油田红浅 1 试验区相关参数代入式（4–1），则对于面积井网井网，其油藏平均剩余油饱和度下限（S_o'）为：

$$S_o' = \frac{669.7}{\mathrm{AOR}} + 0.12 \tag{4-9}$$

对于线性井网（下游生产井为 3 排时），其转火驱经济有效开发的油藏平均剩余油饱和度下限为：

$$S_o' = \frac{963.5}{\mathrm{AOR}} + 0.04 \tag{4-10}$$

计算结果见表 4–2，低油价下转火驱开发，要求前期注蒸汽过程中的采出程度要低、平均剩余油饱和度要高。油价低于 30 美元 /bbl，原始油藏火驱或稠油老区转火驱均无法实现经济效益。在 50 美元 /bbl 的油价下，采用面积井网和线性井网（下游生产井为 3 排）火驱，要求油藏平均剩余油饱和度分别要大于 41.8% 和 46.8%，对应的已开发程度（采出程度）分别要小于 41.1% 和 34.1%，才能实现经济效益。在油价低于 80 美元 /bbl 的情况下，面积井网火驱要比线性井网火驱更具经济性，同时也能承受相对较高的前期采出程度。油价越低，面积井网的这种比较优势越明显。因此，对于已开发程度较高的稠油老区，在低油价下转火驱开发应优先选择面积井网。

表 4–2　不同油价对应的经济极限 AOR 与平均剩余油饱和度下限

油价 美元 /bbl	经济极限 AOR m^3/m^3	平均剩余油饱和度下限，%	火驱前上限采出程度，%
		面积井网 / 线性井网	面积井网 / 线性井网
30	1350	61.6/75.3	12.3/—
40	1800	49.2/57.5	30.7/19.0
50	2250	41.8/46.8	41.1/34.1
60	2700	36.8/39.8	48.2/43.9
70	3150	33.3/34.7	53.1/51.1
80	3600	30.6/30.9	56.9/56.5
90	4050	28.5/27.9	59.9/60.7
100	4500	26.9/25.5	62.1/64.1

在稠油老区进行火驱开发，应最大限度利用现有井网及地面相关配套设施。通常稠油老区现存注蒸汽管网及地面配套设施较完备，从地面条件上讲，火驱井网及其规模的选择自由度较大。火驱井网的选择应主要从油藏工程和经济效益（最终采收率、生产规模、采油速度、投资回收期）的角度考虑。对于经过多轮次蒸汽吞吐的稠油老区，井况是火驱开发及其井网选择应考虑的问题。应对油藏范围内所有井进行井况排查，并针对具体情况相应采取保留原井、修井、侧钻、打更新井等措施，以确保每口井的完整性。不同的

火驱开发井网以及各井在井网中所处的不同位置和角色，对应着不同的工程风险等级以及相应治理措施的等级。通常面积井网中的注气井、反九点面积井网中的角井对应着较高的风险等级，对井筒完整性及防腐等要求高，而线性井网中的生产井对应的风险等级则相对较低。

第四节　火驱筛选标准

一、影响火驱的地质因素

1. 油层连通性

火驱的过程，是一个连续向地层注空气维持前缘稳定燃烧的过程。在这个过程中，一方面要保证注入空气全部消耗在目的层中，另一方面要保证就地燃烧产生的烟道气能够顺利地从目的层的生产井中排出来。这就要求油层具有较好的连通性。在线性井网火驱过程中，要保证注入井排与生产井排之间地层具有较好的连通性。在面积井网火驱过程中，要保证注入井与周围所有生产井之间具有较好的连通性。对于国内油田多为河流相沉积的情况，在决定是否采用火驱之前，尤其要研究清楚储层的展布与井间的连通性。

2. 盖层封闭性

储层的连通性只是确保火驱过程连续进行的必要条件，盖层的封闭性也是火驱连续进行的必要条件。和任何介质的驱替过程一样，火驱要求注入的流体（空气）和产出的流体（烟道气）不要进入到目的层之外。与注水和注化学剂不同的是，火驱对盖层的封闭性要求更高。一般要求盖层至少分布着大于 5m 的连续泥岩隔层。

对于水平的无倾角油藏，气顶的存在对注空气项目来说是不利的，但对于自上而下的火驱项目来说，气顶将不是大的问题。另外，气顶内的含油饱和度将决定在该层内能否维持稳定的燃烧。对于自上而下的火驱来说，注入空气的侧向限制是一个值得关注的问题，因此部署注入井时必须考虑有利于空气向垂直方向流动而不是水平流动。

有气顶的情况下油田还面临这样的风险，火驱可能不适合作为一种提高采收率手段，因为火驱过程中产生的二氧化碳及氮气几乎可以肯定要污染到气顶。

3. 储层物性

这里所说的储层物性主要指的是储层的渗透性。相比于渗透率，储层的孔隙度对火驱的影响要小很多。储层孔隙度主要影响火驱过程中的燃烧沉积量，即与单位体积的消耗量。一般不会直接关乎火驱的成败。而储层渗透率可能关乎火驱的成败。因为随着燃烧带前缘的不断推进，其前缘要保证具备一定的通风（通氧气）强度以维持持续燃烧。低于这个通风强度，前缘高温氧化（燃烧）反应所放出的热量就会低于向地层的热损失量，氧化反应过程就无法持续。这就是说，在火驱过程中，注气井必须保证一定的注气速度。并且在面积井网火驱过程中，由于燃烧带前缘呈圆形向四周推进，中心注气井的注气速度必须随着燃烧半径的加大而加大，注气井的注气速度要有一个逐级提速的过程。在这个逐级提速过程中，注气压力一般会增大。如果储层渗透性不能满足要求，则逐级提速过程就难以实现。即当注气速度达到某一个值时，其注气压力超过了地面压缩机（站）的额定供气压力，使注气速度的提升受到限制。

火驱过程对储层渗透率要求的下限是多少？这个问题不能简单回答。这还要取决于地面的供气能力以及所采用的井网密度。当储层的渗透率较小时，一方面可以采用提高地面压缩机的供气能力的方法来保证所需的注气强度；其前提是注入压力不能高于地层的破裂压力。另一方面可以采用缩小注采井距，来降低一定注气速度下的注气压力，其前提是缩小井距的火驱一定要满足经济效益要求。

4. 流体性质

这里所说的流体性质主要是指地层条件（在地层的温度压力条件以及溶解气条件）下的原油黏度。原油黏度对火驱过程的影响与渗透率对火驱过程的影响类似。在产能公式的解析表达式中，储层渗透率和原油黏度是捆绑在一起的。储层渗透率在表达式的分子上，原油黏度在表达式的分母上。原油黏度越大，注气就越困难，火驱过程就越发难以持续。这个过程可以用有关“油墙”的理论来加以解释。当地层条件下原油黏度高于某一个值时，“油墙”中的压力梯度变得无法突破。正是这个原因，火驱油墙油必须在一定的黏度界限内，才能确保火驱进行下去。早期有很多学者以及美国能源部将这个黏度界限定为 5000mPa·s。从这个角度看胜利油田通过草桥、金家以及郑 408 块的火驱试验摸索，认为地层条件下原油黏度只要小于 10000mPa·s，就可以实现连续火驱。实际上这里仍然和注采井距有关。当注采井距足够小时，这个黏度界限就可以突破，问题是能不能满足经济要求。还有一种情况，火驱可以突破地层原油黏度界限，那就是在多轮次蒸汽吞吐基础上进行火驱。在新疆油田红浅 1 井区火驱试验中 100m 注采井距条件下，地层原油黏度接近 20000mPa·s，也实现了成功的火驱。这是因为经过了多轮次的蒸汽吞吐，注采井间已经形成或者接近形成水动力学连通状态，这时一方面地层温度有所提高，原油黏度变小，另一方面地层的次生水体的存在，使“油墙”堆积的规模受到限制，从而能够实现一定注气压力和注气强度下连续火驱。

5. 裂缝系统

通常地层中存在原始裂缝系统对火驱过程是不利的。在这种情况下，容易发生火线窜进或燃烧带前缘不稳定的情况，使火驱过程复杂化，难于监测和控制。类似地，对于进行了人工水力压裂的油井也不适合火驱。需要指出的是，在地层中由于注水和注蒸汽过程中形成的高渗通道对火驱不构成一定的不利。前面已经提及，由于油墙的形成，可以有效地封堵这些高渗通道，实现火线前缘相对均匀推进。但对于碳酸盐岩裂缝性油藏，一方面难以形成有效的“油墙”，另一方面即使是勉强形成了“油墙”，也不能形成对裂缝系统的有效封堵。

二、火驱技术使用时机

从火驱开发的技术特点看，火驱技术可应用于多种油藏类型和不同采油阶段，在某些情况下可能成为首选开发方式：不适合注蒸汽开发的深层、超深层稠油油藏；不适合注水、注蒸汽的水敏性油藏；注水开发后期的普通稠油油藏；蒸汽吞吐后期不适合蒸汽驱的油藏；注蒸汽效果差的薄层、薄互层稠油油藏；底水稠油油藏；水源缺乏地区的稠油油藏等。从使用时机角度看，火驱技术可以应用于原始油藏，作为一次采油方法使用。也可以应用于天然水驱后，作为二次采油方法使用。还可以应用于注蒸汽后作为三次采油方法使用。

1. 一次采油

罗马尼亚的 Suplacu de Barcau 项目使用了干式 ISC 工艺。该项目在一个很浅（＜180m）的油藏中在低压（＜1.4 MPa）下实施。原油的黏度相对较高，大约为 2000mPa·s。油藏位于罗马尼亚西北部，距 Oradea 镇 70km。油藏为潘诺尼亚（Panonian）组，由下伏结晶基底的成型形成。它为一个东西方向的背斜隆皱，轴向被 Suplacu de Barcau 主断层断裂，使油田的南面和东面受到限制。单斜的长度大约为 15km。在北面和西面，油田边界位于一弱水层之上。从东到西和从南到北，深度和厚度均增加。深度范围为 35～200m，厚度范围为 4～24m。油藏于 1960 年投产，溶解气驱是主要驱动机理，预计最终石油采收率为 9%。初始单井产量为 2～5m^3/d，但很快减少到 0.3～1m^3/d。

在 1963 年至 1970 年期间，在构造上部用 0.5ha[1] 的两个五点井组试验了 ISC 和蒸汽驱两种方法。紧接着，用这两种方法进行了由 6 个 2～4ha 毗连井组组成的半商业化开发试验。在半商业化工作基础上，决定于 1970 年用火驱工艺进行商业化开采。同时，为了预热位于火烧前缘附近但又不很靠近前缘的生产井，决定采用蒸汽吞吐方法引效。还决定把面积井网转换成行列井网。自 1979 年以来，线性火驱前缘一直平行于等深线沿构造向下传播。从 1986 年开始，这项工艺扩展到了油藏西部的新区域。空气注入井包括在长度超过 10km 的东—西行列中，一排中相邻两口井之间的距离为 50～75m。根据井的实际动态，计算的最终采收率为 55%。

该项目是世界上火驱项目中监测最完善的项目之一。在观察和生产井中获得了数百个油层温度剖面（BHT），其中有些位于油层上部的剖面出现了很高的峰值温度（约 600℃），清晰地显示了火驱工艺的分异性质。实际上，有些生产井已经经历了燃烧，因为大约有 15% 的生产井已经被新井替换。在已经燃烧的区域钻了许多取心井（12 口），并观察到在顶部附近燃烧掉了 5～7m，在下面有 7～10m 的油层虽没完全燃烧但已被火驱前缘加热。

2. 二次采油

印度的 Santhal 和 Balol 油田，是边水驱油藏。油藏具有一定的倾角，在油藏构造低部位边水的驱动下，边水从构造低部位向高部位逐步推进。油藏高部位的生产井含水率逐渐上升。当油田总的综合含水达到 80% 左右时，开始进行火驱。火驱从构造的高部位选择一排井作为注气点火井，实施线性火驱。火驱后实现了综合含水逐渐下降、产量稳步上升的过程。

Santhal 和 Balol 项目是在高压（＞10.3MPa）下实施的湿式火驱工艺，储层深度大约为 1000m。油的黏度中等，Santhal 油藏在 50～200mPa·s 之间，Balol 油藏在 200～1000mPa·s 之间。油藏为北北西—南南东（NNW—SSE）倾斜的构造—地层圈闭油藏。油藏的上倾被尖灭线所限，下倾被水油界面所限。油层为始新世时代的 Kalol 层。Kalol 层含有 3 个含油砂层：KS-Ⅰ、KS-Ⅱ和 KS-Ⅲ。上部砂岩 KS-Ⅰ拥有最大面积延伸；从顶部到底部，砂岩面积延伸减少。三个砂层似乎形成了一个水动力单元，因为初始油水界面是相同的，并且在约 40% 的面积中油井合采。盖层为 3～7m 厚的页岩。产层段是含有互层页岩、碳质页岩和煤的松散砂岩。储层的独特性质是，煤和含碳物质存在于相邻页岩地

[1] 1ha＝10000m^2。

层和（或）油层中。在油层中，有分散煤（黑色颗粒和厘米级的叠层）存在，又有几米到井距延伸的煤和含碳物质会存在。煤层的厚度通常在产层外较大，从产层内的0.2m到产层外的几米。

到1991年为止，在火驱商业化应用之前，Santhal和Balol的含水为60%～75%。Balol的油井产量为3～6m^3/d，Santhal为5～10m^3/d。Santhal和Balol油藏的静压力到目前为止几乎都不变。这证实存在一个大的水体，并且油仍然处于泡点压力之上。Santhal的储层在初始条件下的表现已经很好地了解了，该油田到1991年为止拥有17年的过往动态。在93口活跃的油井中，有56口产自KS-Ⅰ，有3口产自KS-Ⅱ，其余的产自2层或3层合采井。Balol的钻井总数几乎与Santhal相等。

1990年在Balol开始了ISC试验，使用2.2 ha的反五点井组。后来通过钻4口新井将面积扩大到9 ha。然后，在初始井组的北面添加了第二个ISC井组。到1995—1996年，在这两个井组有利动态的基础上，决定用ISC进行Balol的商业化开采；这开始于1997年，并且从一开始就采用了上倾边缘行列驱。在Santhal，在一个位于油田北部的反五点井组中用几年时间试验了火驱工艺（Santhal阶段1）。商业化开发的最初设计是面积井网火驱。后来，根据Santhal阶段1和相邻Balol油藏的ISC经验，改变了最初的决策，使其向有利于（现在正在作业的）上倾边缘行列驱方向发展。商业化开采也于1997年开始。

在Balol和Santhal均进行了湿式火驱试验，然后进行了商业化应用。水空气比在0.001～0.002m^3/m^3之间，空气和水的注入是以交替方式进行的（非同时注入）。湿式燃烧有助于缓解火驱前缘中较高的峰值温度，使燃烧气体中H_2S浓度降低。H_2S在燃烧气体中的百分比在100×10^{-6}～1500×10^{-6}范围内，峰值高达4000×10^{-6}。目前，Balol的空气/水注入井在北—南线的伸展超过12km，在Santhal超过了4.6km。

3. 三次采油（注水及注蒸汽后提高采收率）

新疆油田红浅1井区是在注蒸汽采出程度接近30%的基础上实施的火驱。红浅1井区火驱试验目的层J_1b组为辫状河流相沉积，储层岩性主要为砂砾岩。平均油层有效厚度8.2m，平均孔隙度25.4%，平均渗透率为720mD。油藏埋深550m，原始地层压力6.1MPa，原始地层温度23℃。地层温度下脱气原油黏度9000～12000mPa·s。地层为单斜构造，地层倾角5°。在火驱试验前经历过多轮次蒸汽吞吐和短时间蒸汽驱。其中蒸汽吞吐阶段采出程度25.6%，蒸汽驱阶段采出程度5.1%。注蒸汽后期基础井网为正方形，井距100m。由于注蒸汽开发后期的特高含水，火驱试验前该油层处于废弃状态，所有生产井均已上返开采。数模历史拟合结果表明，经过多年注汽开发，油层平均含油饱和度由最初的0.71下降到目前的0.51左右，其中近井地带30m左右范围内的剩余油饱和度为0.2～0.4。

火驱试验区选在避开断层且储层物性较好的一个长方形区域。矿场试验方案的要点包括：（1）在原注蒸汽井网老井间钻新井将井距加密至70m；（2）点火/注气在新井上进行，点火温度控制在450～500℃；（3）初期选择平行于构造等高线的3个井组进行面积火驱，待3个井组燃烧带连通后改为线性火驱，使线性火驱前缘从高部位向低部位推进；（4）自始至终采用干式注气方式；（5）面积火驱阶段逐级将单井注气速度提高至40000m^3/d，线性火驱阶段单井注气速度为20000m^3/d；（6）注气井油层段采用耐腐蚀套管完井，采用带气锚泵举升。数值模拟预测面积火驱 4 年，阶段采出程度 15%；线性火驱开采 6 年，阶段采出程度 18%。累计提高采收率 33%，最终采收率达 63%。

综上，火驱作为一种开放方式，可以应用于油藏开发的不同阶段。其具体应用的时机应与油藏条件、油藏开发历史、地面基础条件、各种技术成熟度以及油价等因素结合，统筹考虑决定。

三、火驱技术的油藏筛选标准

国内外许多学者依据火烧油层驱油开发实践提出了各自的认识，并总结出了适合火烧开发的油藏筛选标准。表 4–3 和表 4–4 给出了不同油藏的火驱开发筛选标准。

表 4–3　国外不同稠油油藏火烧油层筛选条件

油田	深度 m	厚度 m	原油黏度 mPa·s	渗透率 mD	孔隙度 %	饱和度 %	ϕS_o	y
MidwaySunset（美）	732	39.3	110	1575	36	75	0.27	1.35
Suplacu（罗马尼亚）	76	13.7	2000	2000	32	78	0.25	0.95
Belleven（美）	122	22.6	500	500	38	51	0.19	1.36
Miga（委内瑞拉）	1234	6.1	280	5000	23	78	0.18	0.84
Midway Sunset（美）	290	11.3	44000	21000	39	63	0.25	3.40
S.Oklahoma（美）	55	6.1	7413	2300	29	60	0.17	0.46
S.Oklahoma（美）	59	5.2	5000	7680	27	64	0.17	0.92
Pavlova（苏）	250	7.0	2000	2000	32	78	0.25	1.02
E.Tia.Juana（委内瑞拉）	475	39.0	6000	5000	41	73	0.30	2.16
East oil field（委内瑞拉）	1372	5.8	400	3500	35	94	0.33	2.15
S.Belrige（美）	213	9.1	2700	8000	37	60	0.22	1.78
Balol（印度）	1050	6.5	150	10000	28	70	0.20	1.39

表 4–4　不同学者提出的火烧油层油藏筛选条件

作者	油层深度 m	油层厚度 m	孔隙度 %	渗透率 mD	含油饱和度 %	原油密度 g/cm^3	黏度 mPa·s	流动系数 mD/（mPa·s）	储量系数 ϕS_o
Poettmann	—	—	>20	>100	—	—	—	—	>0.10
Geffen	>152	>3	—	—	—	>0.807	—	>3.05	>0.05
Lewin	>152	>3	—	—	>50	0.8～1.0	—	>6.1	>0.05
Zhu	—	—	>22	—	>50	>0.91	<1000	—	>0.13

续表

作者	油层深度 m	油层厚度 m	孔隙度 %	渗透率 mD	含油饱和度 %	原油密度 g/cm^3	黏度 mPa·s	流动系数 mD/(mPa·s)	储量系数 ϕS_o
Zhu	—	—	>16	>100	>35	>0.825	—	>3.0	>0.077
Iyoho	<372	1.5~15	>20	>300	>50	0.825~1.0	<1000	>6.1	>0.064
	—	>3	>25	—	>50	>0.8	<1000	—	>0.08
API	<3505	>6	>20	>35	—	0.849~1.0	<1000	>1.5	>0.08
胜利油田	<1350	3~30	>16	>100	>35	0.825~1.0	<1000	—	>0.08

表 4–4 中利用油藏参数回归分析法得到一个连续变量 y 作为火烧油层项目成功与失败的度量[22]，是评价目前火烧油层在技术和经济上是否成功的函数标准，是根据 25 个成功项目、9 个不成功项目回归得到，其计算公式为：

$$\begin{aligned} Y &= Y\left(h,z,\phi,K,S_o,\mu,Kh/\mu,\phi,S_o\right) \\ &= -2.257+0.0001206z+5.704\phi+0.000104K-0.00007834\left(Kh/\mu\right)+4.60\phi S_o \end{aligned} \tag{4-11}$$

式中 z——油层埋深，m；

h——油层厚度，m；

ϕ——孔隙度；

S_o——原始含油饱和度；

K——渗透率，D；

μ——原油黏度，mPa·s。

根据以上关系式得出了以下认识：

Y>1，技术和经济上都成功。

Y=0~1.0，技术上成功，经济上不成功。

Y<0，技术和经济上都不成功。

1）国外现状

火烧油层是最早用于开发稠油的热力采油技术，在国外已有较大规模的矿场应用历史，美国、加拿大、罗马尼亚等国 300 多个油田采用了火烧驱油技术开采原油。

目前美国正在开展的 12 个项目（表 4–5），其大部分为低渗透稀油油田。最大的火烧项目是位于北达科他州的 Ceder Hill North 单元，产量达到 11500 bbl/d。

表 4–5 美国实施的 12 个主要的火烧油层项目

油田	开始年份	面积 acre	生产井	注入井	ϕ，%	K mD	深度 ft	以前生产方式	起始饱和度 %	产量 bbl/d
Bellevue	1970	200	90	15	32	650	400	一次采油	94	240
MPHU	1985	8960	15	9	17	15	9500	一次采油	52	350

续表

油田	开始年份	面积 acre	生产井	注入井	ϕ，%	K mD	深度 ft	以前生产方式	起始饱和度 %	产量 bbl/d
W-MPHU	2001	14335	18	12	17	10	9500	一次采油	50	900
N-CHU	2002	51200	125	77	18	10	9000	一次采油	55	11500
Buffalo	1979	7680	18	5	20	10	8450	一次采油	55	525
W-Buffalo	1987	4640	11	5	20	10	8450	一次采油	55	425
S-Buffalo	1983	20800	37	19	20	10	8450	一次采油	55	975
W-CHU	2003	7800	12	5	17	10	9000	一次采油	55	725
S-MPHU	2003	11500	10	6	17	10	9200	一次采油	50	375
Pennel Phase 1	2002	2924	22	8	17	10	8800	水驱	75	160
Pennel Phase 2	2002	10010	56	24	17	10	8800	水驱	85	100
Little Beaver	2002	10400	57	29	17	10	8300	水驱	83	750

加拿大的火烧项目主要是 Crescent Point 能源公司在萨克彻温省 Battrum 油田的三个火驱项目（表 4-6），目前总的产量为 4800bbl/d。

表 4-6　加拿大实施的 3 个主要的火烧油层项目

油田	开始时间	面积 acre	生产井 口	注入井 口	孔隙度 %	渗透率 mD	深度 ft	原油黏度 mPa·s	以前生产方式	起始饱和度 %	产量 bbl/d
Battrum	1966 年 10 月	4920	82	25	26	126	2900	70	一次采油	66	3200
Battrum	1967 年 8 月	2400	26	4	25	930	2900	70	一次采油	62	800
Battrum	1965 年 11 月	680	37	9	27	930	2900	70	一次采油	70	800

罗马尼亚 Suplacu 油田从 1964 年开始进行火驱试验，后经历扩大试验和工业化应用，火驱高产稳产近 30 年，峰值产量为 1500～1600t/d，累计增产 150×10^4t，取得了十分显著的开发效果及经济效益。目前 Suplacu 油田的火驱开发仍在进行，日产原油 1200t，预期全油田的最终采收率将超过 50%。

对于一个给定的油藏，是否可以使用火驱油层工艺进行开发，或者说，具备哪些条件的 油藏适宜用火驱油层工艺，这类问题的解决需要有一个适当的筛选标准。国外几十年火驱油层的理论研究、实验室和现场试验已积累了大量的资料和经验。许多学者相继推出各自的火驱油层筛选标准（表 4-7）[22-25]。

表 4–7 所列的筛选标准大多是根据当时已实施的火驱油层项目（包括成功和失败的项目），用统计数学方法得到的。根据 39 个项目的油藏参数用回归分析法得到一个连续变量 y 作为火驱油层项目成功与失败的度量[22]，该回归方程如下：

$$y=-2.257+0.0003957z+5.704\phi+0.104K-0.2570Kh\mu+4.600\phi S_o \qquad (4-12)$$

式中　z——油层埋深，m；

K——渗透率，D；

S_o——原始含油饱和度；

ϕ——孔隙度；

h——油层厚度，m；

μ——原油黏度，mPa·s。

统计数据表明：$y\geq1$ 的项目，在技术和经济上都是成功的；$y=0$ 的项目，技术上成功，但经济上不成功；$y\leq-1$ 的项目，则在技术和经济上都不成功。进一步分析得出用变量 y 表示的筛选标准为 $y>0.27$，符合此标准的项目将会取得技术和经济上的成功。

由式（4–12）中各项的比较可以看出，孔隙度 ϕ 和含油饱和度 S_o 是两个影响最大的因素。图 4–4 显示了当其他参数一定，ϕ 和 S_o 对 y 的影响。可见，若 ϕ 为 0.25，即使 S_o 高达 0.7，仍有 $y<0.27$，也不适宜采用火驱油层法开采。

表 4–7　火驱油层筛选标准一览表

序号	作者	年份	油层厚度 m	地层埋深 m	孔隙度	渗透率 D	压力 MPa	原始含油饱和度	原油密度 g/m³	黏度 mPa·s	ϕS_o	连接变量 y	注解
1	Poettmann	1964	＞3.0		＞0.2	＞0.1					＞0.1		
2	Geffen	1973	＞3.0	＞150			＞1.72		＞0.802		＞0.05		湿式燃烧
3	Lewin 等	1976	＞3.0	＞150				＞0.5	0.082～1.0		＞0.05		
4	Chu	1977 1977			＞0.22			＞0.5	＞0.91	＜1000	＞0.13	＞0.27	可靠性限度法 回归分析法
5	Iyoho	1978 1978 1978	1.5～15 3～36 ＞3.0	61～1370 ＞150	＞0.2 ＞0.2 ＞0.25	＞0.3		＞0.5 ＞0.5 ＞0.5	0.825～1.0 ＞1.0 ＞0.802	＜1000 无上限 ＜1000	＞0.077 ＞0.064		干式燃烧 反向燃烧 湿式燃烧
6	Chu	1980			＞0.16	＞0.1		＞0.35	＞0.825		＞0.1		
7	巴伊巴科夫	1984	3～15		＞0.2	＞0.1	＜15	＞0.4	0.802～1.0	＞10			
8	Taber	1983 1996	＞3.0 ＞3.0	＞150 ＞150		＞0.1 ＞0.05		＞0.4 ＞0.5	＞0.825 0.893～1.0	＜1000 ＜500			

应该指出的是，$y>0.27$ 是火驱油层会取得成功的必要条件，而不是充分条件。这意味着：对 $y\leqslant0.27$ 的油藏，可不必考虑使用火驱油层；对 $y>0.27$ 的油藏，可考虑该工艺，但需要 补充经济方面的可行性研究。如果该油藏特性也能满足表 4–7 油藏筛选标准，特别是能满足 $\phi S_o>0.3$，则基本上会使该项目取得成功。

目前国内开展火驱试验和工业化应用的区块还比较少，主要区块的油藏参数见表 4–8。油层厚度为 7～26m，埋深为 510～1750m，孔隙度为 20%～34%，渗透率为 17～3872mD，含油饱和度为 51%～60%，原油黏度为 362～9000mPa · s。

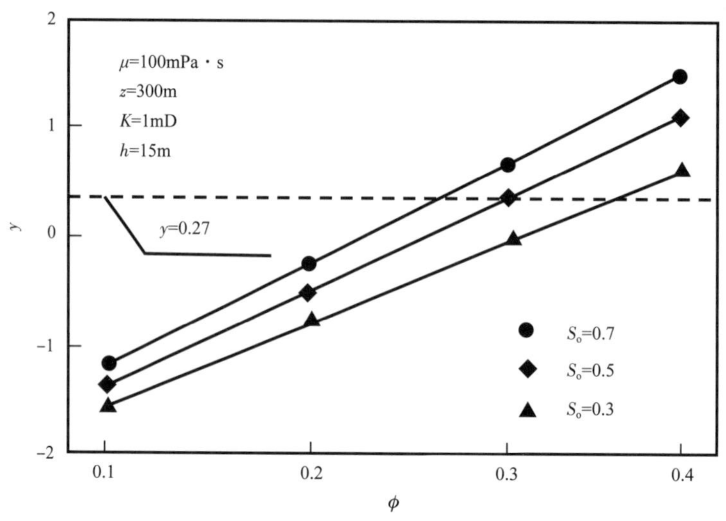

图 4–4　孔隙度和初始含油饱和度对 y 的影响

表 4–8　国内火驱油藏参数表

项目名称		油层厚度 m	油层埋深 m	孔隙度 %	渗透率 mD	含油饱和度 %	原油密度 g/cm³	原油黏度 mPa · s
辽河科尔沁油田庙 5 块		10.0	550	34	13	60	0.914	480
胜利油田郑 408 块稠油		7.6	880	34	3872	46.5	0.920	7280
辽河油田杜 84 块		20.3	820～1140	22.2	603	60	—	300～4000
辽河油田杜 66 块	上层系	25.0	800～1100	20.7	921	48	—	300～2000
	下层系	17.4	1000～1200	16.8	534	55	—	200～700
辽河油田锦 91		26.5	925～1050	30.6	1896	45	—	13955
辽河前进油田廖 1 块		7.0	1500～1750	23	210	60	0.919	362.4
新疆油田红浅 1 井区先导		9.6	525	25.4	760	52	—	9000
新疆油田红浅 1 井区工业化		9.1	510	26.5	775	51	—	7000

针对试验区块的油藏条件和流体性质，新疆油田、辽河油田和胜利油田均建立了注空气火驱油藏筛选标准，见表 4–9。

表 4-9　注空气火驱油藏筛选标准

油田	油层深度 m	油层厚度 m	孔隙度 %	渗透率 mD	含油饱和度 %	原油密度 g/cm^3	黏度 mPa·s	储量系数 ϕS_o
新疆油田	150～1500	3.0～15	＞20	＞100	＞40	—	＜10000	0.13
辽河油田	150～2000	＞6	＞18	200～1000	＞45	—	＜10000	—
胜利油田	＜1350	3～30	＞16	＞100	＞35	0.825～1.0	＜1000	＞0.08

参考文献

[1] 关文龙，席长丰，陈亚平，等．稠油油藏注蒸汽开发后期转火驱技术［J］．石油勘探与开发，2011，38（4）：452-460.

[2] 中国石油勘探与生产分公司．油田注空气开发技术文集（空气火驱技术分册）［M］．北京：石油工业出版社，2014：212-226.

[3] 关文龙，梁金中，吴淑红，等．矿场火驱过程中火线预测与调整方法［J］．西南石油大学学报（自然科学版），2011，33（5）：157-161.

[4] 席长丰，关文龙，蒋有伟，等．注蒸汽后稠油油藏火驱跟踪数值模拟技术——以新疆 H1 块火驱试验区为例［J］．石油勘探与开发，2013，40（6）：715-721.

[5] SY/T 6898-2012　火烧油层基础参数测定方法［S］.

[6] 唐君实，关文龙，梁金中，等．热重分析仪求取稠油高温氧化动力学参数［J］．石油学报，2013，34（4）：775-779.

[7] 王元基，何江川，廖广志，等．国内火驱技术发展历程与应用前景［J］．石油学报，2012，33（05）：909-914.

[8] 唐君实，关文龙，蒋有伟，等．稀油火烧油层物理模拟［J］．石油学报，2015，36（9）：1135-1140.

[9] 吴正彬，庞占喜，刘慧卿，等．稠油油藏高温凝胶改善蒸汽驱开发效果可视化实验［J］．石油学报，2015，36（11）：1421-1426.

[10] 何聪鸽，穆龙新，许安著，等．稠油油藏蒸汽吞吐加热半径及产能预测新模型［J］．石油学报，2015，36（12）：1564-1570.

[11] 李萍，刘志龙，邹剑，等．渤海旅大 27-2 油田蒸汽吞吐先导试验注采工程［J］．石油学报，2016，37（2）：242-247.

[12] 何江川，廖广志，王正茂．油田开发战略与接替技术［J］．石油学报，2012，33（3）：519-525.

[13] 窦宏恩，常毓文，于军，等．稠油蒸汽吞吐过程中加热半径与井网关系的新理论［J］．特种油气藏，2006，13（4）：58-61.

[14] Panait-PaticÄ A，Serban D，Ilie N. Suplacu de Barcau Field：A Case History of a Successful In-situ Combustion Exploitation［R］. SPE 100346，2006.

[15] Roychaudhury S，Rao N S，Sinha S K，et al. Extension of In-situ Combustion Process from Pilot to Semi-commercial Stage in Heavy Oil Field of Balol［R］. SPE 37547，1997.

[16] Doraiah A, Ray S, Gupta P. In-situ Combustion Technique to Enhance Heavy-oil Recovery at Mehsana, ONGC : A success story [R]. SPE 105248, 2007.
[17] 张霞林，关文龙，刁长军，等．新疆油田红浅 1 井区火驱开采效果评价 [J]．新疆石油地质，2015，36（4）：465–469.
[18] 梁金中，王伯军，关文龙，等．稠油油藏火烧吞吐技术与矿场试验 [J]．石油学报，2017，38（3）：324–331.
[19] 张守军．稠油火驱化学点火技术的改进 [J]．特种油气藏，2016，23（4）：140–143.
[20] 张方礼．厚层稠油油藏火驱射孔层段优化探讨 [J]．特种油气藏，2013，20（2）：96–101.
[21] 王弥康，王世虎，黄善波，等．火烧油层热力采油 [M]．东营：石油大学出版社，1998：245–280.
[22] Chu C. A Study of Fireflood Field Projects (Includes Associated Paper 6504) [J]. Journal of Petroleum Technology，1977，29（2）：111–120.
[23] 巴伊巴科夫 H K. 热采法在油田开发中的应用 [M]．北京：石油工业出版社，1992.
[24] Taber J J. Technical Screening Guides for the Enhanced Recovery of Oil [J]. SPE 12069，1983.
[25] Taber J J，Martin F D，Seright R S. EOR Screening Criteria Revisited [J]. SPE 35385，1997.

第五章　火驱开发关键配套工艺技术

通过多年的火驱现场试验攻关，国内已基本实现了火驱技术的工艺配套。针对注空气火驱开发的技术特性，本章介绍了适用于火驱开发的钻完井工艺技术和地面配套工艺技术、介绍了火驱自燃点火、化学点火、可燃气体点火和电加热点火技术；介绍了火驱动态监测与调控技术。

第一节　钻完井工艺与地面配套工艺技术

一、井身结构设计

根据地质油藏工程及采油工艺的要求，对火驱过程中不同井型一般可以参考以下设计。

注气井及生产井：

一开采用ϕ381.0mm 钻头钻至 60m，下入ϕ273.1mm 表层套管。

二开采用ϕ241.3mm 钻头，注气井及生产井油层段 30m 下入ϕ177.8mm 抗腐蚀 9Cr 耐热套管，其余井段选用ϕ177.8mm 抗腐蚀 3Cr 耐热套管，G 级加砂水泥预应力固井，水泥返至地面。

观察井：

一开采用ϕ241.3mm 钻头钻至 60m，下入ϕ177.8mm 表层套管。

二开采用ϕ149.2mm 钻头，下入ϕ88.9mmN80 油管，G 级加砂水泥固井，水泥返至地面。

二、完井工艺

注气井按热采井射孔完井，固井要求防气窜，井底 50m 选用耐温 500℃的抗富氧腐蚀套管，其余井段采用耐 150℃的抗富氧腐蚀套管。选用耐 150℃的抗富氧腐蚀油管，采用电点火方式，点火器功率为 45kW，耐温＞550℃，耐压＞15MPa，井口选用 KQ36-65 型采气井口装置。

生产井按热采井射孔完井，固井要求防气窜，选用 $2^7/_8$in 和 $2^3/_8$in 的防腐普通油管。推荐有杆泵举升方式，采用 5 型抽油机、防气泵和ϕ19mm D 级抽油杆，配套螺旋气砂锚。单管生产井口选用 KR14/65-337E 型热采井口装置，双管生产测试井口选用 SKR14/337-52×52 型双管热采井口装置。生产井温度、压力选用电子温度压力计，产出物监测主要对产出油的密度、黏度、馏分、组分监测分析，产出气的 CO、CO_2、O_2、H_2S 和 SO_2 等气体组分监测分析，产出水的水全项监测分析。

新钻观察井一般不用于生产，按常温井射孔完井，射 4 孔。选用 $3^1/_2$in 油管固井；井口安装简易三通结构，从油管中下入电子温压计采集信号，通过电缆传送到地面仪表。

注气系统对可靠性要求较高。火驱过程中要保持燃烧带前缘的稳定的推进要求注气必须连续不间断。火驱过程中，特别是点火初期，发生注气间断且间断时间较长，则很可能造成燃烧带熄灭。从最近几年新疆油田和辽河油田的火驱现场试验看，随着压缩机技术的进步和现场运行管理经验的不断积累，目前注气系统的稳定性和可靠性比以往明显增强，可以实现长期、不间断、大排量注气。

举升及地面工艺系统。目前火驱举升工艺的选择能够充分考虑火驱不同生产阶段的阶段特征，满足不同生产阶段举升的需要。井筒和地面流程的腐蚀问题基本得到解决。注采系统的自动控制与计量问题正逐步改进和完善。在借鉴国外经验并经过多年的摸索，目前国内基本形成了油套分输的地面工艺流程，并通过强制举升与小规模蒸汽吞吐引效相结合，有效提高了火驱单井产能和稳产期。同时，探索并形成了湿法、干法相结合的 H_2S 治理方法。

第二节　火驱点火技术

火烧油层技术成功的前提是实现油层成功点火，目前所采用的点火方式主要有自燃点火和化学点火、可燃气体燃烧点火以及电加热点火三种方式。

一、自燃点火和化学点火

自燃点火直接向储层注入空气，利用原油和氧气的低温氧化加热储层，同时随着地层温度的逐渐升高，原油和氧气反应的反应速度也会随之增加，直到地层温度达到原油的自燃点时，地层原油被成功点燃。这种点火方式的优点是点火成本非常低，仅仅需要空气压缩的成本，不需要其他复杂的地面设备。化学点火是向储层之中注入易燃化学物质，随后注入空气，利用易燃物和氧气、易燃物自身发生的化学反应、热空气携带的热量对储层进行加热。自燃点火和化学点火优点：对井筒无要求，尤其是不需专门的井下设备和地面设施，化学反应产生的热量几乎不存在热量的损失、能对目的层集中加热、也不会对井下设备造成损害，但化学反应和点火过程不易掌握。为了提高化学点火的效果，先向油层注入一定量的蒸汽预加热油层，同时提高油层的温度有利于化学反应。辽河油田在早期应用过注蒸汽加化学剂点火。

加入催化剂和助燃剂可提高化学反应和点火的效果，使用催化剂降低原油氧化反应活化能，加速氧化放热，常用的催化剂主要为碱（碱土）金属和过渡金属化合物的盐，其主要作用是通过金属阳离子的催化作用，降低原油的活化能和燃烧门槛温度。助燃剂的作用是利用其发生的氧化还原反应产生的热量提升储层的升温速度，其中助燃剂由镁粉、泥煤粉、酚醛树脂、六氯代苯、树脂胶、硝化棉、虫胶、硫黄、松香、硅铁中的几种混合组成，燃烧管验证助燃剂可以在 240℃的条件下成功点燃油层。

二、可燃气体点火

为了成功点燃不能通过自燃点火点燃的油层，就需要通过人工辅助的方式提升储层的温度，使得地层温度达到原油的燃点。

可燃气体点火原理是将可燃气体一般为天然气与空气在井下混合燃烧，利用产生热量加热油层同时注入空气将油层点燃。该方法的工艺是通过油管下入燃烧室和连接燃烧室的管线，通过管线分别向燃烧室中注入可燃性气体和含氧气体，并通过火花塞点燃，同时注入空气，将燃烧室产生的热量从井筒运输到储层之中。燃气点火特点是点火功率大，点火速度快。但设备和结构复杂，安全风险高。难于控制井下燃烧器的温度，容易导致井下设备的损坏。新疆油田在20世纪60年代曾研究使用燃气点火，随着电点火技术发展逐步被替代。

三、电加热点火

电加热点火原理是通过在井筒内下入电加热器，由地面控制系统向点火器发热元件输送电能，发出点火需用的热量，将注入井筒的压缩空气加热至超过原油燃点的温度，高温空气进入地层与原油混合发生高温氧化反应从而点燃油层。这种点火方法与注入化学剂和燃气点火方法相比，操作简单且不需要危险的可燃性气体，能对井筒的温度进行更加精确地控制，是目前主流的点火技术。但是这种点火方式受到电力传输的约束，电流在井筒中远距离传输存在严重的能量损失。

电加热点火装置包括地面和井筒内两部分，地面装置主要有供电电源、测量和调试设备、点火器起下作业装置、井口密封装置、注空气管汇等几部分组成。井筒内主要有火工艺管柱、点火器、电缆等组成。其核心部件主要是电点火器、点火电缆、监测与调控装置，以及地面作业和井口密封装置等几大部分。

电点火器其实是一个特制的电加热器。对电点火器要求有：点火器的功率、耐温能力、承压，同时点火器外形适应井身结构、施工作业等问题。因此，需要依据火驱油层的物性参数，特别是油层的燃点、地层压力，以及井身结构参数进行设计和选择。为满足在给定注气量条件下点燃油层，点火器的发热功率应确保其出口的空气温度大于油层燃点，再考虑到点火器的发热效率和附加余量等因素，便可确定点火器的额定功率大小和耐温级别。

图5-1是新疆油田较为常用的固定式电热点火器点火工艺示意图，其发热结构采用电热管，内部结构为三管形式，耐温一般为600℃，功率50kW，点火器的热端和冷端（接线端）设有温度监测传感器。这是初期研制的点火设备，点火器和电缆一次性使用，相对成本较高。近几年来，随着新材料和新工艺的使用，使电点火器的结构优化和技术性能指标都达到了一个更高的水平。比如用新型矿物发热缆制造的移动式点火器，功率密度大幅提高，与50kW相同功率的电热管点火器相比，体积仅为其1/10，可从油管内带压提下。图5-2是移动式点火器点火工艺示意图。

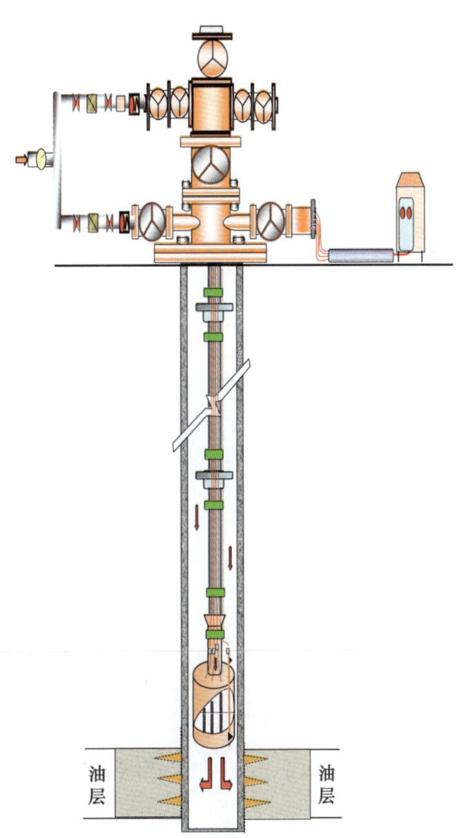

图5-1 固定式电热点火器点火工艺示意图

点火电缆的功能是向井下点火器传输电能，同时将井下温度监测信号传输至地面用于调节注气速度和电功率。新疆油田利用复合铠装电缆将点火器与点火电缆合成研制连续管一体式点火器，点火功率达到150kW，耐压35MPa，耐温800℃，一次成型可适应井深为2000m。设计一体式车载点火装备如图5-3所示，体现先进的设计理念“模块化、自动化、标准化、高度集成化”。集成点火器模块、监测与控制模块、动力模块、承载模块、电缆收卷模块、高压防喷模块六大模块，于 ·个车载平台。实施点火作业无须其他辅助设备、机动性好，过程自动监控、带压提下。

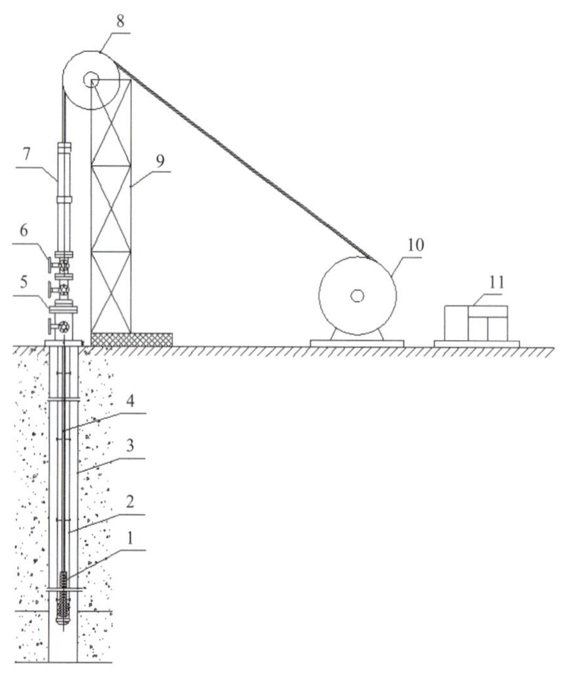

图5-2　移动式点火器点火工艺设备

1—点火器；2—油管柱；3—套管；4—点火电缆；5—井口装置；6—井口装置顶阀；7—防喷管；8—电缆滚轮；9—支撑井架；10—电缆绞车；11—点火控制装置

图5-3　新疆油田研发的一体式车载点火装备

第三节　火驱动态监测与调控技术

一、火驱过程监测技术

火驱过程监测是油层燃烧状况的判断和分析的直接依据，是生产运行安全的保障，环境保护的需要。火驱监测主要包括温度、产出气组分及油、水的物理化学性质。

1. 生产井井下温度和压力监测

生产井井下温度和压力的动态监测，油层火线运动方向和推进速度，为分析地层供液能力和火驱生产管理提供依据。

火驱井下高温、腐蚀及高产气复杂工况是火驱温度及压力监测的难点。生产井井下温度、压力测试可采用热电偶测温与毛细管测压的组合方式，也可用电子温度压力计测试。前者耐温较高，但测试系统较复杂；后者能同时测温测压，便于读取和储存数据，且工艺较简单，费用较低。技术的关键是研制适应火驱工况下，将测试传感器安装在井下的结构和施工工艺。新疆油田火驱先导试验研发了适应复杂工况的火驱井下温度、压力监测系统。研制井下仪器密封、防脱、锁紧装置，确保组合测试缆、井下仪器的长期密封性，优选材质满足了火驱温度、压力长期监测过程中，次生腐蚀性产出物对井下仪器的腐蚀，适应火驱生产井井下高温、气量大、腐蚀及间歇出液的恶劣工况；研究测试缆预制工艺和适应火驱工况下密封装置，确保测试缆接线端多组信号线之间的绝缘，实现井下多点温度、单点压力的长期动态监测；研制了井口悬挂、密封装置及特殊防喷管结构，确保测试缆和井下仪器的长期入井服役和维护的便利性，避免了监测过程中有毒有害气体对现场操作人员造成伤害，实现了不压井提下作业。通过软件分时采集，避免了井下温压传输信号之间的干

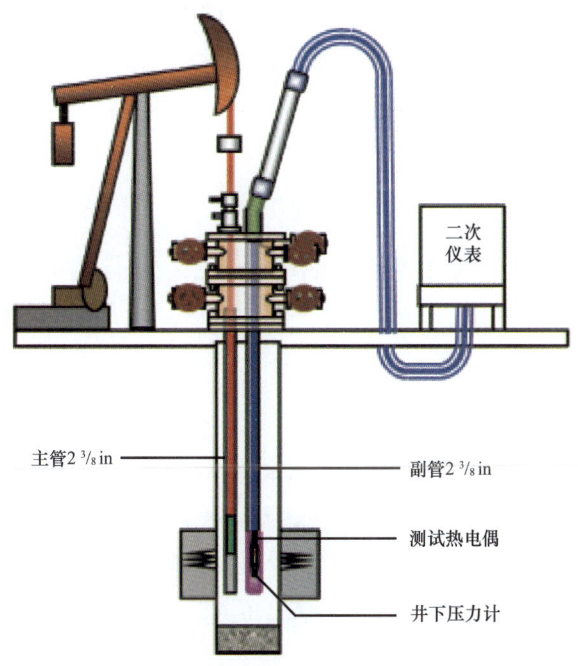

图 5-4　生产井下温度和压力监测工艺示意图

扰及滤波技术提高了地面仪表抗干扰能力。满足火线前沿在产层中各小层的长期、动态准确监测，利用多点测温、测压，反映火驱燃烧温度剖面，温压监测系统可实现不压井提下测试电缆作业工艺。耐温≤800℃，耐压≤15MPa。

2. 火驱产出气体监测方法

为保障火驱安全生产，必须建立在现场工况条件下火驱特征气体氧气、二氧化碳、一氧化碳的快速监测方法，满足火驱现场需要。采用 Ecom–J2KN 便携式气体分析仪，氧气和一氧化碳电化学传感器、二氧化碳为红外吸收法。氧气测量范围 0.3%～21%，一氧化碳 0.2%～6.3%，二氧化碳为 0.2%～20%，气体现场监测方法测试工艺流程如图 5–5 所示，现场检测设备体积小、重量轻，便于携带，满足在现场巡井监测要求，实现现场 2min 内完成。

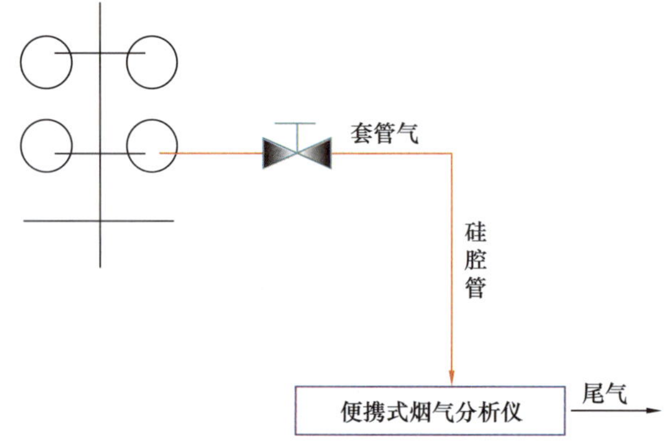

图 5–5　现场快速气体检测流程

为判断油层燃烧状态，数值模拟研究和分析调控注采参数提供依据。建立火驱产出气体室内全组分气相色谱分析方法。由于火驱气体复杂，为提高灵敏度和抗干扰能力，研究氩气为载气，消除对 O_2 干扰同时建立氢气的分析方法，实现火驱气体的 O_2、CO_2、CO、N_2、CH_4 和 H_2 全组分分析，如图 5–6 所示。

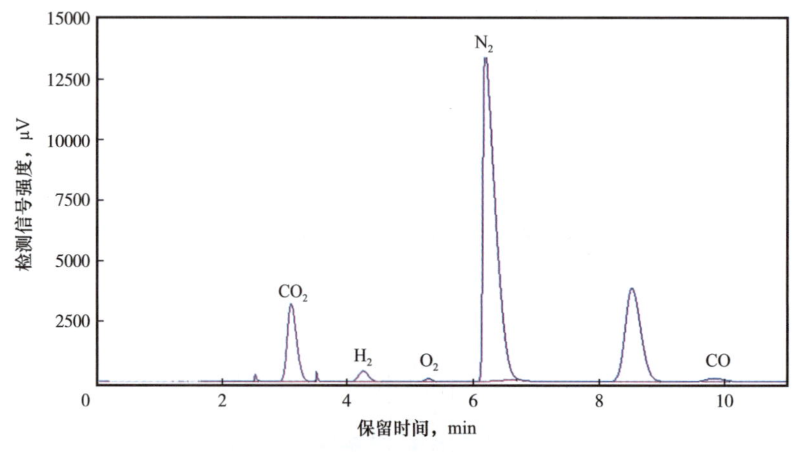

图 5–6　火驱气体气相色谱分析图

工业化试验设置了在线监测，按设计井位布点，数据自动采集、远程监控与传输。对原油的分析黏度、密度、馏分、组分进行检测分析。采用相关标准方法进行。原油黏度采用 RS150 流变仪测试黏温曲线。原油密度采用石油密度计按照 GB/T 1884—2000《原油和液体石油产品密度实验室测定法（密度计法）》标准进行测试。组分分析采用层析的方法按照 SY/T 5119—2016《岩石中可溶有机物及原油族组分分析》。

基于火驱过程储层介质和温度变化规律，建立火驱储层分区带电阻率模型，创建了电位法监测火线前缘方法，用于监测火驱生产过程中火线前缘位置，及时了解火线前缘发育状况和扩展速度，为生产调控提供直接依据，在一定程度上缓解地层非均质性对火线发育造成的影响。

二、火线调控方法

在火驱矿场试验过程中，一般可以在生产井或观察井利用测温元件直接观测火驱燃烧带前缘（火线）的推进情况，也可以采用四维地震的方法测试不同阶段火线的推进状况。这两种方法各有利弊，其中井底测温方法简单直接，但只有当热前缘到达该井底时才能发挥作用。四维地震方法可以从总体上认识地下火线向各个方向的展布情况，但费用昂贵。一般对于相对均质的地层，还可以采用油藏工程计算方法来推测不同时期的火线位置。这些方法主要包括不稳定试井、物质平衡以及能量守恒法等。这里提出两种计算火线半径位置的方法：第一种方法借助室内燃烧釜（或燃烧管）实验数据和注气数据，适用于在平面上相对均质的油藏条件；第二种方法借助室内实验数据和产气数据，适用范围更广，且可以用于对火线的调整和控制。

1. 火线前缘位置预测方法

1）根据燃烧釜实验和中心井注气数据计算火线半径

室内燃烧釜实验[1]一般采用真实地层砂，通过与地层原油、地层水充分混合达到预先设定的含油饱和度、含水饱和度，然后在容器内以地层条件进行燃烧并测试。燃烧釜实验主要用于测定火驱过程中的一些化学计量学参数，如燃烧过程中单位体积油砂燃料沉积量、单位体积油砂消耗空气量、空气油比等。这些参数都是火驱油藏工程计算和数值模拟研究中需要的关键参数。

为计算火线推进半径，首先假设火线以注气井为中心近似圆形向四周均匀推进。同时假设燃烧（氧化反应）过程主要发生在火线附近，火线外围气体只有反应生成的烟道气。根据物质平衡关系有：

$$\frac{\pi R^2 h A_o}{\eta}+\pi R^2 h\phi\left(\frac{z_p p}{p_{\mathrm{i}}}\right)=Q \tag{5-1}$$

式中　R——火线前缘半径，m；

A_0——燃烧釜实验测定的单位体积油砂消耗空气量，m^3/m^3；

ϕ——地层孔隙度；

h——油层平均厚度，m；

p——注气井井底周围地层压力，MPa；

p_{i}——大气压，MPa；

Q——从点火时刻开始到当前累计注入空气量，m^3；

η——氧气利用率；

z_p——为地层压力 p 下空气的压缩因子。

式（5-1）中等号左边第一项代表已燃范围内氧气总的消耗量，第二项代表已进入地层但尚未参与氧化反应的空气量，两者之和为总的累计注入空气量。由式（5-1）可以求出火线半径：

$$R=\sqrt{\frac{Q}{\pi h\left(\frac{A_0}{\eta}+\frac{z_p p\phi}{p_\mathrm{i}}\right)}} \tag{5-2}$$

对式（5-2）求导可以得到不同阶段的火线推进速度：

$$\frac{\mathrm{d}R}{\mathrm{d}t}=\frac{1}{2}\sqrt{\frac{1}{\pi h\left(\frac{A_0}{\eta}+\frac{z_p p\phi}{p_\mathrm{i}}\right)Q}}\frac{\mathrm{d}Q}{\mathrm{d}t} \tag{5-3}$$

从式（5-2）和式（5-3）可以看出，随着累计注气量的增大，火线推进半径也在逐渐增大，但火线推进速度在逐渐减小。这也正是在面积井网火驱过程中，尤其是开始阶段需要逐级提高注气速度的原因。

需要着重指出的是，在计算火线半径和推进速度时，最关键的是必须测准单位油砂消耗的空气量。除了通过燃烧釜实验测定外，还可以通过一维燃烧管实验进行测定[2, 3]。大量的室内实验表明，单位体积地层油砂在燃烧过程中所消耗的空气量基本是恒定的，几乎不受地层初始含油饱和度的影响。在火驱过程中通过高温氧化烧掉的只是原油中12%～20%的重质组分，这些重质组分以焦炭的形式黏附在岩石颗粒表面[4, 5]。从某种意义上讲，只要能够点燃地层，即地层中剩余油饱和度大于确保连续稳定燃烧所需的最小剩余油饱和度即可，那么在单位地层中所烧掉的油量以及所需要的空气量都基本相同。也正是基于这点，依据式（5-2）计算火线半径应该是最简便的。图 5-7 给出了正方形五点井网条件下，根据式（5-2）计算的火线位置（黑色圆圈）。同时将其与数值模拟计算的结果进行了对比。数值模拟给出的是平面氧气体积浓度场。在氧气浓度为 0.21 的区域内，其浓度与注入空气相同，说明该区间没有氧化消耗，该区间可以认为是已经完全燃烧过的区域，如图 5-7 中的红色区域。在氧气浓度为 0 的蓝色区域，注入空气则完全没有波及。燃烧带

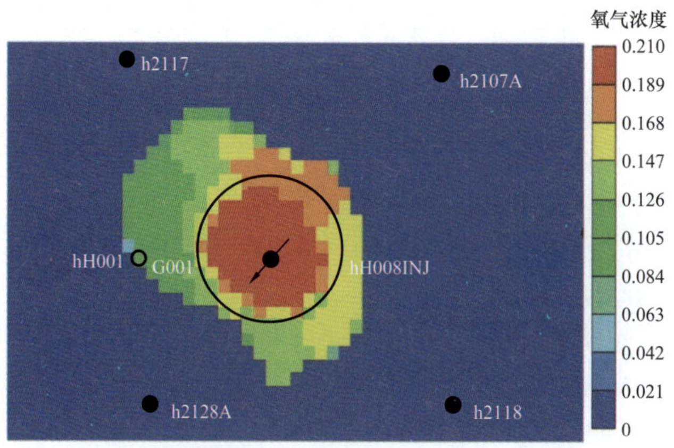

图 5-7　油藏平面氧气浓度场与预测的火线位置

前缘即火线一定分布在红色区域与蓝色区域之间。对比表明，两种方法的计算结果基本上是吻合的，只是数值模拟更能体现火线推进的非均衡性。

2）利用燃烧釜实验和产气数据计算火线半径

对于规则井网，如正方形五点井网、反九点井网等，当各个方向生产井产气量基本相同或相近，地层燃烧带向四周推进近似于圆形时，可以用式（5–2）和式（5–3）计算火线半径和推进速度。矿场实际火驱生产过程中，受地质条件和操作条件的影响，各个方向生产井产气量往往是不均衡的。在这种情况下，火线向各个方向的推进也是不均衡的。哪个方向生产井（一般指一线生产井）产气量大，火线沿该方向推进速度快、距离大，反之推进速度慢、距离小。

图 5–8 中给出了两次室内三维火驱物理模拟实验的结果。这两次火驱实验所采用的实验装置和实验方法见相关文献[4–7]。在这两次实验中，三维模型中设置 4 口模拟井（1 口注气井、3 口生产井——2 口边井、1 口角井），模拟的是正方形反九点井网的四分之一。图 5–8 中给出了两幅火驱中间过程中通过强制灭火得到的照片。照片中已经将燃烧过的油砂移走，火线前未发生燃烧的油砂也被移出模型。在模型中只剩下结焦带部分（以焦炭形式黏附在砂砾表面形成坚硬的条带），结焦带的内侧刚好对应着火驱实验结束前模型中的火线前缘。

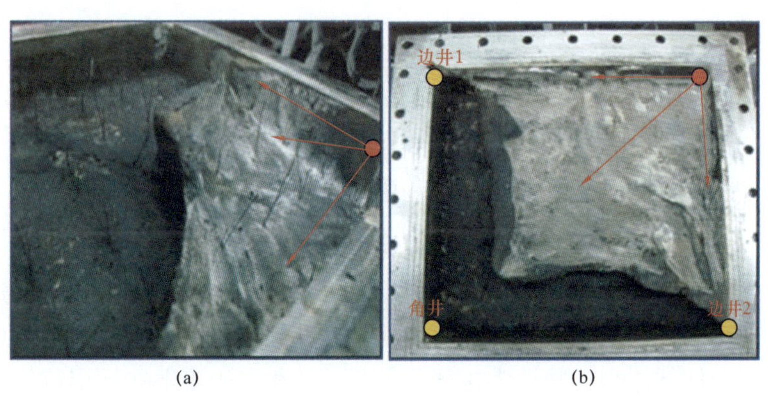

图 5–8　通过控制生产井产气量控制火线的三维物理模拟实验

第一次实验 2 口边井的产气量相等，且为角井的产气量 2 倍。如图 5–8（a），此时火线沿 2 口边井方向推进的距离基本一致，沿角井方向推进的距离较小；第二次实验在前期与第一次实验相同，2 口边井产气量相同且为角井产气量的 2 倍。当两口边井方向的火线推进到井筒附近快要形成突破时，通过温度场监测角井方向的火线刚刚到达模型的中心位置。此后关闭 2 口边井，烟道气全部从角井产出，燃烧带则加快向角井方向推进，当该方向热前缘快要到达角井时结束实验。如图 5–8（b）所示，后期火线被强制拉向角井，形成明显的“人”字形结焦带。这说明火线沿某生产井方向的推进距离与该方向生产井的产气量直接相关，也说明通过控、关生产井控制井的产气量可以实现调整火线推进速度和方向的目的。

在火驱过程中，高温裂解形成的焦炭黏附在岩石颗粒表面作为后续燃烧的燃料。在完全燃烧的情况下，1mol 的 O_2 与 1mol 焦炭 C 发生氧化反应生成 1mol 的 CO_2，燃烧所生成的烟道气中的 N_2 在地层中不发生反应。如果不考虑烟道气在地层流体中的溶解，那么燃烧产生的烟道气（N_2+CO_2）的总量等于火驱燃烧过程消耗的空气总量。因此，哪个方向上排出的烟道气量多，就意味着该方向上消耗掉的空气量多、燃烧带推进半径大。

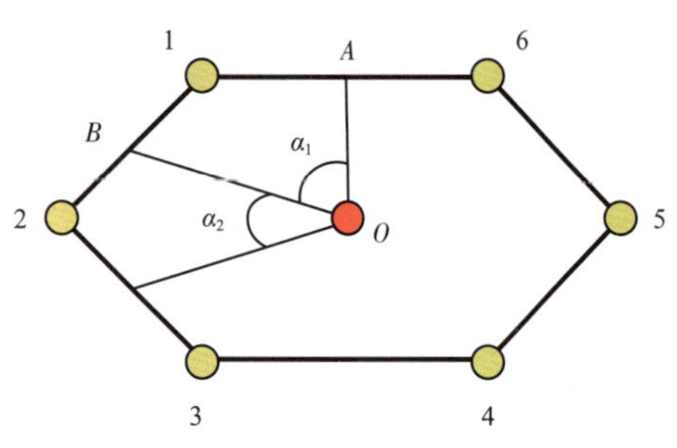

图 5-9　非等距井网生产井分配角

假设中心注气井周围有 N 口一线生产井（对应 N 个方向），在某一时刻各生产井累计产出烟道气总量为 Q_1，Q_2，…，Q_N。对于注气井到各一线井非等距的井网，引入分配角的概念。例如图 5-9 所示的一个斜七点面积井组，中心注气井位于 O 点，A 点为生产井 1 和生产井 6 的中点，B 点为生产井 1 和生产井 2 的中点，C 点为生产井 2 和生产井 3 的中点。则生产井 1 的分配角为 $\angle AOB=\alpha_1$，生产井 2 的分配角为 $\angle BOC=\alpha_2$。生产井距离注气井越远，分配角越小。根据前面的分析，由注气井指向某生产井方向所消耗的空气量等于产出烟道气量：

$$\frac{\dfrac{\alpha_i}{360}\pi R_i^{\,2} h A_0}{\eta}=Q_{\rm i} \tag{5-4}$$

式中　R_i——火线沿第 i 口井方向推进的距离，m。

由式（5-4），有：

$$R_i=\sqrt{\frac{360Q_i\eta}{\alpha_i\pi hA_0}} \tag{5-5}$$

需要指出的是，火驱过程中会有一部分烟道气以溶解或游离形式滞留在地层孔隙和流体中，因此通过式（5-5）计算的不同方向的火线半径可能比真实值偏小。在这种情况下可以将产液量考虑进来，对于同时产气和产液的生产井，根据物质平衡和置换原理，可将产液量折算到地层条件下体积，并认为这部分体积近似相当于溶解在地层流体中或游离在地层孔隙中的烟道气量：

$$Q_i'=Q_{{\rm L}i}\frac{z_p p}{p_i} \tag{5-6}$$

此时，火线半径为：

$$R_i=\sqrt{\frac{360\eta Q_i}{\alpha_i\pi hA_0}\left(1+\frac{z_p p}{G_{{\rm LR}i}p_i}\right)} \tag{5-7}$$

式中　$Q_{{\rm L}i}$——第 i 口井方向上的产液量，m^3；

Q_i'——由第 i 口井方向上的产液量折算成的产气量，m^3；

$G_{{\rm LR}i}$——生产井累计产出气液比，$G_{{\rm LR}i}=\dfrac{Q_i}{Q_{{\rm L}i}}$，$m^3/m^3$。

还需要说明的是，尽管采用式（5-7）计算某个方向上的火线推进半径可能更接近地层的火线真实情况，但在理论上却是不严格的。

2. 火线调控的原理与方法

1）各向均衡推进条件下的火线调控

对于各注采井距相等的多边形面积井网（如正方形五点井网、正七点井网），当各生产井产气速度相同时，燃烧带为圆形。可以依据式（5–3）推测和控制火线推进半径。在这种情况下，火线调控的措施重点放在注气井上。矿场试验着重关注两点：一是设计注气井逐级提速的方案，即在火驱的不同阶段以阶梯状逐级提高中心井的注气速度，以控制各阶段的火线推进速度，实现稳定燃烧和稳定驱替；二是通过控制注采平衡关系，维持以注气井为中心的空气腔的压力相对稳定，以确保地下稳定的燃烧状态。在通常情况下，即使采用各注采井距相等的多边形面积井网，各生产井产气速度也很难相等。这种情况下如果要维持火线向各个方向均匀推进，就必须使各方向生产井的阶段累计产气量相等。矿场试验过程中要对产气量大的生产井实施控产或控关，要对产气量特别小的生产井实施助排引效等措施，如小规模蒸汽吞吐等。

2）各向非均衡推进下的火线调控

对于注采井距不相等甚至不规则的面积井网，向不同方向上推进的火线半径依据式（5–6）或式（5–7）推算。矿场试验中往往希望火线在某个阶段能够形成某种预期的形状，这时调控所依据的就是“通过烟道气控制火线”的原理，即通过控制生产井产出控制火线形状。这里以新疆油田某井区火驱矿场试验为例，论述按油藏工程方案要求控制火线形状的方法。

该试验区先期进行过蒸汽吞吐和蒸汽驱，火驱试验充分利用了原有的蒸汽驱老井井网，并投产了一批新井，最终形成了如图 5–10 所示的火驱井网。该井网可以看成是由内部的一个正方形五点井组（图中虚线所示的中心注气井加上 2 井、5 井、6 井、9 井），和外围的一个斜七点井组（中心注气井加上 1 井、3 井、4 井、7 井、8 井、9 井、10 井）构成。五点井组注采井距为 70m，斜七点井组的注采井距分别为 100m 和 140m。

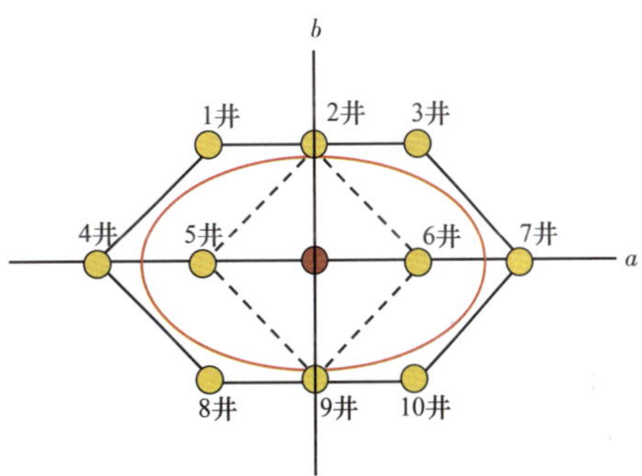

图 5–10　新疆油田某井区火驱试验井网及预期火线位置

油藏工程方案设计最终火线的形状如图中所示的椭圆形，且火线接近内切于 1 井—3 井—7 井—10 井—8 井—4 井几口井所组成的六边形。即使面积火驱结束时椭圆形火线的长轴 a 和短轴 b 分别接近 130m 和 60m。

由式（5–5）可知：

$$R_i = \sqrt{\frac{360\eta}{\alpha_i \pi h A_0}}\sqrt{Q_i} = k_0\sqrt{Q_i} \tag{5–8}$$

通常情况下，式中 k_0 为常数。根据式（5–8），火线向任一生产井方向的推进半径与该生产井累计产气量的平方根成正比。

要实现图 5–10 中红线所圈定的火线形状，首先必须满足产气量对称性要求，即：

$$\begin{cases} Q_4 + Q_5 = Q_6 + Q_7 \\ Q_2 = Q_9 \\ Q_1 = Q_3 = Q_8 = Q_{10} \end{cases} \tag{5-9}$$

同时还必须满足：

$$\frac{a}{b} = \sqrt{\frac{\sum_{i=1}^{N} Q_{ia}}{\sum_{i=1}^{N} Q_{ib}}} = 2.17 \tag{5-10}$$

式中 $\sum_{i=1}^{N} Q_{ia}$ ——a 轴方向生产井总的产气量，m^3；

$\sum_{i=1}^{N} Q_{ib}$ ——b 轴方向生产井总的产气量，m^3。

由式（5–10），有：

$$Q_6 + Q_7 + \frac{1}{2}(Q_3 + Q_{10}) = 2.17^2 \left[Q_2 + \frac{1}{2}(Q_1 + Q_3) \right] \tag{5-11}$$

综合式（5–10）和式（5–11），有：

$$\begin{cases} Q_6 + Q_7 = 4.7Q_2 + 3.7Q_3 \\ Q_4 + Q_5 = 4.7Q_9 + 3.7Q_8 \end{cases} \tag{5-12}$$

即长轴方向生产井累计产气量要达到短轴方向生产井累计产气量的 4～5 倍，才能使火线形成预期的椭圆形。矿场试验过程中，应该以此为原则控制各生产井的产气量。

需要指出的是，上面算式中出现的产气量均为各生产井的累计产气量。由于各井的生产周期不同，在不同阶段的各井产气速度则不一定严格按式（5–12）控制。图 5–10 中当火线越过 5 井和 6 井后，这两口井就处于关闭停产状态，该方向就只有 4 井和 7 井生产。考虑到 5 井和 6 井的产气时间要远小于其他各生产井，为了实现图 5–10 中火线推进形状，在火驱初期更应加大 5 井和 6 井的产气量，后期则应加大 4 井和 7 井的产气量。矿场试验中对生产井累计产气量调控的方法主要包括“控”（通过油嘴等限制产气量）、“关”（强制关井）、“引”（蒸汽吞吐强制引效）等。通常控制时机越早，火线调整的效果越好。

参考文献

[1] 张义堂，等．热力采油提高采收率技术［M］．北京：石油工业出版社，2006：78–83.

[2] 关文龙，王世虎，蔡文斌，等．新型火烧油层物理模型的研制与应用［J］．石油仪器．2005，19(4)：5–7.

[3] 关文龙，蔡文斌，王世虎，等．郑 408 块火烧油层物理模拟研究［J］．石油大学学报（自然科学版），2005，29（5）：58–61.

[4] 关文龙，马德胜，梁金中，等．火驱储层区带特征实验研究［J］．石油学报，2010，31（1）：100–104，109.

[5] 关文龙，吴淑红，梁金中，等．从室内实验看火驱辅助重力泄油技术风险［J］．西南石油大学学报（自

然科学版), 2009, 31（4）: 67–72.

[6] 马德胜, 关文龙, 张霞林, 等. 用热失重分析法计算火驱实验油层饱和度[J]. 新疆石油地质, 2009, 30（6）: 714–716.

[7] Guan Wenlong, Wu Shuhong, Wangshihu, et al. Physical Simulation of In–situ Combustion of Sensitive Heavy Oil Reservoir [R]. SPE 110374, 2007.

第六章 火驱开发实例

辽河油田、新疆油田开展火驱试验与推广应用已有十几年的历史，先后在杜 66 块、红浅 1 井区、高 3–6–18 块、高 3 块和重 18 块等区块开展了火驱试验工业应用。这些油藏与国外火驱开发油藏有较为明显的差异。本章重点介绍了国内新疆油田红浅火驱、辽河油田杜 66 块多层火驱、辽河油田高 3–6–18 块立体火驱、新疆风城油田重 18 火驱试验的进展和国外的罗马尼亚火驱、印度 Balol 和 Santhal 火驱技术的实施案例。

第一节 新疆油田红浅火驱

一、红浅 1 火驱先导试验概况

红浅 1 火驱先导试验区（图 6–1 中倾斜的红色方框内为先导试验区及其井网）面积 $0.28km^2$，地质储量为 32×10^4t。目的层 J_1b 组为辫状河流相沉积，储层岩性主要为砂砾岩。平均油层有效厚度 8.2m，平均孔隙度 25.4%，平均渗透率为 720mD。油藏埋深 550m，原始地层压力 6.1MPa，原始地层温度 23℃。地层温度下脱气原油黏度 9000～20000mPa·s。地层为单斜构造，地层倾角 5°。在火驱试验前经历过多轮次蒸汽吞吐和短时间蒸汽驱。其中蒸汽吞吐阶段采出程度 25.6%，蒸汽驱阶段采出程度 5.1%。注蒸汽后期基础井网为正方形五点井网，井距 100m。由于注蒸汽开发后期的特高含水，火驱试验前该油层处于废弃状态。数值模拟历史拟合结果表明，经过多年注汽开发，油层平均含油饱和度由最初的 71% 下降到目前的 55%。先导试验采用平行排列的正方形五点面积井网启动，注气井排平行于构造等高线。待相邻各井组火线相互联通后转为由构造高部位向低部位推进的线性井网火驱。先导试验于 2009 年 12 月开始点火，截至 2018 年底试验区累计产油 14.7×10^4t，累计 AOR 为 $2789m^3/m^3$。火驱阶段采出程度 35%，采油速度达到 3.8%，预期最终采收率 65.1%。由于火线沿着砂体和主河道方向推进速度明显快于其他方向，致使原先设想的注气井排火线连成一片的时间比方案预期晚 3～4 年，在试验的大部分时间里没有实现真正意义上的线性火驱。这主要是由于垂直于主河道方向一定范围内分布着规模不等的渗流屏障。另外，个别老井试验过程中还出现了套管外气体窜漏的现象，后来得到有效治理。先导试验其他各项运行指标与方案设计基本吻合，证实了砂砾岩稠油油藏注蒸汽后期转火驱开发的可行性，具备了火驱工业化推广的条件。

二、红浅 1 火驱工业化试验井网选择及方案概况

红浅 1 火驱工业化试验的目的层与先导试验区处于同一油层。其构造、沉积特征、储层岩性物性及流体性质与先导试验区类似。油藏蒸汽吞吐和蒸汽驱阶段累计采出程度 32.3％，目前注蒸汽开发已无经济效益。火驱工业化试验区动用含油面积 $11.5km^2$，动用

地质储量 1520×10^4t。采用线性交错井网，先开发八道湾组，6 年后接替开发齐古组。以 100m 井距计算单井平均剩余油储量 9000t，油层平均剩余油饱和度 51%。方案的井网模式和部署如图 6–2 和图 6–3 所示，共包括注气井总井数 75 口，均为新井。采油井总数 863 口，其中加密新井 155 口、老井 708 口。另外，为获取更多动态监测数据，设置了 16 口生产观察井。为保证能够在长时间内持续有效地进行动态数据监测，火驱观测井优先在新钻加密井范围内部署。应该说在这样一个高采出程度的注蒸汽稠油老区实施火驱提高采收率，其井网模式无论如何选择都很难十全十美。该部署在两种井网、诸多因素中反复权衡，尽可能做到扬长避短、趋利避害。

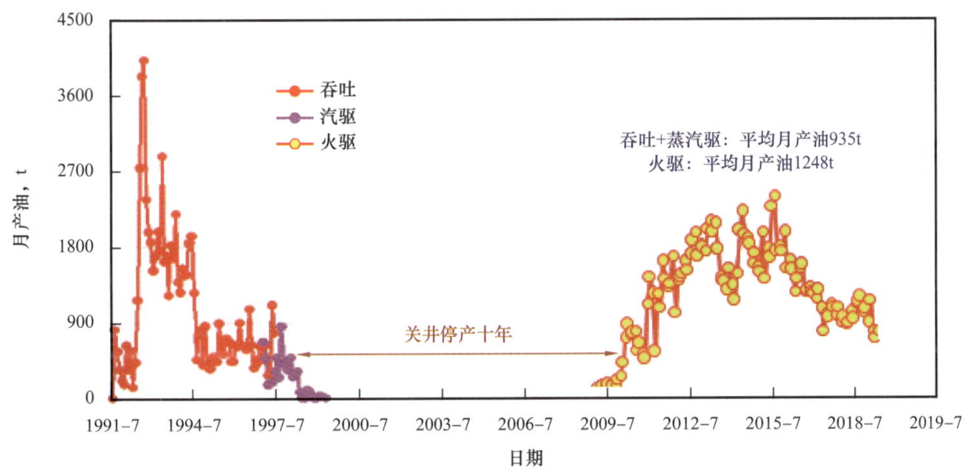

图 6–1　红浅 1 火驱先导试验区全生命周期产油曲线

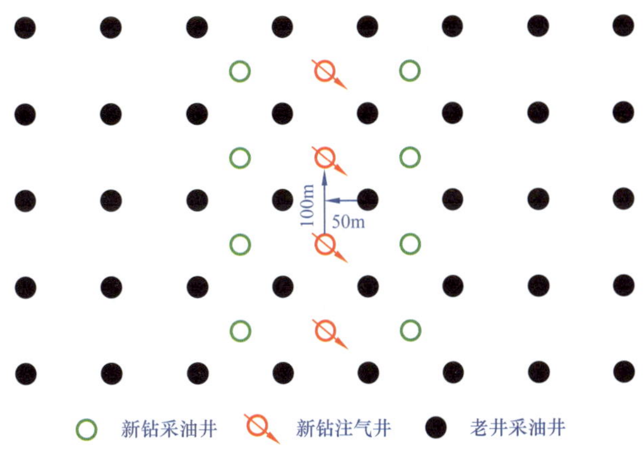

图 6–2　红浅火驱工业化试验井网模式

1. 火驱井网选用改进的线性井网

先导试验过程中线性井网在火线预测与调控及油藏动态管理等方面显示了明显的优势。因此工业化试验仍选择线性井网，但由原来的从构造高部位向构造低部位单向驱替的线性井网，改为由砂体中部向两边驱替的双向线性井网。因主力油层 $J_1b_4^2$ 层砂体平面上近南北向呈条带状分布，因此注气井排南北展布，平行于主河道和砂体展布方向。注气井全部采用原老井中间加密的新井，以确保火驱开发全过程井筒的可靠性。同时在距注气井 150m 范围内加

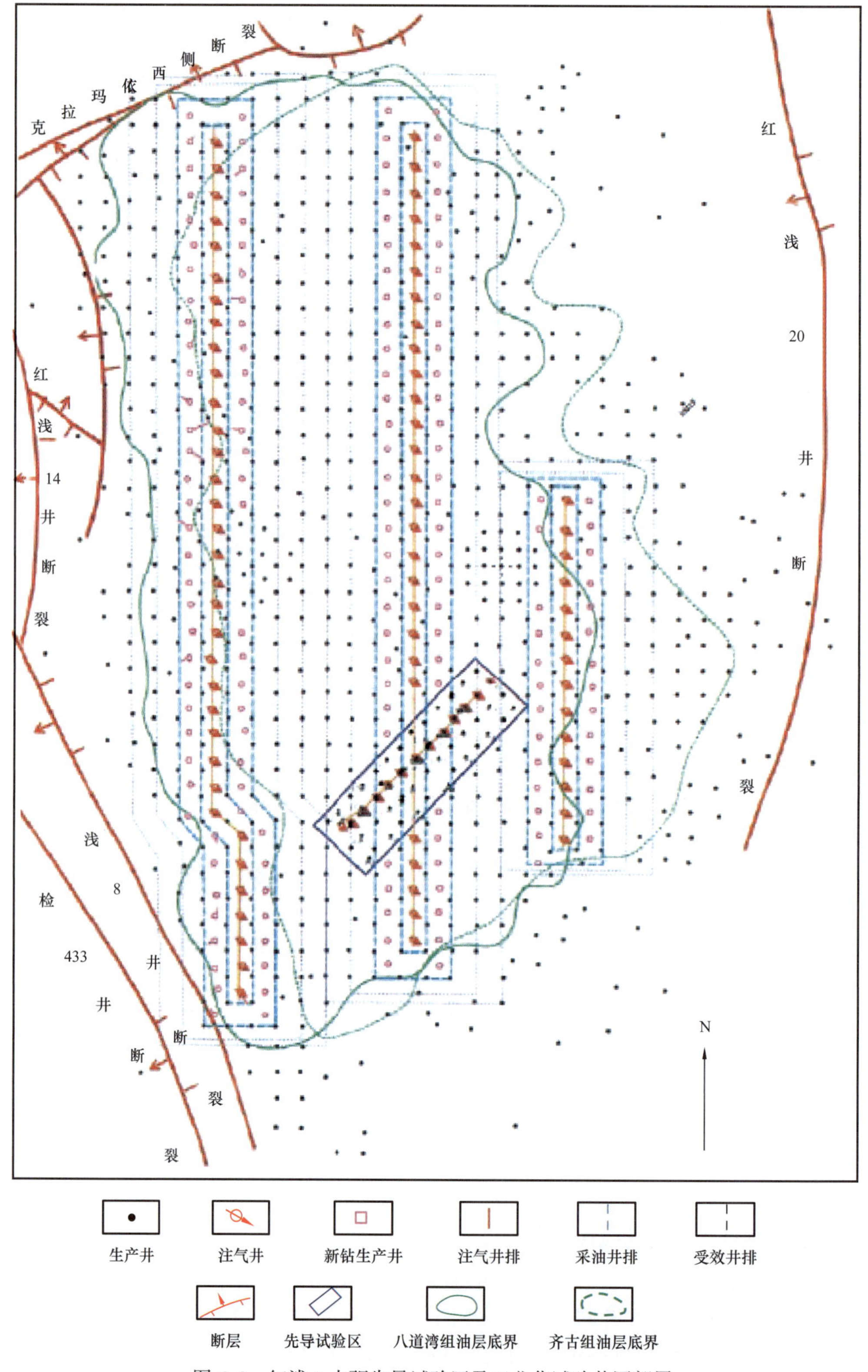

图 6-3　红浅 1 火驱先导试验区及工业化试验井网部署

密部署 2 排新采油井，以增加采 / 注井数比，如图 6–2 所示。先导试验表明，河道和砂体展布方向对火线推进的影响远大于构造倾角对火线推进的影响。注气井排平行于河道和砂体展布方向，有助于尽早实现注气井间的燃烧带联通，并有助于形成较齐整的火线前缘。2 排加密的采油井可在整体上形成线性交错井网模式，有助于初期火线形状调控、提高波及系数。新增加密井不仅有利于火驱开始阶段迅速实现产能，也可在将来火线扫过转为注气井后，持续满足井筒可靠性要求。由于火线从注气井排向两侧驱替，因此注气井平均注气速度也要达到先导试验区单井注气速度的 2 倍，注气井口及井底压力也会相应提高。

2. 工业化试验区共部署 3 排注气井

第一排注气井与第二排注气井间距为 800m，中间有 8 排老井、2 排新井作为生产井。第二排注气井与第三排注气井间距 600m，中间有 6 排老井、2 排新井作为生产井。注气井排之间的间距不同，主要是考虑了平面原油黏度分布的差异。第三排井控制范围的地层原油黏度为 15000～25000mPa·s，设置的生产井排数较少。其他区域地层原油黏度为 6000～15000mPa·s，设置的生产井排数较多。选择 3 排注气井，一方面是为了提高试验区总的采油速度和产量规模，提高项目总体运行效率；另一方面是尽量减少每口注气井所对应的生产井数，以降低累计 AOR 和单位操作成本、提高经济效益。整个工业化试验方案预期生产 20 年，火驱阶段累计产油 249×10^4t，阶段采出程度 33.5%，累计 AOR 为 $2700m^3/m^3$，最终采收率 65.8%。

3. 所有更新井在距原老井 10m 范围内部署，以确保井网的规整性

方案中更新井井数 189 口，先实施离注气井 150m 范围的井 83 口，其余更新井（106 口）在火驱 4～5 年后，根据火线推进情况逐年安排。更新井的分步实施兼顾了投资规模和火线推进特点。当第二排生产井（新井）发生火驱突破，可将该排生产井转为注气井。通常情况下这些注气井可以直接注气不再实施点火，即所谓的“移风接火”。但如果此前火线向前推进过程中遇到了明显的渗流屏障时，可以在新的注气井上重新点火，以确保后续火驱过程中的火线波及系数。

第二节　辽河油田杜 66 块多层火驱

一、概况

曙光油田杜 66 块开发目的层为古近系沙河街组沙四上亚段杜家台油层。顶面构造形态总体上为由北西向南东方向倾没的单斜构造，地层倾角 5°～10°。储层岩性主要为含砾砂岩及不等粒砂岩，孔隙度 26.3%，渗透率 774mD，属于中高孔、中高渗储层。油层平均有效厚度 44.5m，分为 20～40 层，单层厚度 1.5～2.5m，20℃原油密度为 0.9001～$0.9504g/cm^3$，油层温度下脱气油黏度为 325～2846mPa·s，为薄—中互层状普通稠油油藏。

杜 66 块于 1985 年采用正方形井网、200m 井距投入开发，经过两次加密调整井距为 100m，主要开发方式为蒸汽吞吐。2005 年 6 月开展 7 个井组的火驱先导试验；2010 年 10 月，又扩大了 10 个试验井组；2013 年又规模实施 84 个井组，现有火驱井组达到 101 个。

二、火驱油藏工程设计要点

针对杜 66 块上层系火驱的规模实施，2013 年编制了《杜 66 断块区常规火驱开发方案》，方案设计要点如下：

（1）层段组合，上层系划分为杜 $Ⅰ_1$+ 杜 $Ⅰ_2$ 和杜 $Ⅰ_3$+ 杜 $Ⅱ_1$ 两段。组合厚度 6～18m，稳定隔层厚度大于 1.5m；

（2）井网井距，主体部位采用 100m 井距的反九点面积井网，边部区域采用 100m 井距的行列井网；

（3）点火方式，电点火，点火温度大于 400℃；

（4）燃烧方式，以干烧为主，适时开展湿烧试验；

（5）注气速度：初期日注 $5000m^3/d$；月增量 $500～1000m^3/d$；最高日注 $2\times10^4m^3/d$；

（6）油井排液量：15～25t/d。

三、实施效果

杜 66 块杜家台油层上层系自 2005 年 6 月开展火驱先导试验、扩大试验和规模实施，截至 2016 年 6 月，已转注气井 101 口，开井 76 口，油井 508 口，开井 321 口，日注气 $69.82\times10^4m^3$，综合含水 80.8%，火驱阶段累计产油 100.1×10^4t，累计注气 $91165\times10^4m^3$，瞬时空气油比 $1592m^3/t$，累计空气油比 $912m^3/t$，从各项开发指标看取得了较好的开发效果。

1. 火驱产量有所上升，空气油比持续下降

火驱日产油从转驱前的 478.1t 上升到 735.3t，平均单井日产油从 1.4t 上升到 2.3t，开井率由 25%～44% 提高到 71%～82%。空气油比从转驱初期的 $2565m^3/t$ 下降到 $852m^3/t$。图 6-4 所示为杜 66 块火驱生产曲线。

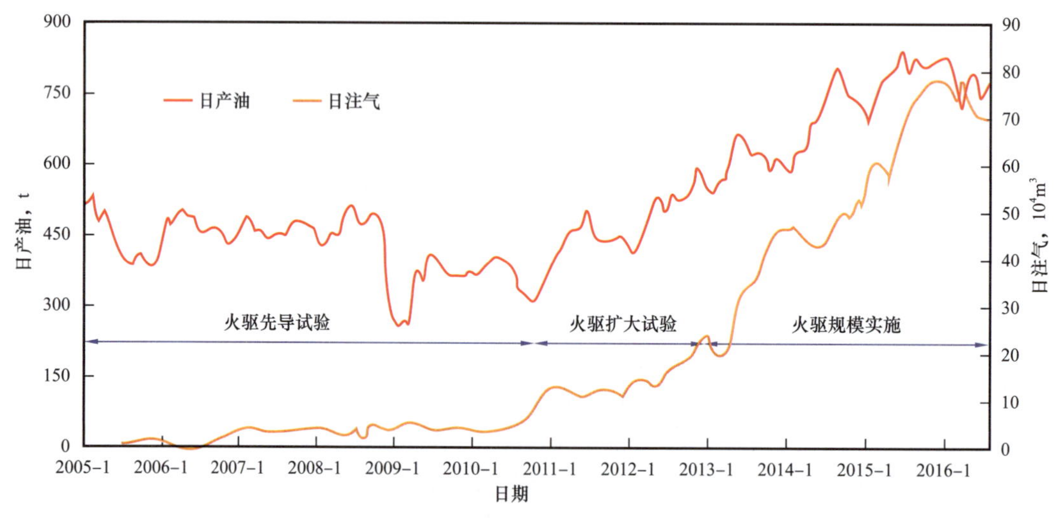

图 6-4　杜 66 块火驱生产曲线

2. 地层压力稳步上升，地层温度明显上升

地层能量逐渐恢复，地层压力由 0.8MPa 上升到 2.7MPa。水平井光纤测试温度从 48～70℃上升到 135～248℃。

3. 多数油井实现高温氧化燃烧

根据产出气体组分分析，CO_2 含量 14.3%～16.9%，氧气利用率 85.7%～91.3%，视氢碳原子比 1.8～2.3，N_2/CO_2 比值 4.6～5.2，69.5% 油井符合高温氧化燃烧标准。

第三节　辽河油田高 3-6-18 块立体火驱

一、概况

高 3-6-18 块位于高升油田鼻状构造的东北翼，南邻高 3 块，北接高 3-6-24 块，东靠中央凸起。含油层系为古近系沙河街组沙三段下莲花油层，开发目的层为主力油层 L_5 和 L_6 砂岩组，油藏埋深 1540～1890m，主要含油岩性为含砾不等粒砂岩和砂砾岩，分选差，为中—高孔、高渗储层，油层平均有效厚度 103.8m，纵向集中发育；20℃平均脱气原油密度 0.955g/cm^3，50℃平均脱气原油黏度 3500mPa·s，油藏类型为厚层块状普通稠油油藏。2013 年对该块进行了储量复算，复算含油面积 1.06km^2，L_5+L_6 石油地质储量 1030×10^{4}t。

高 3-6-18 块于 1986 年采用正方形井网、210m 井距投入蒸汽吞吐开发，1992 年加密成 150m 井距，1998 年加密成 105m 井距，2008 年 5 月 L_5 砂岩组开展行列火驱先导试验，2010 年扩大火驱规模，目前火驱注气井 25 口，其中：L_5 注气井 20 口，以火驱开发为主，L_6 注气井 5 口，以蒸汽吞吐开发为主。

二、火驱油藏工程设计要点

随着蒸汽吞吐开发生产时间加长，地层压力下降，单井日产油、油汽比下降，经济效益变差。2008 年通过论证，认为除了油层厚度巨厚外，其他条件均满足火驱条件，因此，决定在高 3-6-18 块开展火驱先导试验，分别于 2008 年、2009 年编写了《高 3-6-18 块火驱先导试验方案》和《高 3-6-18 块火驱开发方案》，2013 年编制了《高 3-6-18 块 ODP 调整方案》。历次方案设计要点如下。

1. 高 3-6-18 块火驱先导试验方案设计要点

（1）采用干式正向燃烧方式进行火驱；

（2）点火方式为电点火。

（3）点火温度 450～500℃。

（4）点火时间 5～9 天（点火器电功率 60kW·h）。

（5）油井全井段射开，注气井射开 L_5^1，射开厚度 9～11m。

（6）采用 105m 井距，行列井网，高部位到低部位“移风接火”火驱开发。

（7）初期井口注气压力 9MPa（井底注气压力 3～4.5MPa），最大排液量 40m^3/d；对连通性好的高产井，要调节油井的工作制度；对低产井要及时采取增产疏通措施。

（8）采用变速注气方式注气，初期注气速度 3000m^3/d［通风强度 1.93m^3/（m^2·h）］，随着加热半径的增加，注气速度每月调整一次，设计月增加注气量 1000m^3/d，单井最高注气速度为 3×10^{4}m^3/d，实施过程中应根据动态监测资料和油井产量进行相应的调整。

2. 高 3–6–18 块火驱开发方案设计要点

（1）燃烧方式：干式正向燃烧。

（2）井网井距：采用 105m 井距行列井网，注采井距 105～210m，“移风接火”的方式实现连续火驱。

（3）开发层系及射孔层位：采用两套注气层系火驱开发，L_5 和 L_6 砂岩组注气井分别分两段射孔，分层注气；L_5 和 L_6 砂岩组注气井分别射开 $L_5^1+L_5^2$ 和 $L_5^3+L_5^4$ 下部 1/2～2/3，$L_6^1+L_6^2+L_6^3$、$L_6^4+L_6^5+L_6^6$ 下部 1/2～2/3，油井射开对应层段下部的 2/3。

（4）点火方式：电点火。

（5）点火温度：450～500℃，最好大于 500℃；点火时间：9～18 天（点火器电功率 60kW·h，对应油层厚度 15～30m，预热半径 0.6～0.8m）。

（6）采用变速注气的方式注气，初期单井注气速度 5000～7000m^3/d，折算单位截面积通风强度 1.93m^3/（m^2·h），注气速度每月调整一次，设计单井月增加注气速度 3000～4000m^3/d，火线推进距离至注采井距的 70% 时，注气速度不再增加，最高注气速度 30000～40000m^3/d。实施过程中可根据动态监测资料和动态分析资料进行相应的调整。

（7）油井排液量控制在 15～25m^3/d 之间。对连通性好的高产井，要调节油井的工作制度；对低产井要及时采取增产疏通措施。

3. 高 3–6–18 块调整方案的编制设计要点

（1）层系：L_5 和 L_6 两套，根据油层、夹层、隔层组合特点，在层系内细分开发单元。

（2）井型和立体火驱方式：夹层发育区采用直井井网火驱；夹层不发育处，连续油层厚度 20～50m 采用单水平井直平组合侧向火驱，连续油层厚度大于 50m 采用双叠置水平井直平组合侧向火驱。

（3）井网井距：直井井网采用目前行列井网、井距 105m；直平组合井网，注气直井与水平井侧向水平距离 50m，水平井位于组合单元油层底部。

（4）直井井网火驱：注气井射开单元下部 1/2、油井射开单元下部 3/4，最高注气速度 30000～40000m^3/d，排液量大于 10t/d。

（5）直平组合井网火驱，水平井长度 300～400m，侧向部署 3～4 口注气井，注气井射开组合单元上部 1/4～1/3，注气速度 40000m^3/d 左右。

这期间还开展了一系列研究，如：2010 年开展了“高 3–6–18 块直平组合侧向火驱可行性研究”，2012 年完成了《高 3–6–18 块直平组合侧向火驱先导试验方案》，2013 年开展了“高 3–6–18 块火驱效果及主控因素研究”、2014 年开展了“高 3–6–18 块火驱跟踪分析与直平组合关键参数优化研究”等。

三、实施效果

高 3–6–18 块于 2008 年 5 月 5 日开展火驱先导试验（2008 年 5 月至 2010 年 10 月），由先导试验 3 口井逐步扩大为目前的 20 口井，火驱日产油由 84.5t 上升到 133.4t，阶段最高日产油 230.7t，火驱阶段提高采出程度 7.26%，火驱产量占区块总产量的 83.1%，成为区块的主力开发方式。截至 2016 年 6 月底，L_5 砂岩组注气井 20 口，开井 8 口，L_6 砂岩组注气井 5 口，开井 2 口；油井 119 口，开井 77 口，全块日注气 $10.1\times10^4m^3$/d，日产液

457.9t，日产油 133.4t，日产气 $7.4\times10^4m^3$，综合含水 70.8%，累计注气 $38534.4\times10^4m^3$，累计产液 109.8×10^4t，累计产油 45.1×10^4t，累计产气 $25769.6\times10^4m^3$，瞬时空气油比 $1070m^3/t$。

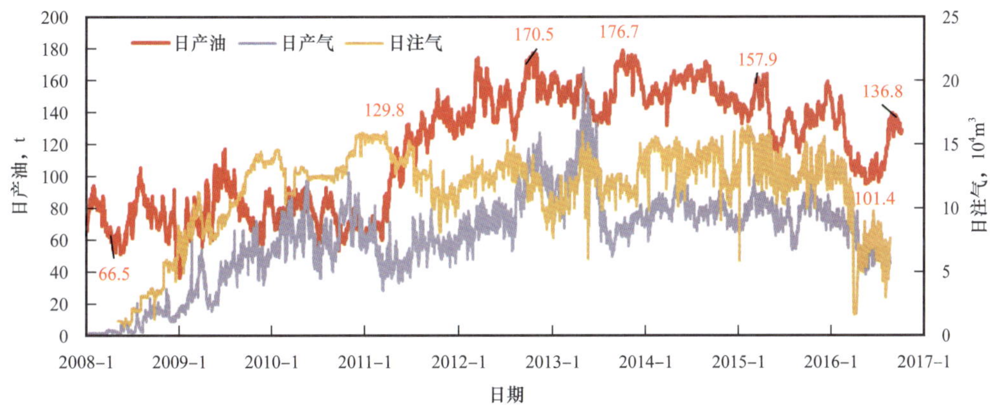

图 6–5　高 3–6–18 块 L_5 火驱试验井组生产曲线

（1）区块产量上升。

火驱年产油从 2008 年的 1.875×10^4t 上升到 2015 年的 6.162×10^4t。

（2）单井取得了较好的火驱效果。

根据实际油井生产过程中温度、尾气、产量及见效时间的不同，制定了高 3–6–18 块油井分类标准，将第一批见效油井分成三类，Ⅰ类典型井 10 口，平均单井累计产油 8325t，平均单井年产油 1041t；Ⅰ+Ⅱ类典型井 21 口，平均单井累计产油 6699t，平均单井年产油 837t，火驱阶段最高单井累计产油 10322t。表 6–1 为高 3–6–18 块油井分类标准。

表 6–1　高 3–6–18 块油井分类标准

油井分类	油井监测最高温度，℃	CO_2 含量，%	稳产阶段日产油，t	见效时间，mon
Ⅰ类井	181～317	＞12	＞4.0	12～15
Ⅱ类井	88～168	＞12	3 左右	18～20
Ⅲ类井	60～102	＜12	2.0 左右	40～42

（3）地层压力得到了补充，地层温度明显升高，尾气指数高温燃烧特征明显，实现了高温氧化燃烧。

地层压力得到了补充，地层压力从 0.89MPa 上升到 3.9MPa，上升了 3.01MPa。油井监测地层温度从 55～60℃上升到 120～316℃，注气井监测地层温度从 180～220℃上升到 320～549℃；CO_2 含量从 5%～6% 上升到 15%～20%，气体 GI 指数从 0.4 上升到 0.8 以上，表现为高温氧化燃烧特征。

（4）注气井间形成了油墙，井间加密井效果好。

注气井井间富油区加密井日产油大于 10t 生产了 4 个月，目前生产 3 年，累计产油 7130t，平均年产油 2377t。

根据火驱以来见效井比例及燃烧波及状况分析，火驱尚有不足之处，体现在以下四个方面：（1）火驱Ⅰ类井少，仅占开井数的 15.9%，单井日产油低，只有 4t/d 左右；（2）纵向上燃烧前缘向上覆高渗层超覆严重，纵向燃烧率低，动用程度只有34%；平面上燃烧前缘沿主河道推进速度快，波及范围小，平面波及半径小于80m；（3）燃烧前缘在地质体中推进，不受射孔层位和小层限制，燃烧前缘沿主水道、储层物性好、亏空大的方向呈舌状推进，主河道推进速度快，火窜、气窜严重，个别注气井、油井射开下部油层对整体向下拉火线作用不显著、对沿高渗层燃烧的抑制作用也不理想；（4）火驱从初期的较均匀燃烧退变成上部主力高渗层燃烧好，平面燃烧宽度及纵向燃烧厚度有逐渐减小的趋势，对于吞吐开发后期的厚层块状油藏，火驱调控难度大。

从近几年的研究结果看，平面燃烧宽度及纵向燃烧厚度小，火驱波及体积不到50%，对于吞吐开发后期的厚层块状油藏，按现有方式火驱调控难度大。只有开展二次开发才有望提高平面和纵向动用程度，改善目前生产状况。

第四节　新疆风城油田火驱辅助重力泄油（CAGD）矿场试验

一、试验区油藏概况

试验区位于新疆风城油田重18井区北部，试验区目的层为侏罗系齐古组的$J_3q_2^{2-3}$层，平均油藏埋深215m。油层有效厚度为9.3～17.9m，平均13.4m，平面上连通性好。油层上面为厚度5.5～16.0m的致密泥岩、泥质砂岩及砂砾岩，具有良好的封闭性。储层岩性为中细砂岩，分选较好。胶结类型以接触式为主，多为泥质胶结、胶结疏松。目的层孔隙度为28.5%～31.7%，平均30.0%。渗透率599～1584mD，平均900mD，属高孔、高渗、高含油饱和度储层。原始地层温度18.8℃，原始地层压力2.60MPa。油藏油密度为0.96～0.97g/cm^3，地层油黏度20×10^4mPa·s，原油凝固点18.9℃，在地下不具备流动能力。

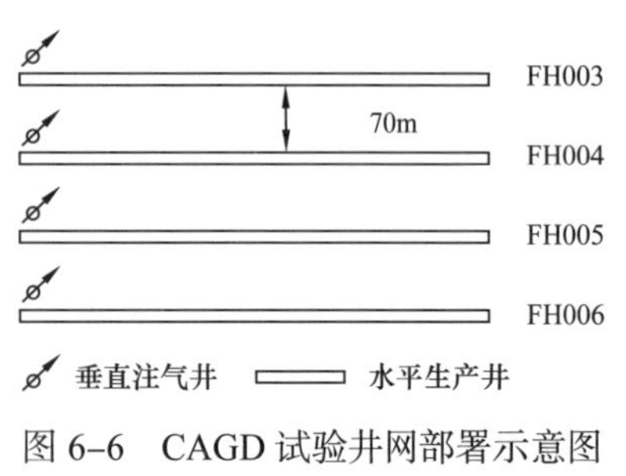

图6-6　CAGD试验井网部署示意图

CAGD先导试验先期部署4个井组，FH003、FH004、FH005和FH006，设计水平段长500m，水平井与水平井之间的距离为70m，每个井组的垂直注气井与水平生产井之间最短距离为3m，如图6-6所示。最先点火的是FH003井组，水平井眼轨迹测试实际水平段长度550m，实际钻遇油层的纵向连续厚度平均为9.5m，垂直注气井与水平井的水平段实测最短距离为1.8m，垂直注气井的射孔井段为油层顶部的4m段。第二个点火的是FH005井组，实际水平段长度470m，实际钻遇油层的纵向连续厚度平均为12.0m，垂直注气井与水平井段实测最短距离为3.0m，垂直注气井的射孔井段为油层顶部的5m。

二、FH003井组矿场试验

FH003井组在点火前，为建立垂直注气井与水平生产井之间的联通，进行了注蒸汽预热。其中垂直注气井采用蒸汽吞吐预热，水平井采用蒸汽循环预热。预热结束后，于2014年9月24实施点火，点火期间注气速度为4000m^3/d，点火功率40kW，点火器出口空气温度控制在500～550℃，实际点火过程中点火电缆通电20h后短路，点火器无法继续加热。到10月13日，根据产出流体组分监测数据确认点火成功。图6-7给出了点火及此后

30 天内水平段温度监测数据，在水平段不同位置设置了 9 个热电偶进行实时温度监测。其中 766m 处的热电偶水平段的趾端位置，761m 处热电偶从水平井趾端向跟端方向移动 5m，756m 处热电偶在向跟端方向移动 5m，前三个点是 5m 间隔，后面距离不断加大，依此类推，216m 处热电偶即位于水平井的跟端位置。从图 6-8 可以看出，在直井点火后 30 天内，水平井趾端附近的 3 个监测点的温度相继上升到 400℃以上。这是一个非常不好的信号，说明燃烧带前缘有沿水平井筒锥进的迹象。在点火生产 57 天后，水平井产出尾气中氧气含量超过 5%，确认井下发生了较严重的单向锥进。此后虽然对注、采参数进行多次调控，仍无法改善井下锥进状况。试验被迫终止。FH003 井组累计正常生产 57 天，累计产液 1450t，产油 622m^3，日均产油 11m^3，综合含水 56%，累计注气 120 × 10^{4}m^3，空气油比 1929m^3/m^3。出现火线锥进后为调整燃烧前缘而继续注入的 80 × 10^{4}m^3 空气，对产油没有贡献。

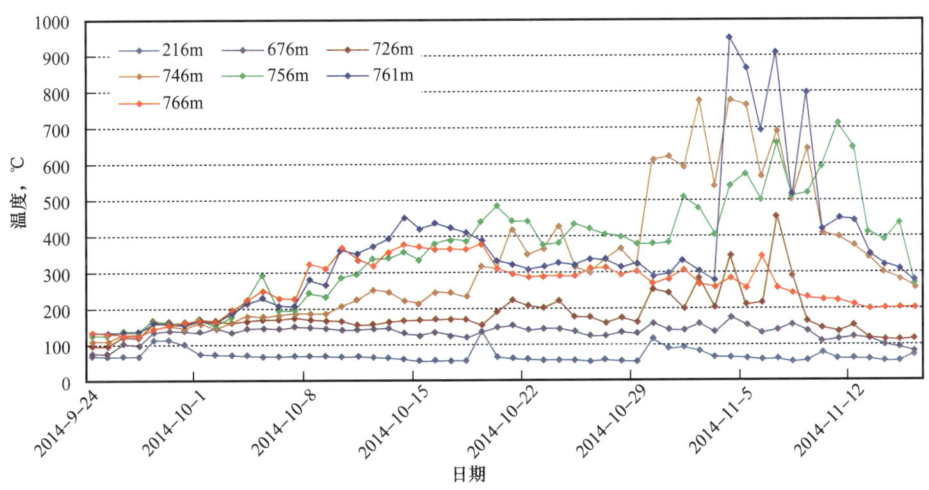

图 6-7 FH003 井组点火初期水平段测点温度变化曲线

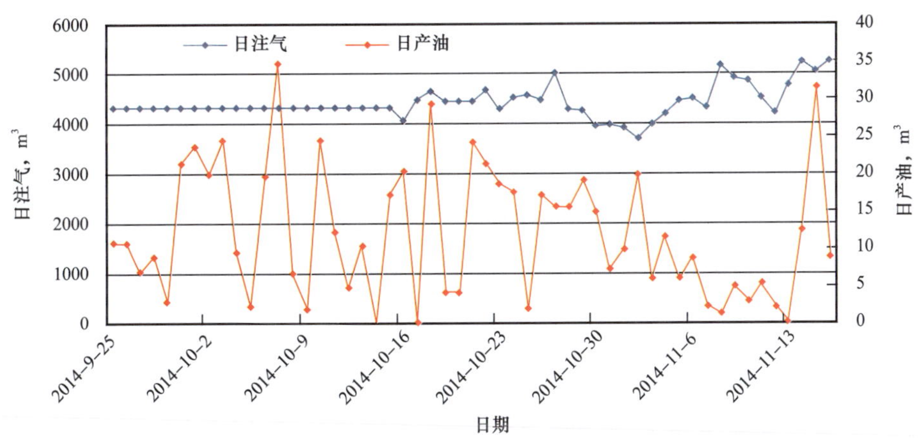

图 6-8 FH003 井组注气及产油曲线

分析认为，有这样几个原因导致了燃烧前缘沿水平井筒锥进：一是垂直注气（点火）井前期采用了 2 个轮次的蒸汽吞吐预热，蒸汽累计注入量超过 1500m^3，吞吐过程中与水平井之间形成导通。实施点火后，燃烧带很容易沿着已有的蒸汽导通带向水平井锥进；二是由于对超稠油油藏点火经验不足，点火前对井筒处理不充分，井筒中有残存的原油。点火过程中井筒内的原油发生了燃烧，点火电缆在通电不到20h的情况下被烧毁，致使近井地带热量累计不足，影响了初期燃烧腔体的均匀发育；三是点火期间注气速度有些偏大。

三、FH005 井组矿场试验

FH005 井组充分吸取了 FH003 井组的教训，设计点火前仍对垂直注气井实施蒸汽吞吐预热，但要降低蒸汽注入量。点火器启动之前对井筒进行清洗、注 N_2 等作业，确保井筒中没有残余油气，避免井筒燃烧。点火期间采用低速高温模式，即将注气速度降至 3000m³/d，点火功率提升至 50kW，点火器出口空气温度控制在 570～600℃。点火器在井下累计开启时间达到 150h，期间没有发生异常，点火 7 天后确认点火成功。此后注气速度一直保持小台阶缓慢提升（图 6-9）。垂直注气井的注气速度从点火初期的 3000m³/d 逐步提高到（2016 年 12 月 31 日）6200m³/d。试验过程中注气压力一直保持在 3.5MPa 左右，始终维持注、采平衡。从 FH003 和 FH005 两个井组的产油曲线看，CAGD 生产过程中产量上下波动幅度很大。这是火驱生产井的普遍规律[1]，主要是由于大气量下气、液两相交替产出造成的。从对两个井组火驱前后产出原油的 SARA 组分分析（表 6-2）看，CAGD 产出原油有明显的改质：饱和烃含量升高，芳香烃、胶质和沥青质的含量有不同程度的下降。截至 2016 年底，矿场 FH005 井组矿场试验已经稳定运行 400d，水平井的单井产量达到 7～8m³/d，累计注气 196×10^4m³，累计产油 1900m³，空气油比为 1032m³/ m³。预计点火 800 天后注气速度将提高到 15000m³/d，水平井产量将达到 14m³/d。

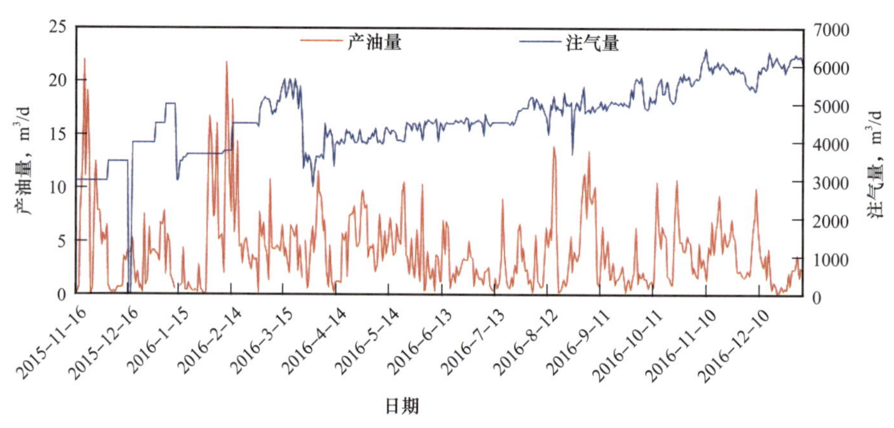

图 6-9　FH005 井组注气及产油曲线

表 6-2　先导试验井组尾气及原油族组分化验统计表

尾气监测			火驱前后原油 SARA 组分分析				
			族组分	FH003 井组		FH005 井组	
燃烧反应相关参数	FH003 井组	FH005 井组		火驱前	火驱后	火驱前	火驱后
氧气利用率，%	98%	98%	饱和烃，%	48.67	50.87	43.1	50.24
CO_2 含量，%	13.3%	15.4%	芳香烃，%	16.56	19.36	20.88	18.48
视 H/C 原子比	1.8	2.1	胶质，%	29.13	24.28	33.33	28.71
N_2/CO_2 比	5.4	5.2	沥青质，%	5.63	5.49	2.69	2.57

第五节　罗马尼亚火驱项目

一、概述

火驱是罗马尼亚原油重要的IOR/EOR方式。在20世纪90年代火驱产量占罗马尼亚全国原油总产量的8%左右，仅次于水驱，超过了蒸汽驱、气驱及化学驱的总和，如图6–10所示。从1983年开始，罗马尼亚年度空气注入量超过$8\times10^8m^3$，高峰期的1988—1990年，年度空气注入量高达$20\times10^8m^3$，如图6–11所示[2]。

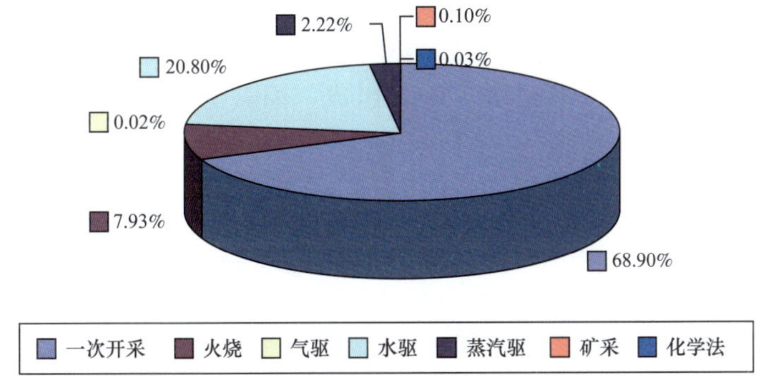

图6–10　罗马尼亚原油不同开发方式产量构成

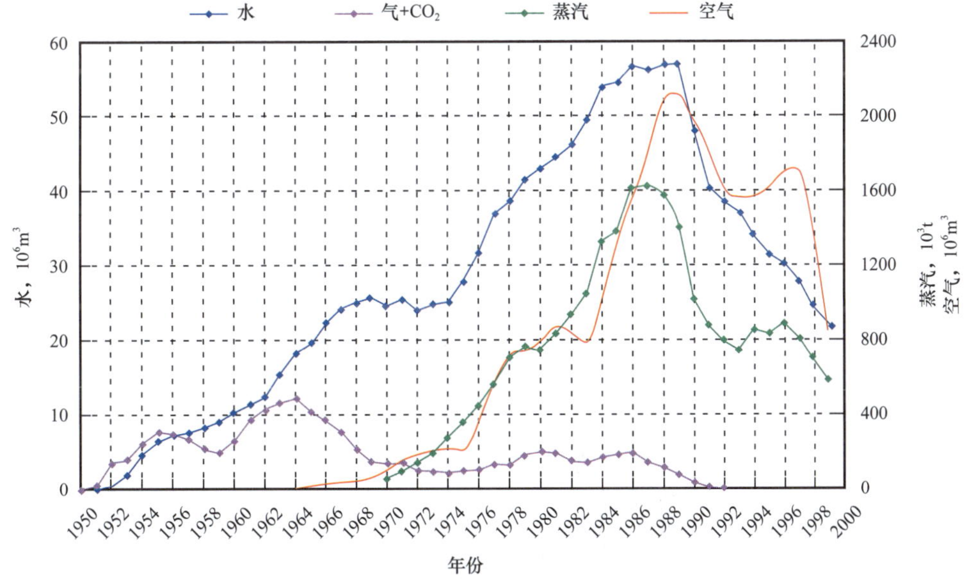

图6–11　罗马尼亚IOR/EOR项目中不同介质的年注入量

罗马尼亚Suplacu油田的火驱项目是世界上规模最大的火驱项目，为全世界所瞩目。从1964年开始在Suplacu油田进行火驱试验，后经历扩大试验和工业化应用，火驱高产稳产期超过25年，峰值产量为1500～1600t/d，取得了十分显著的经济效益。目前Suplacu油田的火驱开发仍在进行（罗马尼亚境内的其他5个火驱矿场试验由于油价等原因在2000年前后相继中止），目前该油田的日产量为1200t。以目前的采油速度推测，该油田可以稳产至2040年，最终采收率可以达到65%以上。

Suplacu油田火驱项目也是世界上ISC项目中检测手段最完善的项目之一，通过观察井以及生产井获得数百个井底温度剖面（BHT），其中有些位于层上部的剖面出现了很高的峰值温度（约为600℃），清晰地显示了ISC工艺的重力分异性质。

二、油田地质概况

Suplacu油田位于罗马尼亚西北部的Bihor县境内，藩诺盆地的东部边缘。该油藏为自南向北倾斜的单斜构造，地层倾角5°～8°。油田南面和东面受巴尔克乌断层的遮挡，北面受边水封闭。上新统藩诺阶储层为一套海岸潟湖相沉积，含少量砾石的未胶结中细粒砂岩直接沉积在盆地边缘基底上。盖层为泥岩和黏土组成，盖层之上是粗砂岩和砾岩组成的水层。储层的薄夹层由不连续的泥岩、砂岩组成。油藏深度在顶部为35m，在西北部为220m。Suplacu油藏地层剖面如图6-12所示。

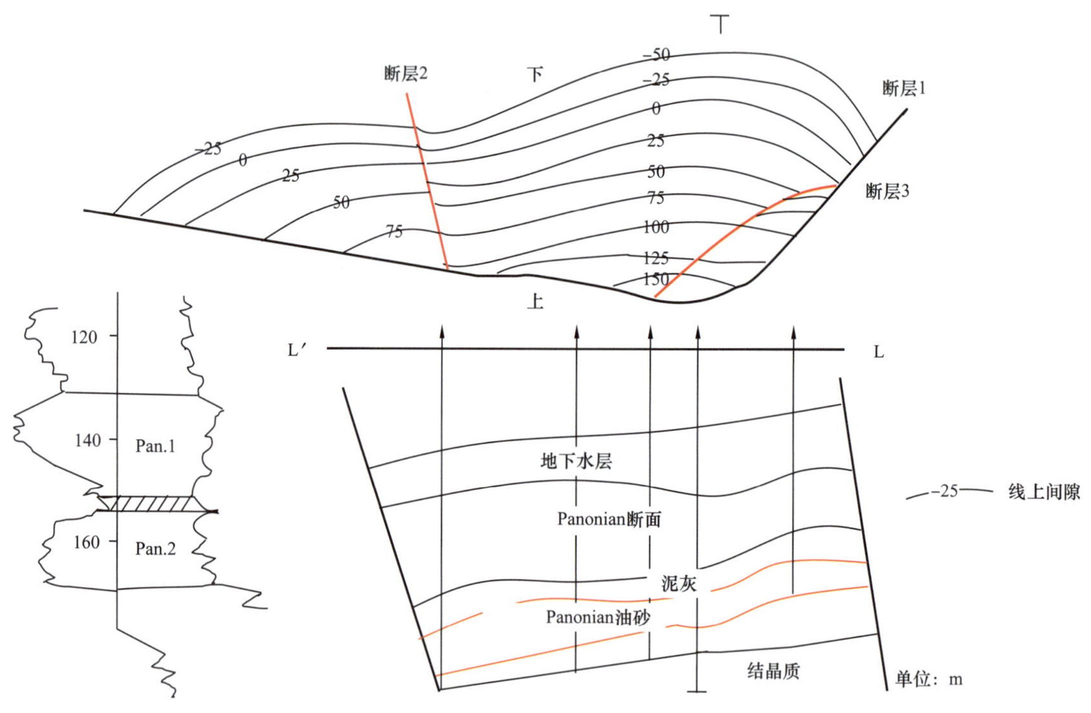

图6-12 Suplacu油藏地层剖面图

Suplacu油田发现于1958年，含油面积30km^2；地质储量3900×10^{4}t（根据目前最新地质资料看，地质储量可能在4200×10^{4}t以上）。该油藏基本参数如下：

（1）油层厚度：4～24m，平均10m；

（2）平均孔隙度：32%；

（3）绝对渗透率：2000mD；

（4）初始含油饱和度：75%；

（5）油藏埋深：35～220m；

（6）原始油藏压力：0.4～2.2MPa；

（7）原始油藏温度：18℃；

（8）原油黏度：2000mPa·s；

（9）原油密度：960kg/m^3；

（10）原油类型：沥青质。

1961 年开始依靠天然能量开采（抽油），单井日产 0.1～0.5t，平均 0.3t。预测一次采收率为 9.2%，开发期为 80 年。鉴于地质储量较大，在 1961—1964 年进行了多次研究，结果表明，热力采油方法可以提高采收率和采油速度，并能获得较好的经济效益。

三、热采先导试验

针对 Suplacu 油田的地质特征，当时一致认为热采是唯一可行的开发方式，但具体采用火烧油层还是注蒸汽仍有两种不同意见。为了选择最适合该油藏的热采方法，在 1963—1970 年，在同一油田具有相似条件的相邻区域圈定了 2 个面积 0.5ha 的区域，通过反五点井组，分别开展火驱和蒸汽驱的对比性先导试验[3]。两个先导试验井组及其在油藏中的位置如图 6-13 所示。

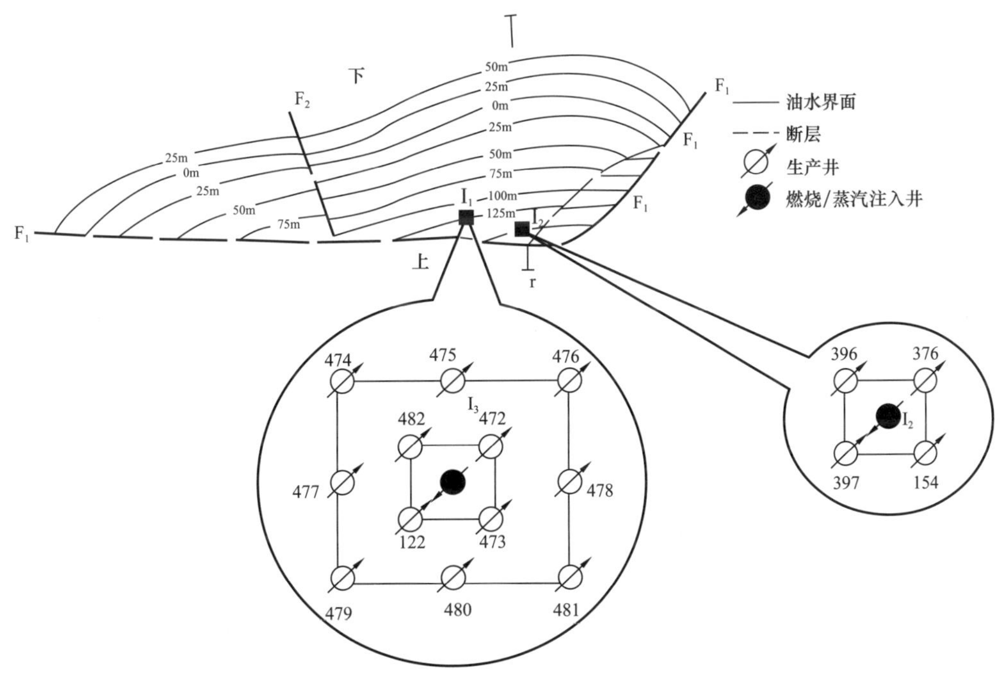

图 6-13　Suplacu 油田两个先导试验井组及其在油藏中的位置

两个试验井组位于油田南部构造的顶部。在两个试验井组的对角线上各钻了 4 口观察井，分别距注入井 10m、20m、30m 和 40m。其中蒸汽驱先导试验的起止时间为 1963 年 11 月至 1965 年 11 月，1 口注入井；火烧油层先导试验的起止时间为 1964 年 4 月至 1967 年 3 月，1 口注入井。

到 1966 年 4 月得到了两个井组的对比试验结果，认为火驱开采效果要好于蒸汽驱：

（1）总产油量对比：蒸汽驱 696 天累计产油 14810t，火驱 670 天累计产油 20000t；

（2）井组平均日产油对比：蒸汽驱井组为 21.3t/d，火驱井组为 29.9t/d；

（3）采收率对比：蒸汽驱采收率 22%，其中 4 口生产井全部水淹。火驱采收率为 130%（因受热影响井组外原油流入生产井）；

（4）经济指标对比：蒸汽驱的油汽比为 $0.29m^3/m^3$，火驱的空气油比 $2000m^3/m^3$。

为了进一步落实火驱试验效果，于 1966 年至 1967 年底又将原来 0.5ha 的井组向外扩大为 2ha 的 9 点井组，如图 6–14 所示。

井组扩大后，3042 天内共产出原油 130000t，井组平均产量 42.7t/d，最高达到 95t/d，油井均由抽油转为自喷。最先受效的是距离点火井较近的 475 井、480 井、478 井等几口边井，说明火线推进较为均匀。到 1972 年试验取得了如下满意效果：

（1）总注入空气量：$5330\times10^4m^3$；

（2）采出废气量：$4830\times10^4m^3$；

（3）空气注入压力：1.8～1.9MPa；

（4）采注比：0.91；

（5）通风强度：$1.2m^3/(m^2\cdot h)$；

（6）空气油比：$900m^3/m^3$；

（7）空气耗量：$360～380m^3/m^3$（油层）；

（8）预计井组采收率 85%；

（9）火线推进速度 9cm/d。

与 0.5ha 井组结果对比，井组面积增加了 3 倍，而产油量却增加了 6.5 倍。可见，小面积井组的试验还不能足以评价火驱技术与经济潜力。

四、半工业性扩大试验

由于小面积井组对比试验的采收率指标不太明朗，因此决定开展进行半工业性扩大试验，如图 6–14 所示。在原来火驱井组的东边布置了 6 个面积为 2.5～4.0ha 的火驱井组；而在原火驱井组的西边布置了 6 个面积为 2ha 的蒸汽驱井组。两个扩大试验井组均处于油藏的顶部，非常接近等高位置。

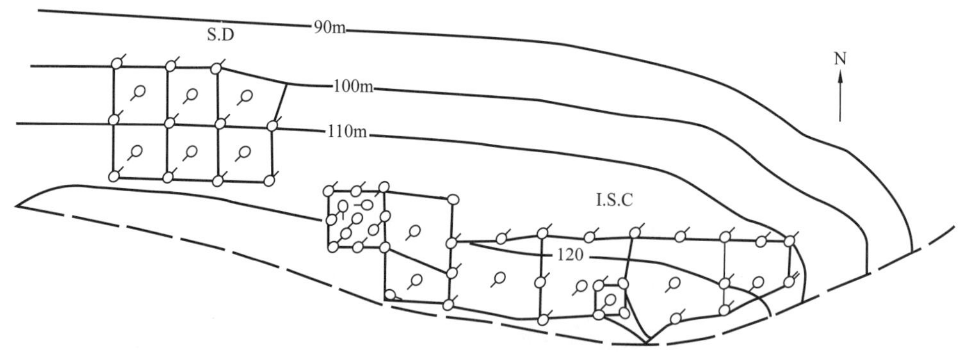

图 6–14　Suplacu 油藏扩大试验井组及其生产动态

两个扩大试验的对比结果，再次确认了火驱的优势：

（1）蒸汽驱井组在 1700 天内累计产油 113500t，而火驱井组在 4590 天内累计产油 440000t；

（2）蒸汽驱的最终采收率为 26.8%，火驱采收率为 40.5%。

6 个井组的蒸汽驱扩大试验，结果与 0.5ha 单井组试验一样，初期效果好，后来效果变差，汽窜和水淹。为了进一步证实汽窜的影响，1975—1977 年在西南部又开展了 3 个井组的蒸汽驱试验，结果更加令人失望，采收率不到 5%，被迫停止注汽改为水驱。原因是该位置有气顶，注入蒸汽可能窜到气顶中去了。原来考虑在构造东部油层较薄的区域（4～15m）采用火驱，在西部油层较厚的区域（20～27m）采用蒸汽驱。但通过对比试验证明火驱要比蒸汽驱好得多，因此决定该油田全部采用火驱开采。

先导试验和扩大试验取得的基本认识：

（1）在火烧油层和蒸汽驱过程中采用蒸汽吞吐引效是必要的；

（2）火烧油层能够提高采收率 40% 以上；

（3）火驱前缘的线性连续推进模式要优于面积井网火驱模式；

（4）最佳的火驱策略是从构造的高部位向构造的低部位稳步驱扫（平行于等高线），如图 6-15 所示。

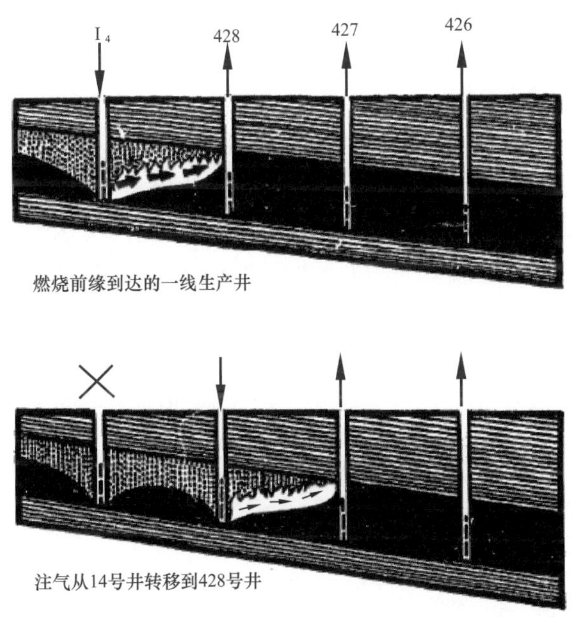

图 6-15　Suplacu 油藏从构造高部位向低部位线性火驱示意图[4]

关于线性火驱与面积火驱：

（1）重力作用使注入的空气从高部位井产出，降低了氧气的利用率。在面积井网中对此没有改进方法，只能关井。

（2）重力作用使不同位置上的井开发效果产生很大差异，据统计上、中、下三个井排的单井年产油量分别是 2750t、11000t 和 27000t。下井排的产量约为上井排产量的 10 倍。在上、下两排井中处于井组边井位置和处于角井位置的井产量差异也很大，上、下排边井的平均年产油量分别为 32500t 和 60000t，而相应角井的产量分别为 9000t 和 10500t。面积火驱产生的这种差异很难克服。

（3）当把相间点火的中间井排改为连续点火井排时，可以增加火驱波及体积。火井数的增加并不是为了增加总的注入速度，而是为了改善油藏中注入空气的分布，从而增加火驱前缘的扫及体积。

（4）应避免已经为火驱前缘驱走的原油重新返回原孔隙，油的回流会造成过量的焦炭沉积、渗透率降低以及火驱前缘推进速度降低。在多井组面积火驱中很难控制油的回流现象。

（5）将面积火驱改为线性火驱具有如下优势：可以充分利用重力作用，改善体积波及效率；可以避免已燃烧区重新被油饱和；可以在油藏最上部开始生产，使火井基本处于同一等高线，从而形成一个连续的注空气井排；燃烧前缘逐渐下移，逐渐将燃烧前缘后面的生产井转为注空气井，以保持注空气井与燃烧前缘的最短距离。

（6）在驱替过程中低的空气注入速度可以增大体积波及系数，但可能降低采油速度，采用线性火驱可以通过合理分配个井的空气注入速度使燃烧中心的氧气浓度成倍增加，从而减少总的空气耗量。

（7）现场试验证明了线性火驱要明显优于面积火驱：线性火驱前缘的体积波及系数为76%，而面积火驱的体积波及系数只有 41.3%；线性火驱的最终采收率为 55.2%，而面积火驱采收率仅为 40.5%。

五、火驱工业化开采阶段

1963—1970 年进行了火烧油层和蒸汽驱先导试验，随后进行了火驱和蒸汽驱的半商业化扩大试验[5]。在火驱和蒸汽驱半商业化扩大试验的基础上，1970 年决定采用火驱方法进行商业化开采。与此同时决定采用周期性注蒸汽的方式对火驱前缘的生产井进行吞吐引效。也就是在这个时候，决定改变面积井网的驱替模式为线性火驱模式，到 1975 年 9 月完成了面积火驱向线性火驱的转变。到 1992 年 3 月，共钻井 2200 口，生产井 1900 口，火驱受效井 600 口。动态资料显示，距离火驱前缘 200～400m 的生产井均能受效，日产量达到 1500～1600t，年采油量 55×10^4t，垂向波及系数平均 50%。下面为不同时间段的火驱油藏动态数据：

到 1983 年：

（1）火驱前缘平均推进了 8000m；

（2）总注气速度 2.8×10^6m^3/d；

（3）注气井数 100 口，燃烧带影响范围内生产井 600 口；

（4）日产原油 1650t；

（5）平均空气油比为 2200m^3/m^3；

（6）燃烧波及范围采出程度 47.8%；

（7）预测全油田采收率 52%。

到 1993 年：

（1）火驱前缘平均推进了 8900m；

（2）总注气速度 2100m^3/min（3.02×10^6m^3/d）；

（3）燃烧带波及的生产井数 457 口；

（4）燃烧带波及范围内的产油速度 1385t/d；

（5）平均空气油比为 2093m^3/m^3；

（6）全油藏采出程度达到 33%；

（7）火驱总增油量 980×10^4t。

到 1999 年（图 6–16）：

（1）燃烧带前缘的推进 10km；

（2）空气注入速度 $2.35 \times 10^6 m^3/d$；

（3）注气井数 101 口；

（4）燃烧带波及范围的生产井数 480 口；

（5）燃烧带波及区域的原油产量 1150t/d；

（6）全油田原油产量 1600t/d；

（7）空气油比 $2050m^3/t$；

（8）火驱累计增产原油 $1200 \times 10^4 t$。

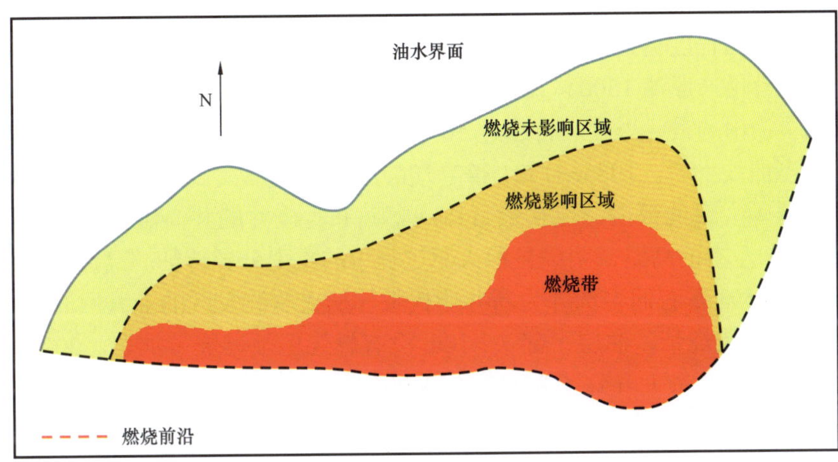

图 6–16 Suplacu 油田到 1999 年全油田的火驱动态[5]

图 6–17 所示为该油田火驱动态。

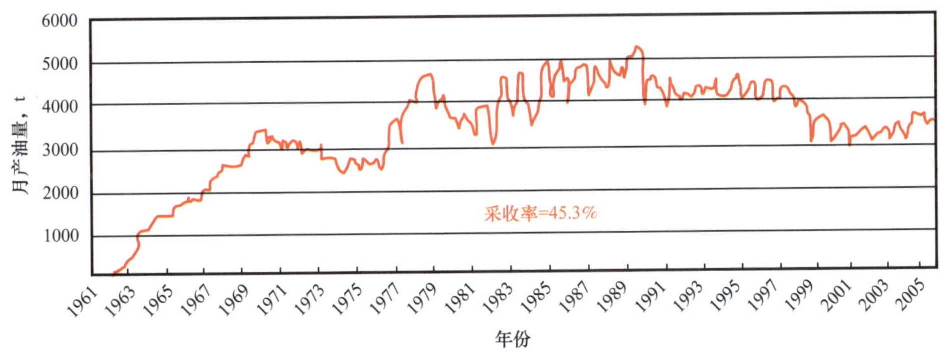

图 6–17 罗马尼亚 Suplacu 油田的火驱动态

到 2005 年（图 6–18）：

（1）整个油田从东到西注气火驱前缘推进均超过 10km；

（2）注气井的井距为 100m，注采井间距也是 100m；

（3）共有 800 口生产井，90 口注气井；

（4）平均日产原油 1200t；

（5）空气注入速度 $2.0 \times 10^6 m^3/d$；

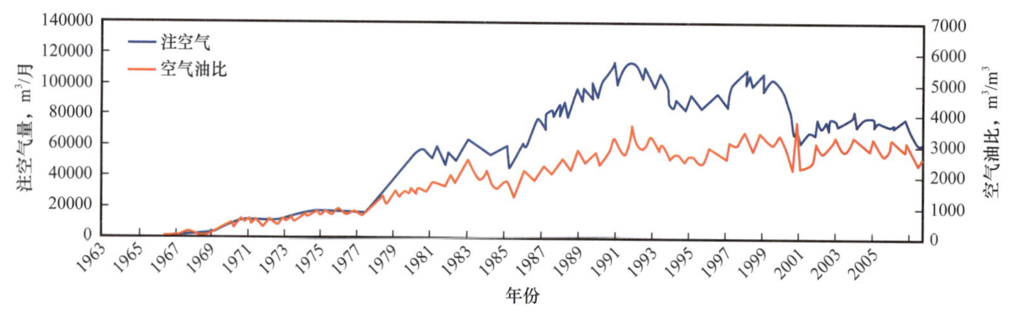

图 6-18　到 2005 年全油田的火驱动态

（6）火驱波及范围内的采出程度已经达到 55%；

（7）全油田采出程度达到 45.3%；

（8）火驱累计增产原油 1500×10^4t；

（9）预期全油田的最终采收率将超过 50%。

从生产动态曲线上看，1985—1991 年空气的注入速度最大，产油量也最大。整个油田的火驱过程取得了大量的数据，包括数百口观察井和生产井的井筒温度剖面，观察到了油层上部出现 600℃左右的高温，明确显示火驱过程中的重力分异特征。高温也导致了一些生产井受损，大约 15% 左右的生产井为新井所代替。从火驱波及区的油井取心资料分析，油层顶部有 5～7m 为燃烧带，油层下部 7～10m 没有燃烧但被燃烧带加热。2004 年 3 月，通过动态测试，发现含水量上升到了 82%，对此的解释之一是许多生产井已接近目前的油水界面引起的。

2010 年：

（1）整个油田从东到西注气注气井排及火线长度超过 10km；

（2）全油田已经累计打井 2100 口；

（3）目前有 90 口注气井，400 口生产井；

（4）注气井排前缘受效生产井为 4～5 排；

（5）平均单井寿命期累计产量 7000t；

（6）平均火线推进速度 9cm/d；

（7）平均 3～4 年转换一排注气井；

（8）平均日产原油 1200t；

（9）空气注入速度 $2.0\times10^6m^3/d$；

（10）火驱累计增产原油超过 1700×10^4t；

（11）从目前火驱推进和发展的趋势看，估计使火线前缘覆盖整个油藏（达到初始油水界面）至少需要 30 年，这意味着该火驱项目可以持续到 2040 年，累计生产时间超过 60 年，预期全油田的最终采收率将超过 65%。

六、火驱配套工艺技术

1. 点火工艺

要求点火温度高于 400℃并保证足够的 O_2 饱和度；一旦点火成功必须保证稳定注气。常用的点火方法有：可燃气体点火、电加热点火、化学点火、电加热 + 化学点火。罗马尼亚 Suplacu 油田的火驱矿场实践中采用的点火方式为可燃气体点火，即天然气点火器，如图 6–19 所示。

图 6–19　Suplacu 油田点火井井口结构

在使用天然气点火器对地层点火的过程中，从油管内同时注入空气和天然气，电点火器在井底。为了防止地层回流，套管内只注空气。其过程的关键是控制油管内注入空气和天然气的流量比，防止发生爆炸。目前该技术在罗马尼亚火驱矿场已经是成熟技术，并输出到印度。

2. 注气设备

由于地层埋深较浅，在经过普遍的蒸汽吞吐引效的情况下，矿场火驱实际所需的注气压力只有 1.5MPa 左右。因此注气设备主要是大排量低压活塞式空气压缩机组。如图 6–20 所示，每个压缩机房配置 10 套压缩机。

图 6–20　注气压缩机组

值得关注的是，注气主管线长达 10km。为了尽可能降低管线中的压力消耗，矿场采用了大口径输气管线，如图 6-21 所示。

图 6-21　火驱矿场大口径输气主管线

3. 井口分离器

矿场上每口生产井均安装了容积为 $3m^3$ 的水平分离器，用于对井口产出气体和液体的分离（图 6-22）。

图 6-22　生产井井口分离器

4. 放散管（放空烟囱）

由井口分离出来的气体和液体分别输入到不同的管线，其中液体最终输送到综合处理站，气体最终输送到不同的放散管系统。其中每个放散管系统对应 40～60 口生产井。

输送到放散管的井口气体中还携带有一定的液体，当其输送到放散管跟前时还需要进一步分离。如图 6–23 所示，每口生产井产出气体中的液相通过进一步分离流道水平排液沟中，气体集中到放散管通过高空排放掉。

图 6–23　放散管前分离出的油水混合液出口

放散管高 90～95m，采用玻璃纤维材料制成，主要是为了防止因 CO_2 等酸性气体造成的腐蚀，如图 6–24 所示。(1985 年开始建立气体收集系统，采用的是 55m 高 /0.8m 直径 /8mm 厚的钢制烟囱，到 1991 年因腐蚀问题，更换成聚酯 / 玻璃纤维制的烟囱，高度为 90～95m。尽管采用了这么高的烟囱，但当大气压增高时，仍能在地面检测到 CO 和 CO_2 的升高。)

图 6–24　放散管

5. 注蒸汽设备

蒸汽吞吐引效是火驱生产井的一种常态措施，每口生产井在火驱热前缘到达其跟前之前均要进行 3 个轮次左右的蒸汽吞吐。每口生产井井口均连接有注蒸汽管线。蒸汽由锅炉房集中供应。锅炉房如图 6-25 所示，每台蒸汽锅炉每小时产生 9t 蒸汽。

图 6-25　注蒸汽锅炉房

火驱生产产出液集中输送到处理站进行集中处理。该处理站仅处理火驱开发原油。处理后的原油经过专用铁路通过火车运走。

6. 集中处理站和原油输出

Suplacu 油田集中处理站和产出原油输出如图 6-26 和图 6-27 所示。

图 6-26　Suplacu 油田产出原油集中处理站

图 6-27　Suplacu 油田火驱生产出的原油通过火车经专用铁路运走

7. 修井工艺

为了保证生产井高温修井的安全性，一种特殊的钻井液被用于修井，使用的温度范围80～250℃。这种钻井液能平衡井筒液柱，避免地层堵塞，同时能在高温条件下维持良好的流变性。修井过后，钻井液可以回收和重复利用。图 6-28 所示为 Suplacu 油田火驱修井现场。

当普通压井液不能有效压井时，火驱矿场采用重油压井，收到了较好的效果。

图 6-28　Suplacu 油田火驱修井现场

8. 破乳工艺

在原油中的沥青质、胶质、环烷酸和分散的固体颗粒等往往是天然的乳化剂，获取过程可能导致这些乳化剂的浓度增加并引起原油的乳化。一些用于井筒和地层的破乳剂被采用。

9. 燃烧气的地面泄漏与处理

由于老井没有封堵、封堵不当、套管泄漏等会导致燃烧尾气泄漏到地面。在一个700户人家的小村庄，一些房子的地基上检测到了有害气体（套保油田在浅层水井中检测到了CO与之是同样的原因——油藏埋藏浅、套管外泄漏）。废弃的生产井及无效完井的油井必须在低于地层破裂压力的条件下反复注入高黏度泥浆封井。有时火驱前缘和注入井排都已经远离了某一区域，但仍可能发生气体泄漏。由于火驱过程中形成了巨大的次生气顶，因此必须在低于地层破裂压力的条件下维持注采平衡。要不断地通过火驱前缘的加密钻井、低产井的蒸汽吞吐引效等手段提高产出流体量，或者通过降低注入量来确保地层压力不发生异常上升。事实上，通过上述方法基本上控制了火驱前缘向油层低部位的稳步、均衡推进。

七、总体印象和启示

（1）Suplacu油田的火驱开发项目是目前世界上持续时间最长、累计产出原油最多、各系统建设最完善的商业化火驱项目。项目目前由90多口注气井、300多口生产井，形成了日注气量$200 \times 10^4 m^3$、日产油量1200t的规模。该项目建设的系统性给考察团留下了深刻印象。从压缩机站、注蒸汽站的建设，到地面分离系统、集中处理系统、尾气排放系统，乃至专用铁路运输系统的建设都实现了系统化和规模化。

（2）该项目各个系统基本上实现了最优化设计。例如注气压缩机站对所有注气井实施集中供气；注气主管线长距离供气采用大口径管路输送，最大限度降低了压降和能耗；注蒸汽站对火线前缘几排生产井梯次实施蒸汽吞吐引效，最大限度提高了火驱见效的速度并有效降低了火驱过程中油墙部分消耗的压降；生产井独立气液分离罐的设置最大限度降低了井口回压和井底流压，最大限度发挥了单井产能、提高了单井产量等。

（3）项目30多年的运营管理经验非常值得借鉴。考察团深入注气站、长输管网、处理站、排放站、原油外输站以及点火井井场、生产井井场、修井井场进行考察，发现矿场各个环节井然有序。各环节的工作人员都非常精简。生产井的各种配注配产管路非常完备，这方面的一次性投入很到位。相比之下，其他能够节省的地方决不浪费。如矿区建设、办公条件就相对简单。

（4）项目运行30多年积累了一批成熟技术，值得我们学习。如电触发天然气点火技术、蒸汽吞吐引效技术、火线控制技术、生产井修井技术、放散管防腐技术等。

第六节　印度北古吉拉特邦Balol油田和Santhal油田开发实例

一、概述

印度北古吉拉特邦Cambay盆地北部重油带发现于1970—1971年，包括Santhal油田、Balol油田、Lanwa油田和Becharaji油田，总含油面积$70km^2$，储量$150 \times 10^6 t$。其中Kalol地层的S–I小层是主要油层，孔隙度为28%～30%，渗透率8～15D，埋深1050m，是一个南北向的单斜构造，地层倾角5°～7°。长约13km，平均宽度1km。由东向西，岩性逐渐变细，最终在Mehsana地垒变为泥岩，显示出油藏受构造和岩性控制。油藏东部受边水控制，油水界面（OWC）由南部的–995m向北变至–1025m（海拔高度）[5]。

火驱项目由印度最大的国际石油公司 ONGC（Oil and Natural Gas Corporation Ltd）实施，该重油带也是 ONGC 公司最大的一块陆上石油资源。ONGC 公司从 1990 年开始在 Balol 油田开展了两个火驱先导试验。两个先导试验均采用反五点井网面积式火驱，均为 1 口注气井，周边 4 口生产井。其中第一个火驱先导试验采用的是小井距火驱，井距为 150m。在第二个火驱先导试验采用的是放大井距火驱，井距为 300m。

在 Balol 油田火驱先导实验结果和技术经济成功的鼓舞下，设计了 Balol 油田整体火驱开发方案。同时考虑到 Santhal 油田和 Balol 油田的相似性，决定在 Santhal 油田一并实施火驱开发。随后，在 1997 年在上述两个油田实施了火驱开发。目前共有 4 个商业化火驱项目——Balol Ph-1，Santhal Ph-1，Balol Main 和 Santhal Main 运转正常。目前两个油田的日增油量为 1200t，日注气量为 $140\times10^4m^3$。采收率提高 2～3 倍，从最初的 6%～13% 提高至 39%～45%。到目前为止，已有 68 口注气井。多数注气井是原来的采油井，在经过常规的洗井后转为注气井。产出水经过处理后又在湿式燃烧阶段注入地层。目前的空气油比为 $1160m^3/m^3$。累计空气油比为 $985m^3/m^3$。

二、Balol 油田第一个火驱先导试验

ONGC 公司于 1990 年 3 月 16 日在印度北 Gujarat 邦 Balol 稠油油田开展了火驱先导试验。先导试验采用反五点井网（面积 2.2ha）；1 口注气井（IC-1 井）、4 口生产井（IC-2 井、IC-3 井、IC-4 井、IC-5 井）、1 口观察井（IC-6 井）；其中观察井与 IC-5 井的距离为 20m，如图 6-29 所示。

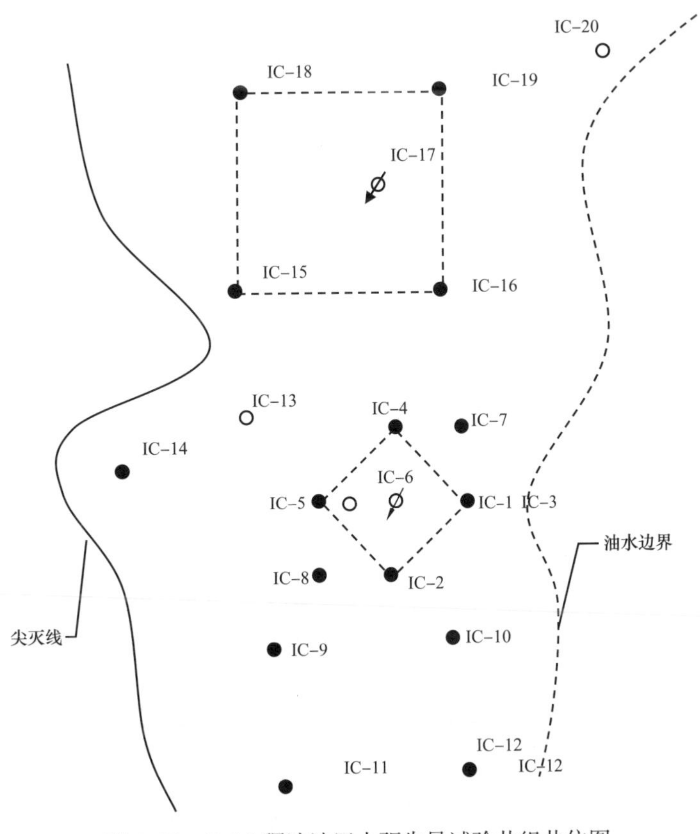

图 6-29　Balol 稠油油田火驱先导试验井组井位图

本次先导试验的目的是：

（1）验证地层条件下燃烧能否维持并扩展；

（2）估算火驱增油量、提高采收率幅度和空气油比等技术经济指标；

（3）配套并完善火驱相关工艺技术。

火驱矿场试验的主要参数包括：

（1）井网尺寸 150m × 150m；

（2）油藏埋深 1049m；

（3）油层厚度 6.5m；

（4）油藏温度 70℃；

（5）油藏压力 10.5MPa；

（6）含油饱和度 70%；

（7）孔隙度 28%；

（8）渗透率 8～15D；

（9）原油黏度 150mPa·s，原油重度 15.5°API；

（10）地层倾角 5°～7°。

1. 先导试验操作过程

1）点火

采用气体燃烧器点火，用 7 天时间累计向地层注入 6.67×10^6kcal 的热量，实现成功点火。

2）注空气和注水

干式燃烧阶段持续了 110 天，然后进入湿式燃烧阶段。在干式燃烧阶段空气注入速率从 10000m^3/d 一度提高到 35000m^3/d，但随后上倾部位生产井产出液中气液比上升，注气速率又降至 20000m^3/d。在湿式燃烧最开始时，空气和水是同时注入的，水 / 空气的比为 0.002m^3/m^3；到 1992 年 1 月，采用气水周期交替注入，水 / 空气的比为 0.001m^3/m^3，一个周期内注空气 6 天，随后注水 1 天。到 1996 年 2 月改用上倾部位的 IC–5 井注水，仍用 IC–1 井连续注空气。截至 1996 年 3 月 31 日，累计注空气 $32.81 \times 10^6 m^3$，累计注水 34250m^3（图 6–30）。

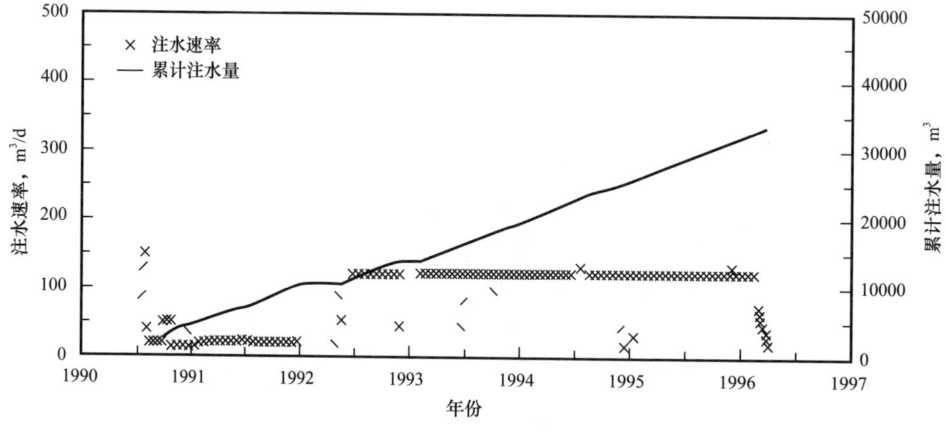

图 6–30 Balol 油田先导试验注水速率和累计注水量

3）总体燃烧动态

通过产出流体组分、产出速度、井底和井口温度可以综合分析燃烧动态。在上倾方向的IC-5井，整个操作过程中 N_2 和 CO_2 的含量大致保持在80%和15%。IC-4井在干式燃烧阶段也显示出了完全燃烧的特征，但在6个月后因气液比上升而关掉该井后，气体从IC-5井产出。此后气流通道无法在改向IC-4井。在下倾方向上的IC-2井和IC-3井，除了开始阶段 N_2 和 CO_2 含量较高外，后续 CO_2 的含量一直维持在较低的水平。总的分析显示了两种不同类型的燃烧特征，在向上倾方向是以高温氧化为主导，下倾方向则以低速不完全燃烧为主导。除了一些孤立的数据外，燃烧气实际上没有从下倾部位的井产出。

在IC-5井中 H_2S 的最大含量一度达到 4000×10^{-6}，在整个周期 H_2S 的含量一般在 800×10^{-6} 以下。总的燃烧体积估算为84760m³，约为井网控制体积的58%。视H/C被用以早期判断地下的燃烧模式。在稳定燃烧阶段，H/C原子比和 N_2/（CO_2+CO）比分别为1.5和6，显示了HTO燃烧模式。这些比率是通过产出气体组分分析数据计算得到的。IC-5井在火驱4年半见到了热前缘突破。图6-31和图6-32分别为IC-5井和IC-2井产出气体中 CO_2/O_2/N_2 含量变化情况。

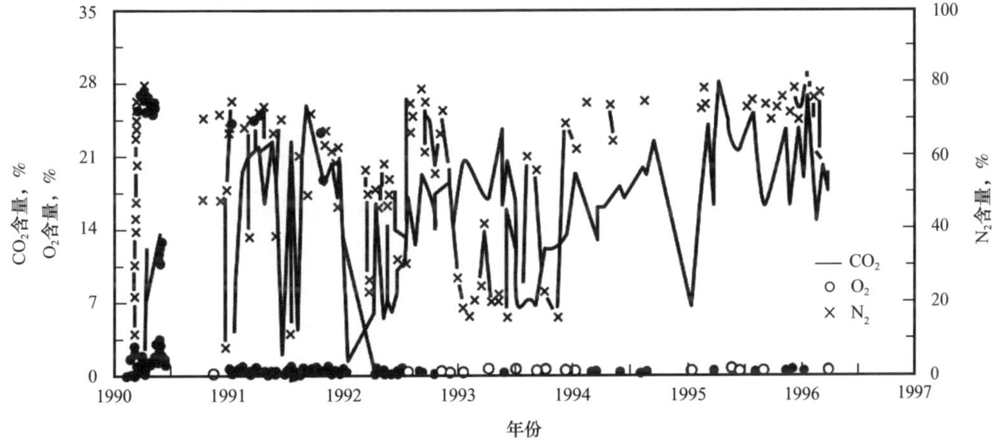

图6-31 IC-5井产出气体中 CO_2/O_2/N_2 含量变化

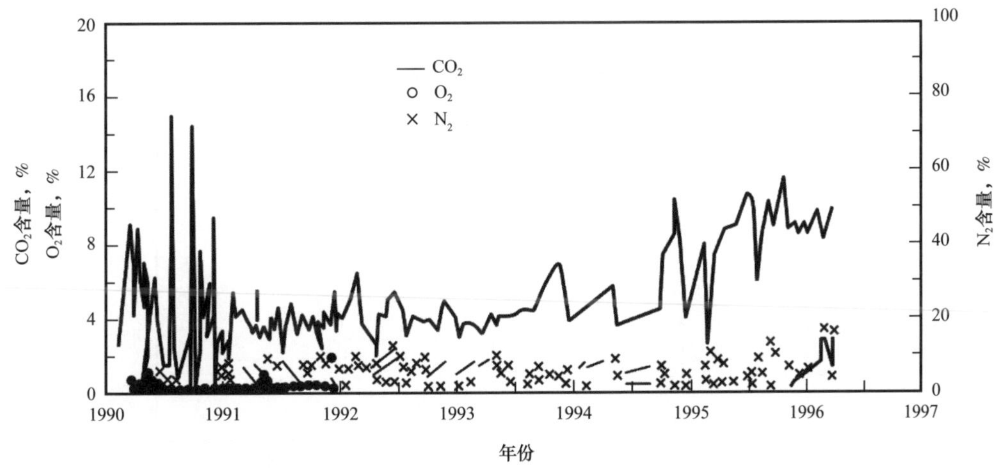

图6-32 IC-2井产出气体中 CO_2/O_2/N_2 含量变化

4）生产动态

先导试验的生产动态受空气注入速度控制，且较敏感（图 6–33 至图 6–35）。在点火前，4 口生产井的产油速度为 8m³/d，在干式燃烧阶段产量增加到 40m³/d。由于高气液比原因，上倾部位 2 口井 IC–4 井和 IC–5 井在 1991 年 12 月被关井，此后经过安装气体净化装置，油井恢复生产。在此后大约 1 年左右的时间，产量维持在 20～25m³/d，到 1994 年 12 月产量又下降到 8m³/d。在 1994 年 10 月和 1995 年 1 月分别在 IC–2 井和 IC–4 井上安装了人工举升装置，使产量又提高到 20～25m³/d。火驱前先导试验区存在边水侵入，含水率一

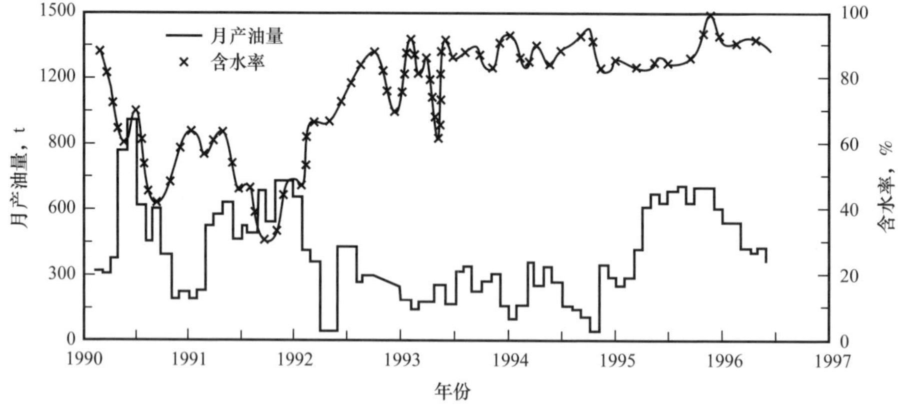

图 6–33　先导试验的月产油量和含水率变化曲线

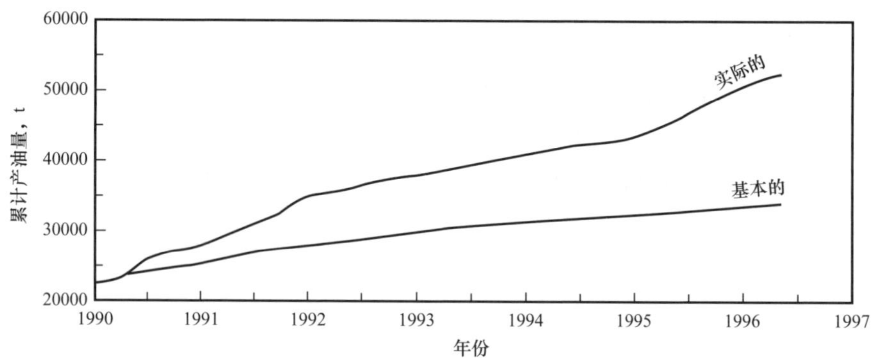

图 6–34　先导试验累计产油量和一次采油预期产油量对比曲线

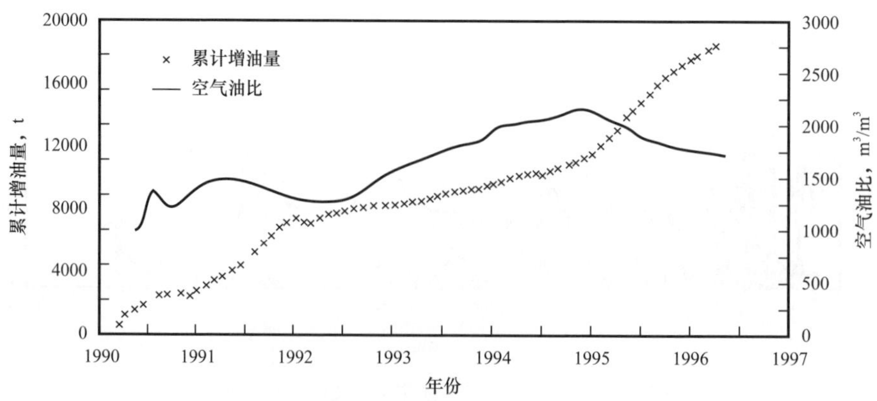

图 6–35　先导试验累计增油量和空气油比曲线

度达到 90%，到 1991 年末含水率降至 40%。从那时起含水率又有上升的趋势，到 1996 年底含水率在 85% 左右。由于先导试验区地层不封闭，有 5 口远端井（IC–7 井、IC–8 井、IC–9 井、IC–10 井、IC–11 井）也见到了增油效果。在火驱前 4 口一线生产井的累计产油量为 22900t，在火驱结束后 4 口井累计产量为 51650t。其中天然能量生产能力被估算为 33750t，因此火驱阶段 4 口累计增油为 17900t。空气油比为 1770m³/m³。如果加上受效增油的远端井的产量，那么火驱阶段的累计增油就达到 78000t。

三、Balol 油田扩大井距火驱先导试验

第一个火驱先导试验确信能够持续燃烧并在较低的空气油比之下实现较大幅度增油，同时可以使处于油水边界位置的油井含水率下降。进一步观察发现——燃烧带的移动优先向上倾方向，在下倾方向上几乎没有发生燃烧；注气速率需要优化，超过一定的注气速率会导致气液比升高和上倾部位油井产量的损失。

基于上述发现，扩大试验决定采用规则井网并最大限度地利用现有的空气注入能力。同时决定有 1 口注气井靠近下倾生产井，以便进一步研究它对上倾部位油井生产动态和下倾部位油井燃烧动态的影响（图 6–36）。选择扩大井距试验时主要考虑：最大限度利用现有地面设备来连接未来开发的 2 个井组；额外钻井数量要尽可能少。

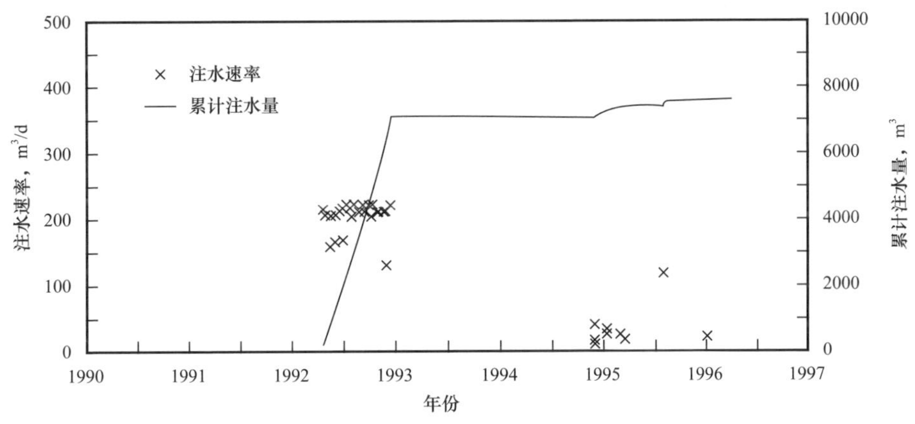

图 6–36　扩大井距试验注水速率和累计注水量

1. 扩大井距火驱矿场试验概况

扩大井距火驱矿场试验包括 IC–15 井、IC–16 井、IC–18 井和 IC–19 井在内的面积 9ha 的新井网，从油藏特征看最适合作为扩大火驱试验井组。但这个区域已经受到了先前火驱先导试验中燃烧气运移的影响。这个被选择的区域有相对均一的油层厚度、较高的含油饱和度，但只有 1 口井有较好的上覆盖层，在油层上部缺乏连续的泥岩盖层。注气井 IC–17 井距离下倾部位生产井 IC–16 井和 IC–19 井的距离为 160m，距离上倾部位生产井 IC–15 井和 IC–18 井的距离为 280m。扩大试验的井网控制范围 300m × 300m，油藏特征参数与先前先导试验区基本相同。

2. 地面设施

原先火驱试验的注气和生产设备都在扩大试验中继续使用，共配备 3 台固定式 5 级压缩机，在注气压力 14.7MPa 下单台压缩机的注气速度为 24000m³/d。配备 2 台注水泵，单

台注水能力 250m^3/d，同时包括水罐等配套设施。

3. 监测程序

监测程序包括：

（1）空气 / 水注入速度、注入压力的测试；

（2）油 / 气 / 水的产量测试；

（3）产出油、气、水分析；

（4）生产井井口温度、点火期间注入井井底温度监测；

（5）管线和储罐的腐蚀监测；

（6）产出流体中有毒气体含量的定期监测与报告。

4. 点火

1992 年 1 月 1 日采用气体燃烧器点火，5 天内向地层注入热量 3.11×10^6kcal。在 IC−15 井、IC−18 井和 IC−19 井中产出气体中 CO_2 含量明显增加，证明地层被成功点燃。

5. 注入动态

空气注入速率从最初阶段的 10000m^3/d 逐级提高到 30000m^3/d，湿式燃烧阶段开始于 1992 年 4 月下旬，采用气水周期交替注入，6 天注气 +1 天注水。但由于下倾部位油井含水率上升，注水从 1992 年 12 月开始中断。到 1997 年注气速率维持在 30000m^3/d。截至 1996 年 3 月 31 日，累计注气量为 30×10^6m^3，累计注水量为 7300m^3。

6. 上倾部位生产井动态

上倾部位生产井动态受效要早于原先的小井距火驱先导试验。IC−15 和 IC−18 产出气体组分分析表明，在这个方向上实现了完全燃烧，N_2 和 CO_2 的含量分别达到了 72%～75% 和 14%～16%。O_2 的含量在 0.2%～0.4%。H/C 原子比在 1～2，N_2/CO_2 的值在 5 左右。产出流体中 H_2S 的含量明显低于原先的先导试验，IC−18 井 H_2S 的含量最大为 800×10^{-6}，IC−15 井中 H_2S 的最大含量为 100×10^{-6}，在这两口井中，产出原油和产出水的性质没有明显改变。

7. 下倾部位生产井动态

下倾部位生产井 IC−16 井和 IC−19 井的 N_2 含量在基准水平上几乎没有增加，但两口井的 CO_2 含量在火驱的大部分时间里呈现增加的趋势。下倾部位油井中没有明显的 H_2S 产出迹象，IC−16 和 IC−19 井中 H_2S 的含量分别为 10×10^{-6} 和 60×10^{-6}。产出液中原油和水的性质没有明显的改变。

图 6−37 至图 6−40 分别为 IC−18 井和 IC−19 井产出气体中 $CO_2/O_2/N_2$ 含量以及产油量和含水率变化曲线。

IC−19 井从火驱开始时就采用人工举升，IC−16 井先期自喷，在 1993 年 9 月安装人工举升装置，图 6−44 给出了 IC−19 井的产量变化曲线。这两口井在火驱前几乎没有产量，到 1995 年 1 月，IC−19 井产量有明显增加，10～20t/d 的产量水平保持了一年。该井在整个火驱期间含水率都大于 80%。IC−16 井产量间断维持在 12t/d。增油主要源于 199—1994 年间含水率由 90% 下降到 35%。IC−16 井的产气量为 600m^3/d，IC−19 井的产气量为 1200m^3/d。

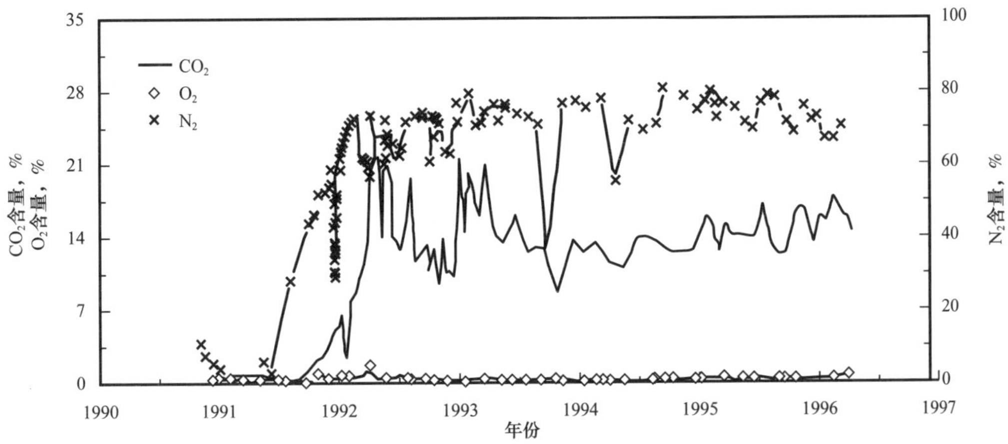

图 6-37　IC-18 井产出气体中 $CO_2/O_2/N_2$ 百分含量

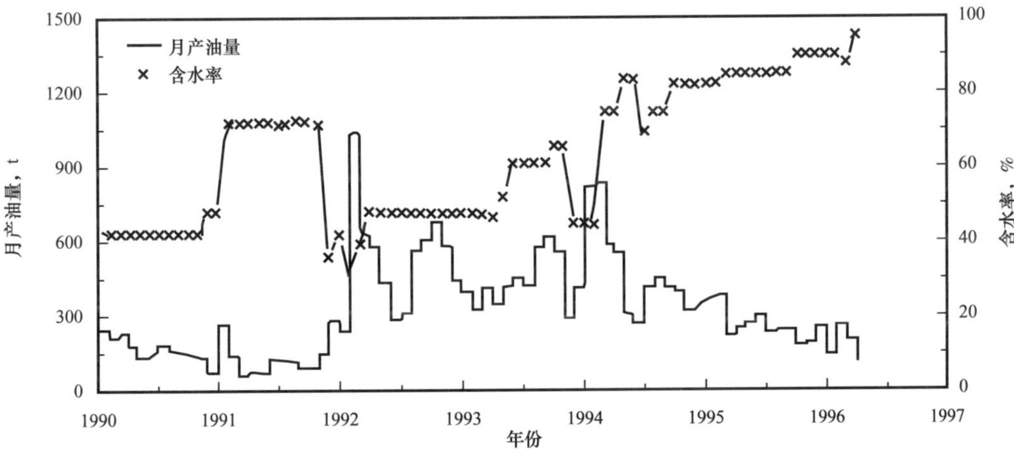

图 6-38　IC-18 井月产油量和含水率变化曲线

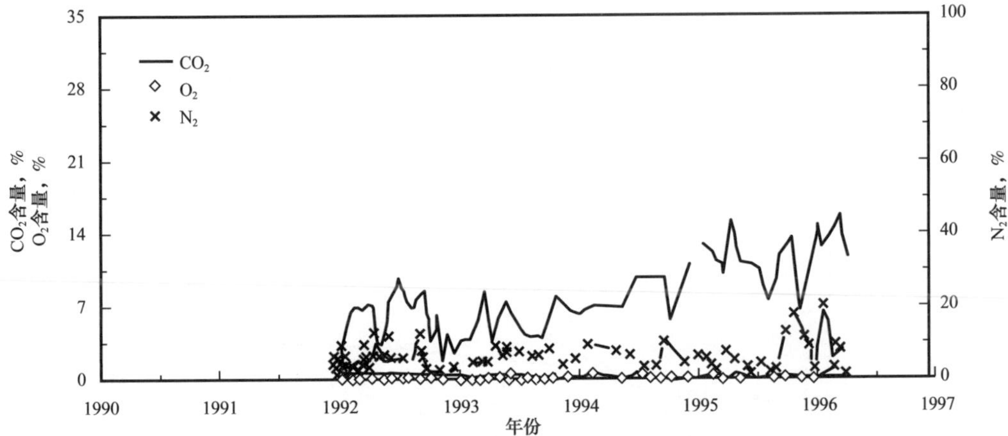

图 6-39　IC-19 井产出气体中 $CO_2/O_2/N_2$ 百分含量

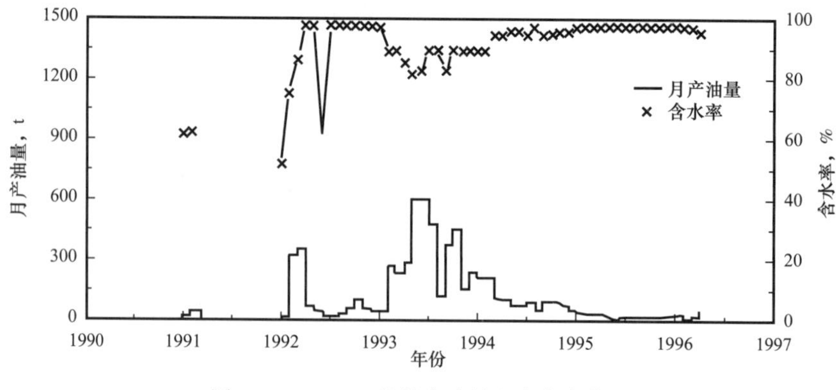

图 6-40　IC-19 井月产油量和含水率曲线

8. 总的生产动态

扩大井距火驱试验取得了明显的增油效果（图 6-41 至图 6-43）。4 口井的产量从火驱前的 6t/d 增加到 1993 年 6 月的 40t/d。到 1994 年底产量的平均值在 32t/d。从那时开始产量逐渐下降，目前为 13t/d。平均含水率从火驱前的 80% 下降到火驱初始阶段的 50%，此后含水率逐渐上升，目前含水率为 88%。从 1992 年 12 月开始停止注水，并没有改善含水率上升的状况。4 口井在天然能量开采阶段的累计产油量为 40110t，在火驱阶段后的累计产油量为 81600t，预测整个天然能量开采可获得的产量为 49600t。因此火驱阶段总的增油量为 32000t，空气油比 AOR=900m^3/m^3。

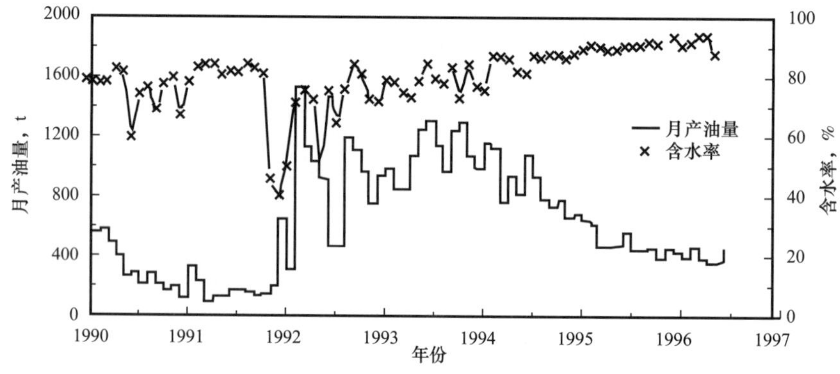

图 6-41　扩大井距火驱试验月产油量和含水率变化曲线

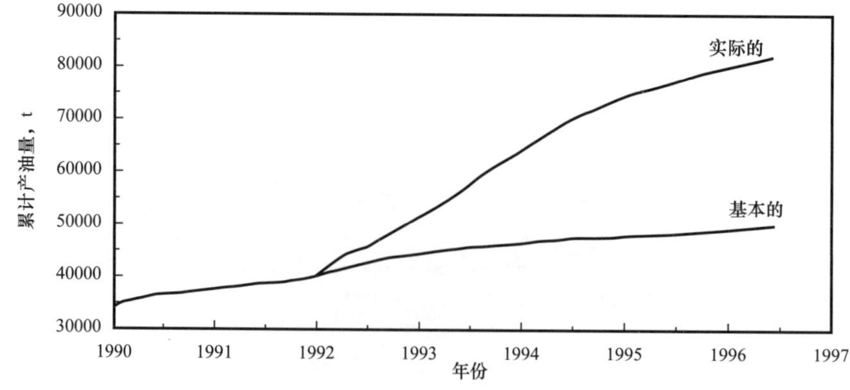

图 6-42　扩大井距火驱试验累计产油量和一次采油预期采油量对比

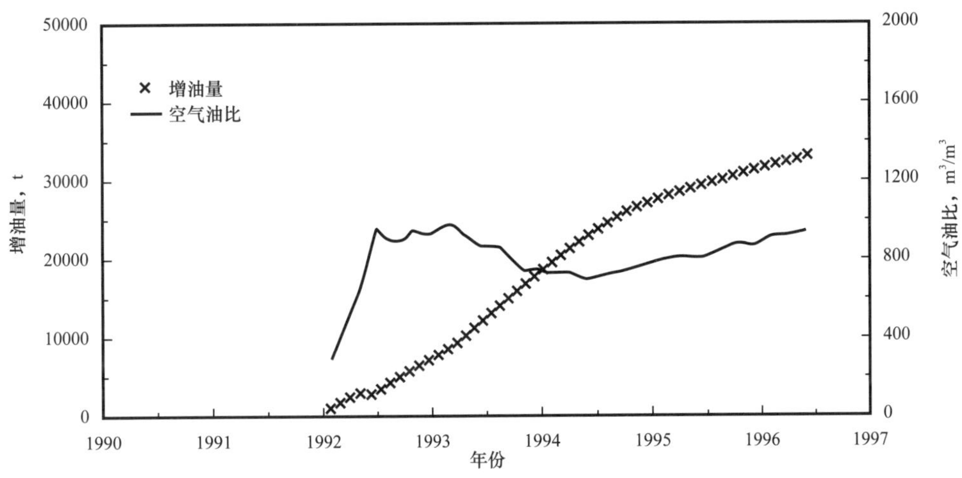

图 6–43　扩大井距火驱试验增油量和空气油比曲线

9. 总的燃烧动态

扩大试验井组空气累计注入量为 $30.05\times10^6m^3$，其中有 $0.12\times10^6m^3$ 的 O_2 没有被利用，O_2 的利用率为 98%。总的燃烧体积为 $64650m^3$。向上倾方向以 HTO 燃烧模式为主导，其中火驱前缘偏向于 IC–18 井。根据 4 口井的产出气体组分分析，在稳定燃烧阶段视 H/C=3.0，N_2/（$CO+CO_2$）=4.1。在原油密度 $965kg/m^3$，并假定所有空气都被 HTO 消耗掉，CO_2 和其他气体不溶于原油和水中的条件下，实验室计算原油的视 H/C=1.5，总的燃料消耗量为 $2850m^3$。在扩大井组的试验中产出气体中 CO_2 的平均含量为 12.8%，低于 16.2% 的化学计量学计算值。这主要是因为只有大约 78% 的注入空气被 HTO 利用，2% 的空气没有参与反应，20% 的空气被 LTO 消耗掉。考虑到这一点，计算出的总的燃料消耗量为 $2080m^3$，与设计值 $2010m^3$ 就十分接近了。

10. 腐蚀监测

综合的防腐和腐蚀监测程序意在防止井筒和地面设施的腐蚀。通过在线装置测试腐蚀速率。到目前为止，在先导试验和扩大试验中均未发现腐蚀和安全问题。但在注入井 IC–17 中，尽管没有注水，却在一次作业中发现了油管严重腐蚀的情况。该井后采用了封隔器以保护套管。

11. 操作问题

在先导试验和扩大试验中遭遇的操作问题主要包括：

（1）观察井 IC–6 的损坏——在点火 4 个月后因热前缘突破导致损坏，后试图将该井改为注水井没有成功，最后被迫用水泥封井废弃。

（2）IC–5 井的热突破——该井在 1994 年 8 月井口温度有明显上升，为了保护该井采用周期注水降温，1996 年 2 月该井转为注水井。

（3）H_2S 产出——由于地层中含有含硫化合物，导致上倾方向生产井在干式燃烧阶段就见到 H_2S，从而被迫降低注气速度，两口上倾方向的油井关井以减少地面处理的工作量。

（4）注入井出砂——IC–1 井和 IC–17 井由于砂埋进行了 2～3 次的洗井作业。

12. 结论

（1）火驱矿场试验表明，在 Balol 油田能够点燃油层、维持燃烧、实现层内燃烧带的稳定扩展，并获得明显的增油效果。

（2）先导试验和扩大试验深化了对火驱的认识：火驱过程受重力的控制——燃烧带前缘更倾向于向上倾方向拓展，从观察井的温度剖面看，燃烧带主要集中在油层的上部。在上倾方向上燃烧的模式为 HTO。在火驱稳定期间，产出气体组分中 H/C 的值在 1.5～3，N_2/CO_2 的值在 4～6，O_2 的利用率达到 98%。

（3）下倾部位油井产出气体中含有高百分比的甲烷，N_2 和 CO_2 的含量相对较低。这表明注入空气沿着这个方向的推进状况较差。这些下倾部位的井中也显示了 CO_2 在一定程度的上升，这可能是由于从上游流下来的油水中溶解的 CO_2 再次脱出造成的。下倾方式燃烧活性低或者基本没有燃烧。在扩大井距试验的产出气体中 H_2S 的含量最高为 500×10^{-6}，而在先导试验中则达到了 4000×10^{-6}。H_2S 的产出是因为油层中分散有黄铁矿。除了在 IC–5 井发生了热前缘的突破，在其他井中均未发现产出原油性质有明显的变化。先导试验的下倾部位油井中发现了产出水被“淡化”的现象。

（4）在这样高渗透率的地层中，如果某一口生产井因操作问题关井，那么很可能造成业已形成的气体渗流通道（烟道）方向的改变，并且这种改变在以后很难恢复。

（5）扩大井距试验显示，向下倾方向偏置注气井，停止注水，以及在下倾部位油井中采用强化人工举升的措施，都无法改善下倾方向上的燃烧动态。有必要在将来尝试将注入能量提高到 $30000m^3/d$ 以上（目前受注入能力限制还做不到）。

（6）扩大井距试验的启动，有助于原先一直向北扩展的烟道改变方向向南扩展。

（7）到目前为止小井距先导试验和扩大井距试验的燃烧体积分别是 $84760m^3$ 和 $64650m^3$，分别相当于先导试验井组的 58% 和扩大试验井组的 11%。

（8）小井距试验在 $AOR=1770m^3/m^3$ 的情况下增油 17900t，扩大井距试验在 $AOR=900m^3/m^3$ 的情况下增油 32000t。

（9）由于地层的天然不封闭性，先导试验和扩大试验过程中均有远端井见效，考虑到这 5 口远端见效井，估计两个火驱试验到目前的累计增油量为 110000t，$AOR=555m^3/m^3$。

（10）燃烧带前缘后面燃烧过的区域地层砂变得更为疏松，在注入过程中有砂流入井中引发注入问题。砂的流入可能是由于注水和注气相互转化过程中单流阀的失效引起的。到目前为止还没有出现安全问题。

（11）整个 Balol 油田实施火驱的策略：在火驱中重力分异起到了至关重要的作用。一般说来，气体优先向上倾方向运移，特别是在非封闭的先导试验中，气体向北运移。在扩大井距试验后，气体向该方向运移的通道被切断，改向西南方向，即向 IC–11 井运移。下倾方向的重力泄油始终存在。此外，产油 / 产液量的降低和气液比的升高说明应对最高注气速度有一定限制。上述事实说明，若在全油田实施火烧，从上倾方向开始是一个比较好的策略。由上倾方向开始，把顶部一排井作为注入井，可有效地阻止空气和烟道气向上运移，从而有助于改善下倾部位生产井方向的燃烧动态。其次，从某种程度上看，低的注入速度对全油田的火烧将是无效的，它将减少整个项目的寿命期。该项目在稳定燃烧和增油方面的成功以及所获得的操作经验，导致了全油田实施火烧的决定。

四、ONGC 在 Balol 和 Santhal 油田的商业化火驱开发

ONGC 公司于 1997 年开始在 Balol 和 Santhal 油田开展商业规模的火驱开发，油田获得新生，采收率从最初一次开发时的 6%～12% 升至 39%～45%。Balol 和 Santhal 是重油带上的两个主要的油田，地质储量分别为 22.17×10^6t 和 53.56×10^6t。原油重度 15～18°API。沥青质含量 6%～8%。油藏埋藏深度 990m，地层压力 10MPa，地层温度 70℃；油藏渗透率 3～5D，有活跃底水。火驱前一次采油采用人工强化举升方法，很多井的含水率达到了 95%～100%，有些高含水井不得不关井。室内实验表明，火烧油层技术是最适合 Mehsana 重油带的开采技术。1990—1991 年在 Balol 油田的南部 5.6acre 范围内开展了两个火驱先导试验，实现了连续燃烧，周边生产井产量上升，并进行了后续商业化开发方案的概念设计。点火过程得到了外国专家的指导。

在 Balol 火驱先导实验结果和技术经济成功的鼓舞下，设计了 Balol 整体火驱开发方案。考虑到 Santhal 油田和 Balol 油田的相似性，决定在 Santhal 油田一并实施火驱开发。随后，在 1997 年在上述两个油田实施了火驱开发。目前 4 个商业化项目——Balol Ph-1，Santhal Ph-1，Balol Main，Santhal Main 运转正常。

Balol 和 Santhal 的商业化火驱试验配备了 4 套空气压缩机组，每个油田 2 套。除了紧急情况外，压缩机均使用电力。4 套压缩机的额定流量为 12.3MPa 下 $490 \times 10^4 m^3/d$。在湿式燃烧阶段需要注入水，因此在地面同时安装了注水和水处理设备。4 个压缩机组总体上联为一体，与注入井形成网状结构。点火测试单元可以自由移动，以启动点火过程。Mehsana 均采用气体燃烧器人工点火。

点火后，产液量逐渐上升，含水率逐渐下降，产油量逐渐增大。目前两个油田的日增油量为 1200t/d，日注气量为 $140 \times 10^4 m^3$。采收率提高 2～3 倍，从最初的 6%～13% 提高至 39%～45%。到目前为止，已有 68 口注气井。多数注气井为原来的采油井，在经过常规的洗井后转为注气井。产出水经过处理后又在湿式燃烧阶段注入地层。目前的空气油比为 $1160m^3/m^3$。累计空气油比为 $985m^3/m^3$。

图 6-44 给出了一口典型火驱受效井的产油、产液及含水率变化曲线。从中可以看出，在火驱开始初期含水率在 90% 左右，而产油量只有 3～5t/d。火驱两年后，产量逐渐达到高峰，含水率也快速下降。峰值产量达到 20～30t/d，在 20t/d 以上维持了近两年时间，此后产量逐渐递减到 10～15t/d，又维持生产了 2 年多的时间。产量高峰期以后，含水率很快下降到 20% 以下并持续保持低水平。

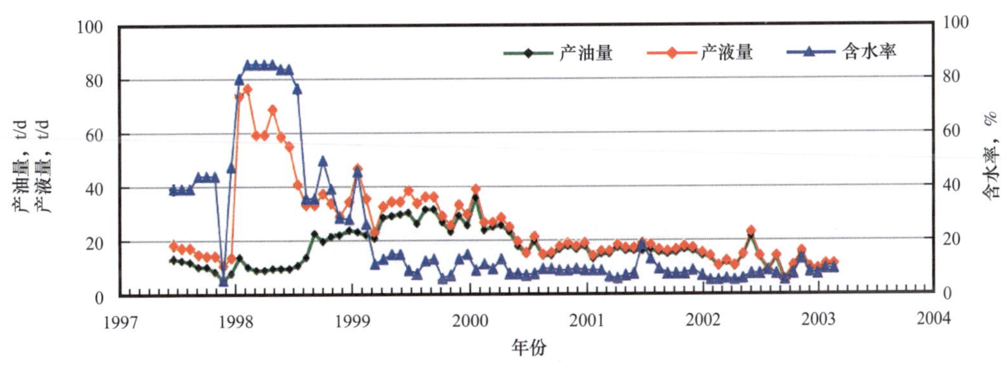

图 6-44 一口典型火驱受效井的产油产液及含水率曲线

图 6–45 是该受效井的井底流压和气液比。井底流压在整个生产周期内稳中有升，气液比则逐渐上升，当气液比大于 2000 以后，产量下降到很低的水平，5t/d 以下。图 6–46 和图 6–47 为 Balol 油田和 Santhal 油田总产油量与含水率变化曲线，图 6–48 为 Santhal 油田一次采油与火驱产量变化曲线。

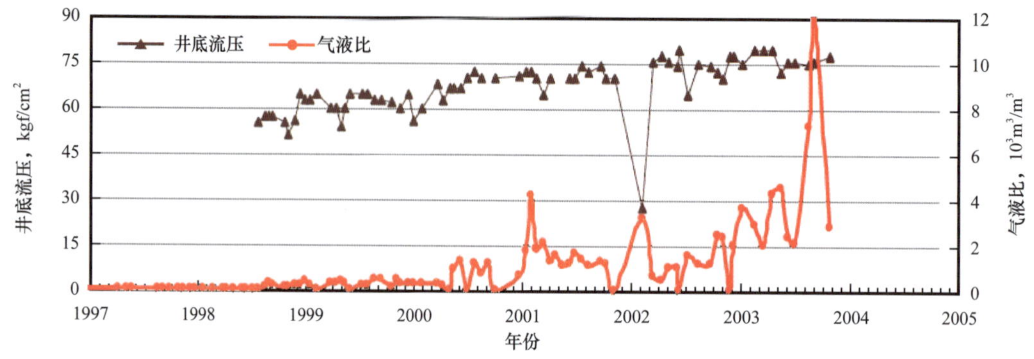

图 6–45　一口典型火驱受效井的井底流压和气液比

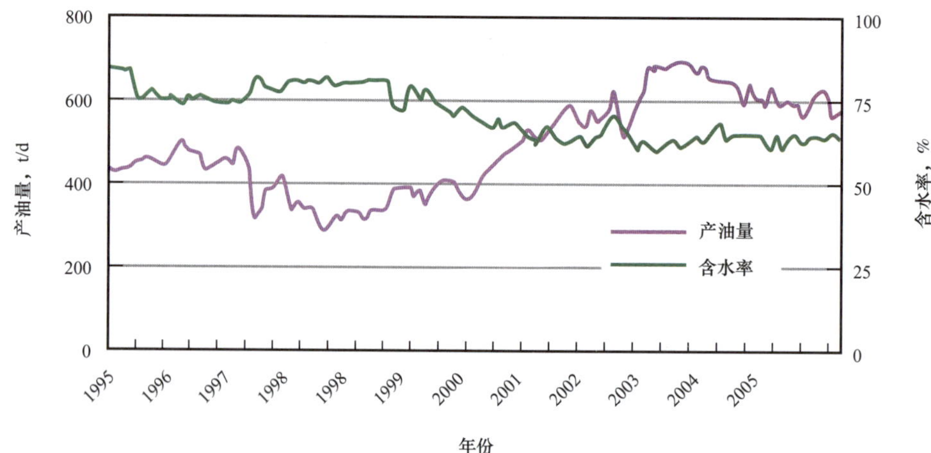

图 6–46　Balol 油田总产油量与含水率变化曲线

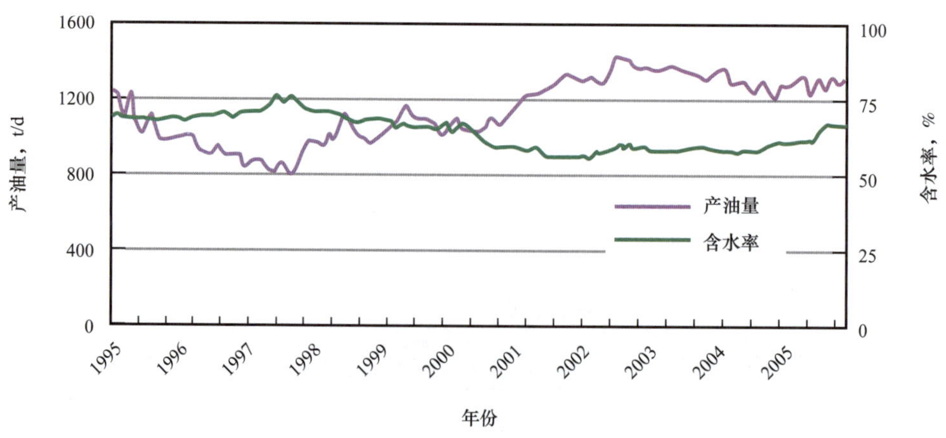

图 6–47　Santhal 油田总产油量与含水率变化曲线

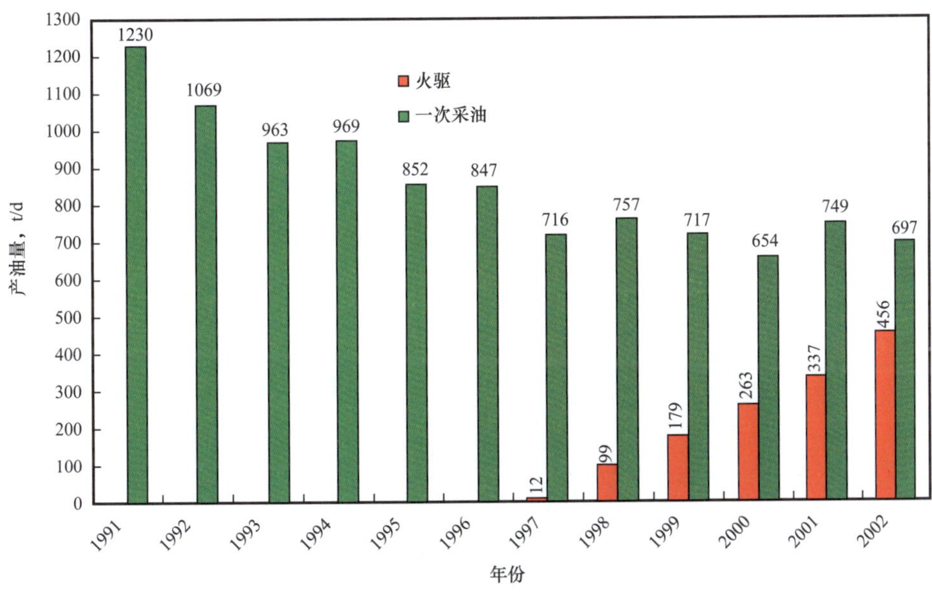

图 6-48 Santhal 油田一次采油与火驱产量变化曲线

工程问题：

（1）点火事故。所有点火井采用气体燃烧器人工点火，燃烧器与油管底部相连，通过热电偶测温。在点火时，空气通过油套环空注入，天然气通过油管注入。在燃烧器的顶部有一个铝塞防止天然气与空气混合。当天然气注入压力高于空气注入压力时，铝塞蹦出，天然气与空气在井底混合，一种化学发火剂用于产生火焰。到 1998 年 3 月有 7 口井被 点火，其中包含在外国专家指导下的先导试验井。在 3 月 8 号 Balol#A 井燃烧器在没有液体发火剂的情况下着火。燃烧器温度一度达到 910℃，后很快被点火人员控制。这种自动着火事件使得本地专家和外国专家都没有明确说法。由于井下温度传感器没有损坏，这口井的点火得以继续完成。在这次自动着火事故发生以后，还有另外 3 口井也发生了类似事件。其中后两口井 Santhal#B 和 Balol#C 井的热电偶被烧毁，点火专家这两口井的自动着火无法解释和补救。鉴于此，ONGC 公司由于害怕自动着火并且损坏井下温度传感器，全部停止了点火操作。

经过对 4 次自动着火事件的深入研究，揭示了自动着火的原因。天然气经常是在气体压缩机的满负荷下以最大注入速率工作的，在油管和套管之间产生的压力差自动地将燃烧器上部的铝塞移走，从而导致一个较大的天然气段塞被留在了井底。这样在井底形成了天然气与空气的混合，达到自动点火条件引发自动着火。为了克服这个问题，点火专家在开始注入天然气之前在油管中预先注入一个惰性气体段塞。一旦铝塞被开启，油管中的惰性气体先于天然气首先与空气接触。这个气垫为铝塞开启到天然气释放提供了充足的时间，在这个时间内，可以调整天然气的注入速度以防止多余的可燃气体进入地层。这个方案得到了管理层的认可，并迅速打破了因自动着火时间导致火驱受阻的僵局。自从采用了上述方法后，再没有发生自动着火事故。

（2）空气压缩机的高效利用问题。在 Balol 和 Santhal 两个油田共有 4 套压缩机组在工作，其中每个油田 2 个压缩机组。最初这些压缩机组是独立安装的，经常导致空气的供给与需求之间的矛盾，导致供过于求。过量的空气被迫放空。高压空气的放空造成了很大的能量浪费。为了减少能量浪费和优化利用空气压缩机，将 4 套压缩机组联接在一起对整个注空气管网集中供气，注气管网采用 6 寸和 4 寸的注气管线。通过这种改造，不仅大大节约了电力消耗，而且可以保证某一压缩机组的突然关机不会对空气注入产生影响。

（3）空气压缩机的冷却与防爆。印度是一个相当高温的国家，在夏季空气压缩机很容易因过热而发生故障。在高温下管线中积累的润滑油和空气混合容易产生爆炸。在 Santhal 油田火驱的第三个阶段，也就是最后一个阶段，发生了两次压缩机爆炸事故，所幸没有人员伤亡。高压工作下机械泄漏和破裂是最严重的安全隐患（图 6-49）。

图 6-49　压缩机管线爆炸后的现场图片

为了最大限度减少压缩机爆炸事故的发生，需要采用高级合成润滑油，定期采用化学方法清洗管线，实时监测各项操作参数的变化。

（4）空气和燃烧尾气的渗漏。火驱过程要求在高温高压下操作，在 Mehsana 大多数注入井都是原来的生产井。这些井没有经过高温高压设计，很多井出现了套损和水泥环损坏。这种情况导致在套管外无法建立起压力，甚至在一些井出现了套管外气体泄漏，在井口可以观测到空气和烟道气。有时烟道气和空气从相邻井井口突破。在 Balol 和 Santhal 油田共发生了 4 起这类事件。从安全、环保和操作的角度看，这些是很严重的事件。为了避免此类事件的发生，采取了以下的补救措施：

①深入分析此类事件的细节，在固井水泥中加入耐高温添加剂。

②推荐新注入井采用全井段套管固井，防止气体从上覆渗透层泄漏。

③ ONGC 公司研究院建议新的注入井油管和套管均采用 API 5CT L-80 13Cr 钢。

④新钻注入井要适应火驱要求。

定期监测注入压力、环空压力和套管外压力。如果观察到注入压力有异常的压力降落，要立即深入分析原因并采取相应措施。

参考文献

［1］张守军．稠油火驱化学点火技术的改进［J］．特种油气藏，2016，23（4）：140-143.

［2］Paduraru R，Pantazi I. IOR/EOR-Over Six Decades of Romanian Experience［C］. SPE European Petroleum Conference. OnePetro，2000.

[3] Aldea G H, Turta A L, Zamfir M. The In-Situ Combustion Industrial Exploitation of Suplacu de Barcau Field, Romania [C] . The Fourth UNITAR/UNDP International Conference on Heavy Crude and Tar Sands, 1988.

[4] Carcoana A. Results and Difficulties of the World' s Largest In-situ Combustion Process : Suplacu de Barcau Field, Romania [C] . SPE/DOE Enhanced Oil Recovery Symposium. OnePetro, 1990.

[5] Turta A T, Chattopadhyay S K, Bhattacharya R N, et al. Current Status of Commercial In-situ Combustion Projects Worldwide [J] . Journal of Canadian petroleum technology, 2007, 46 (11) .

第七章　国内火驱开发面临的挑战与前景

国外如罗马尼亚、印度、美国、加拿大等国油田的火驱开发多在原始油藏上进行，而国内火驱开发多在注蒸汽开发后期的油藏上进行，更具复杂性。相比之下国内火驱开发所面临的特殊挑战更多。

第一节　国内火驱开发所面临的特殊挑战

一、地质油藏方面

国内稠油油藏多为河流相沉积，储层在平面及纵向的非均质性强。以新疆油田红浅 1 井区八道湾组地层为例，储层除了在平面上因沉积相所形成的非均质性外，在纵向上也存在着明显的强非均质性。在不到 10m 的油层岩心内，从上到下分别表现出砾岩、砂质砾岩、砂岩、砂砾岩等多种岩性，中间还有泥岩夹层。而测井曲线却表现为较好的箱型，如图 7-1 所示。

对于注蒸汽开发后期的油藏，地层中存在着复杂的高含水饱和度通道和次生水体。次生水体的存在，对火驱生产动态具有重要影响，同时也给火线调控带来一定困难。

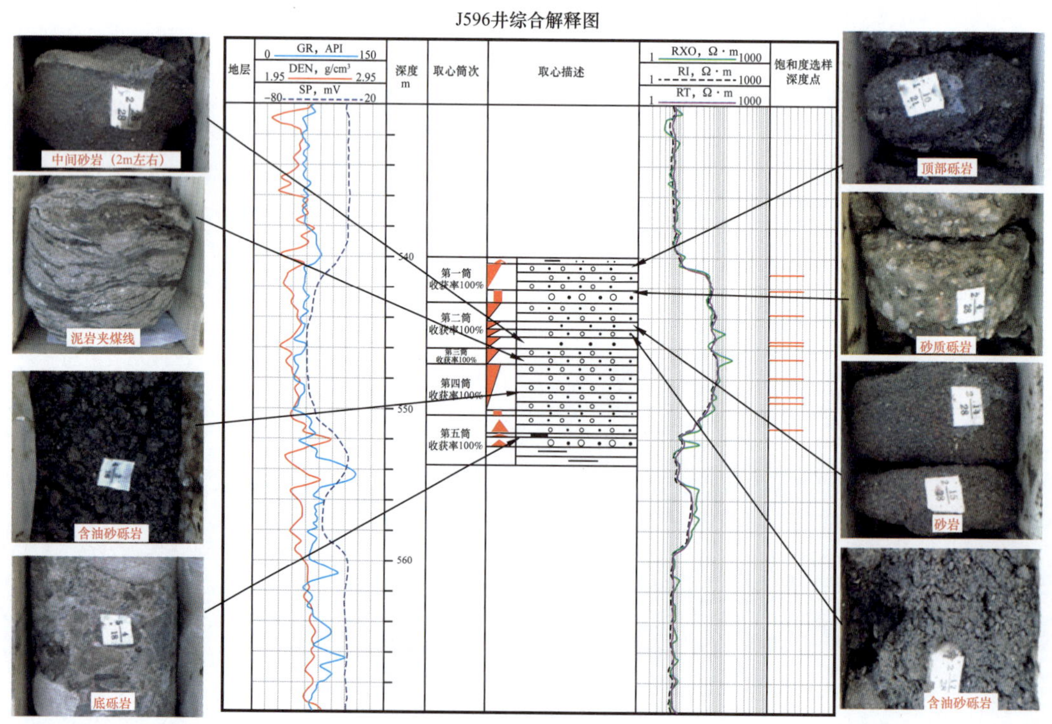

图 7-1　红浅 1 井区八道湾组地层岩心及测井曲线

二、工程技术方面

在注蒸汽开发后油藏上进行火驱开发，要最大限度地利用现存井网资源。在长期注蒸汽过程中，老井普遍存在套损、管外窜等复杂井况。这些都为火线调控、油藏管理、修井作业等带来挑战。

超稠油水平井火驱辅助重力泄油技术已经开始现场试验，该技术燃烧带前缘被加热的原油直接进入水平井筒，最大限度提高了热效率。该技术一旦试验成功，可以大大降低超稠油开发成本，并大幅度提高其商品率。但由于水平井筒内存在气、液两相流动，其管理难度和风险远比 SAGD 大，火线前缘调控技术有待于攻关和试验。

对于超深层稠油（埋深大于 1500m），由于油藏埋藏深，在注蒸汽过程中井底干度无法保证、井筒热损失大，因而很难采用注蒸汽开发。而火驱开发受油藏埋深影响较小。在地面空气压缩机性能能够满足的情况下，火驱开发超深层稠油将会比注蒸汽有更多的技术和经济优势。对于薄层和薄互层稠油，注蒸汽同样面临着热损失大（热量向盖层、底层及夹层传递）、热效率和经济效益低的问题。通过一定的技术攻关，用火驱技术开发此类油藏，有望降低开采成本，提高经济效益。

第二节　工业化推广及攻关方向

一、火驱工业化推广及技术攻关方向——稠油老区

国内稠油老区的产量仍以蒸汽吞吐产量为主。目前稠油老区蒸汽吞吐开发呈现出“三高”（吞吐轮次高，平均吞吐 10～15 个周期；可采储量采出程度高，平均为 85%～90%；地下存水高，80% 吞吐井地下存水在 10000m^3 以上。）、“三低”（储采比低，目前储采比 5～6；地层压力低，区块平均地层压力 1.0～3.5MPa；经济效益低；油汽比低，1/3 的油井吞吐油汽比在 0.2 以下）的特点。同时面临着递减快（吞吐开发方式年自然递减率 35%～40%，综合递减率 9%～12%）、调整潜力小的困境。因此，稠油老区转换开发方式已经迫在眉睫。

新疆油田和辽河油田正在进行的火驱开发试验初步显示，火驱技术有可能成为一项注蒸汽开发后期继续大幅度提高采收率的战略接替技术。20 世纪 80 年代前，国外学者给出的火驱筛选标准中将地层温度下原油黏度的上限设定为 1000mPa·s。80 年代后，美国石油学会将这一标准放宽至 5000mPa·s。他们认为超过这一界限，将很难形成有效驱动。而注蒸汽适用的黏度范围远远比这宽泛。长期以来这一直是制约火驱技术推广应用的一大障碍。中国石油勘探开发研究院热力采油研究所与新疆油田公司专家经过深入研究，提出对于注蒸汽以后的油藏，地层中存在着次生水体和高含水饱和度渗流通道，这种情况下进行火驱，实现地下水动力学连通相对容易，因而可以适当突破原油黏度上限。新疆红浅火驱试验区地层温度下原油黏度达到了 15000～20000mPa·s，尽管在火驱见效初期的低温生产阶段出现一定的举升困难，但经过一定的工艺措施后能够正常生产。一旦突破了这个黏度界限，意味着在绝大多数普通稠油和部分特稠油油藏均可以在原有的直井井网基础上实施火驱。初步测算，平均可在注蒸汽（已有采出程度 25%～30%）基础上继续提高采收率

25%～40%，增加可采储量也均在亿吨以上。

直井井网平面火驱技术在注蒸汽后油藏中试验初步成功，有望成为稠油老区注蒸汽后继续大幅度提高采收率的接替技术。在一些低品位油藏开发中比较优势明显，且油藏适用范围可适当放宽。目前平面火驱在点火、注气、举升、防腐、监测、H_2S 处理等工艺方面基本可以满足开发要求，火线前缘调控技术基本成型，但修井作业、破乳等工艺还有待完善。同时火驱开发设计的理念还有待更新、配套管理程序和制度尚需逐步完善。今后一段时间内，稠油老区火驱主要攻关方向包括：

（1）继续深化注空气原油氧化相关机理研究。要深化空气火驱过程中岩矿流体物理化学变化规律研究，深入揭示 H_2S 产生机理、原油改质机理等。同时，还要深化注蒸汽后火驱过程中次生水体作用机理的研究。

（2）继续加强油藏工程理论研究。要建立和完善注蒸汽后转火驱油藏工程优化设计理论，研究通过井网、井型的改进提高采油速度的方法，研究通过阶段湿烧降低空气油比、提高经济效益的途径。要形成系统的平面火驱油藏筛选标准和完善的火驱试验效果评价方法。

（3）加强火驱配套工艺技术攻关。要加强火驱前缘监测技术和快速、高效作业技术攻关，实现火驱前缘的及时、高效调控，最大限度扩大波及体积。要加强油藏条件下的腐蚀机理研究和防腐技术攻关，优化经济、高效的防腐工艺。要加强不同生产阶段的举升工艺、破乳工艺攻关，为大规模矿场试验和推广做好技术准备。

（4）继续开辟新的试验区。要在新疆油田九 6 区这样的经历了完整的蒸汽吞吐和蒸汽驱，注蒸汽阶段采出程度达到 35%～45% 的稠油老区上开展火驱试验，以验证能否在高采出程度油藏，继续通过火驱大幅度提高采收率。同时尝试在原油黏度较高（如某些特稠油、超稠油油藏）但已经历过蒸汽驱、地下存在高含水饱和度渗流通道的稠油老区开展火驱试验，进一步拓展火驱技术应用的油藏范围。要在尽可能利用老井、少打新井的条件下，检验火驱配套的工程技术，为大规模工业化推广奠定坚实基础。

二、火驱工业化推广与攻关方向二——超稠油水平井

近些年来，稠油探明储量中超稠油、超深层稠油、浅薄层和薄互层稠油等所占的比重越来越大。而这些稠油储量基本上属于难动用储量，采用常规注蒸汽方式开发经济效益差。

国内超稠油资源主要分布在辽河和新疆等油田。已动用的超稠油储量中主体开发技术仍然为蒸汽吞吐，部分油层较厚、物性较好的油藏采用 SAGD 开发。目前存在的主要问题是蒸汽吞吐的低采收率（一般只有 15%～20%）和 SAGD 开发的低油汽比（一般在 0.2～0.25）。

水平井火驱辅助重力泄油技术的提出，为超稠油火驱开发提供了可能性。在理论上，采用水平井火驱辅助重力泄油技术开发超稠油，可以获得 55% 以上的采收率，并可以将空气油比控制在 $2000m^3/m^3$ 以内。同时由于燃烧带前缘被加热的原油直接进入水平井筒，最大限度提高了热效率。该技术一旦试验成功，可以大大降低超稠油开发成本，并大幅度提高其商品率。

对于超深层稠油（埋深大于 1500m），由于油藏埋藏深，在注蒸汽过程中井底干度无法保证、井筒热损失大，因而很难采用注蒸汽开发。而火驱开发受油藏埋深影响较小。在地

面空气压缩机性能能够满足的情况下，火驱开发超深层稠油将会比注蒸汽有更多的技术和经济优势。对于薄层和薄互层稠油，注蒸汽同样面临着热损失大（热量向盖、底层及夹层传递）、热效率和经济效益低的问题。通过一定的技术攻关，用火驱技术开发此类油藏，有望降低开采成本，提高经济效益。

水平井火驱辅助重力泄油技术在机理认识上已获得较大的突破，该技术有可能成为超稠油油藏除 SAGD 以外的有效开发技术。但由于水平井筒内存在气、液两相流动，其管理难度和风险远比 SAGD 大，火线前缘调控技术有待于攻关和试验。今后一段时间内，水平井火驱技术的主要攻关方向包括：

（1）深化不同井网模式下的火驱辅助重力泄油机理研究，力争通过井网模式的优化来最大限度降低油藏工程风险。同时，要加强原油高温裂解改质和催化改质机理的研究，以最大限度实现就地改质，这在提高产出原油品质的同时也能有效解决井网举升问题。

（2）加强水平井火驱辅助重力泄油前缘调控技术攻关。稳步推进新疆、辽河超稠油水平井火驱矿场试验，在室内实验和矿场试验基础上，强化点火及初期调控技术研究，最终确定实现稳定泄油的操作参数界限。

（3）加强水平井火驱辅助重力泄油配套工艺攻关。在深入认识水平井火驱生产特点的基础上，强化 H_2S 高效处理工艺、高气－液比、大产出量下的防砂工艺、高温产出液破乳工艺等工艺技术攻关，全面保障水平井火驱试验成功实施。

第三节　火驱技术的前景

火驱技术不但适用于稠油的开发，也可以探索应用于残余油区、油页岩和煤等的开发。随着火驱技术跨专业、跨领域、跨行业的发展，有可能形成一场撬动化石能源的终极革命。在无法开发的残余油、油砂、油页岩、深层煤等储层，将火驱技术与烃类水蒸气转化制氢、煤气化制氢技术相结合，将氧引入地下，通过高温燃烧（500～800℃以上），使烃、碳与氧气、水蒸气发生反应，生成氢气、一氧化碳、甲烷和二氧化碳等易于产出的气体产物，经过净化、提纯等，在与高温燃料电池技术相结合，为高温燃料电池提供燃料。燃料电池具有显著的高效、环保特点：（1）燃料电池能量综合利用效率可超过 80%，而火力发电和核电的能量利用效率大约在 30%～40%。（2）燃料电池的有害气体 SO_x、NO_x 排放及噪声污染都很低，甚至为零。通过多专业、多领域、多行业的合作，通过将氧气注入地层，将无法开采的残余油、油砂、油页岩、深层煤等化石能源资源气化，产出气用于为高温燃料电池提供燃料，从而产生高效、绿色的电力资源。粗略估计，通过化石能源革命产生的电力资源够我国几百年甚至上千年的应用。